U0454732

煤炭行业特有工种职业技能鉴定培训教材

综采维修钳工

（初级、中级、高级）

河南煤炭行业职业技能鉴定中心　组织编写

主　编　杨联合

中国矿业大学出版社

内 容 提 要

本书分别介绍了初级、中级、高级煤矿综采维修钳工职业技能鉴定的知识和技能要求。内容包括了综采维修钳工基础知识、专业知识、钳工基本操作技能、综采设备的安全运行及日常维修保养、综采机械设备常见故障及处理等知识。

本书是煤矿综采维修钳工职业技能考核鉴定前的培训和自学教材，也可作为各级各类技术学校相关专业师生的参考用书。

图书在版编目（CIP）数据

综采维修钳工 / 杨联合主编. —徐州 ：中国矿业大学出版社，2013.2

煤炭行业特有工种职业技能鉴定培训教材

ISBN 978-7-5646-1705-9

Ⅰ. ①综… Ⅱ. ①杨… Ⅲ. ①采煤综合机组－机修钳工－职业技能－鉴定－教材 Ⅳ. ①TD421.807

中国版本图书馆 CIP 数据核字（2012）第 266886 号

书　　名　综采维修钳工
主　　编　杨联合
责任编辑　满建康　吴学兵
出版发行　中国矿业大学出版社有限责任公司
　　　　　（江苏省徐州市解放南路　邮编221008）
营销热线　（0516）83885307　83884995
出版服务　（0516）83885767　83884920
网　　址　http://www.cumtp.com　E-mail：cumtpvip@cumtp.com
印　　刷　北京兆成印刷有限责任公司
开　　本　850×1168　1/32　印张12.875　字数333千字
版次印次　2013年2月第1版　2013年2月第1次印刷
定　　价　46.00元

（图书出现印装质量问题，本社负责调换）

《综采维修钳工》
编审人员名单

主　　编	杨联合		
编写人员	王　涛	王水林	菅典建
	杨　晓	杨东伟	张化乾
	刘建伟	张建伟	
主　　审	孟凡平		
审稿人员	刘少林	李学武	任光增
	张治军	王卫强	

《综采维修钳工》
编委会

主　任　袁其法
委　员　陈　峰　　程燕燕　　张建山
　　　　寇守峰　　房建平　　李海深

目　录

第四部分　中级综采维修钳工技能要求

第一部分
初级综采维修钳工知识要求

第一章 基础知识

第一节 机械制图基础知识

一、投影

用灯光或日光照射物体,在地面上或墙面上便产生影子,这种现象叫做投影。经过科学的总结、概括,逐步形成了投影方法。如图1-1所示,S 为投影中心,A 为空间点,平面 P 为投影面,S 与 A 点的连线为投射线,SA 的延长线

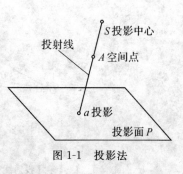

图 1-1 投影法

与平面 P 的交点 a,称为 A 点在平面 P 上的投影,这种产生图像的方法叫做投影法。投影法是在平面上表示空间形体的基本方法,它广泛应用于工程图样中。

工程图样中有下列两种投影法:

1. 中心投影法

投影中心在有限远点,投影线均从投射中心出发的投影法称为中心投影法。使用中心投影法所得到的投影图,通常称为透视投影图。此种图作图复杂,在机械制图中很少采用。

2. 平行投影法

如光源在无限远处,其投影线互相平行,物体在投影面上所得投影的方法称为平行投影法。根据投射线与投影面所成角度的不

同,平行投影法又分为直角投影法和斜角投影法。当投射线与投影面垂直时称为直角投影法,也称为正投影法;当投射线与投影面倾斜时称为斜角投影法,也称为斜投影法。由于正投影法得到的投影能够反映出物体的真实形状和大小,同时绘制方法也比较简单,因此在机械图样上被广泛采用。

利用正投影法绘制机械图时,通常以人正对物体的视线代替投影光线,因此机械图样上的正投影图也叫视图。

中心投影和平行投影图例如图 1-2、图 1-3 所示。

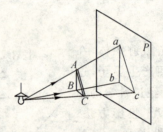

图 1-2　中心投影法

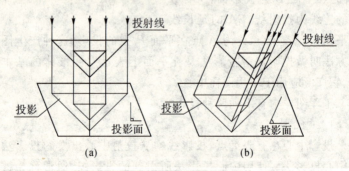

(a)　　　　　　　　　　(b)

图 1-3　平行投影法及种类

(a) 直角投影法;(b) 斜角投影法

二、三视图及投影关系

在正投影中只用单面投影是不能完全确定物体的形状和大小

的,为了准确地反映物体的长、宽、高和不同面的形状和位置,在实际工程制图中,通常使用三视图来表达物体的形状和大小。

如下图将垫块由前向后向正立投影面(简称正面,用 V 表示)投射,在正面上得到一个视图,称为主视图[图 1-4(a)];然后再加一个与正面垂直的水平投影面(简称水平面,用 H 表示),并由垫块的上方向下投射,在水平面上得到第二个视图,称为俯视图[图 1-4(b)];再加一个与正面和水平面均垂直的侧立投影面(简称侧面,用 W 表示),从垫块的左方向右投射,在侧面上得到第三个视图,称为左视图[图 1-4(c)]。通过从三个不同方向形成三个视图,充分反映了垫块的形状,得到了垫块的三视图。

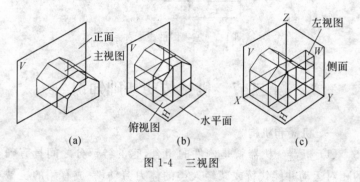

图 1-4 三视图

通过主视图、俯视图、左视图三个视图可以确定物体的长、宽、高,如图 1-5 所示,一个视图只能反映物体两个方向的大小。如主视图反映垫块的长和高,俯视图反映垫块的长和宽,左视图反映垫块的宽和高。由上述三个投影面展开过程可知,俯视图在主视图的下方,对应的长度相等,且左右两端对正,即主、俯视图相应部分的连线为互相平行的竖直线。同理,左视图与主视图高度相等且对齐,即主、左视图相应部分在同一条水平线上。左视图与俯视图均反映垫块的宽度,所以俯、左视图对应部分的宽度相等。

根据上述三视图之间的投影关系,可归纳为以下 3 条投影规律：

（1）主、俯视图——长对正；

（2）主、左视图——高平齐；

（3）俯、左视图——宽相等。

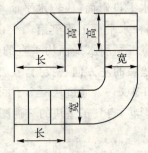

图 1-5　三视图的投影关系

第二节　机械传动基础知识

一、机器和机构

（1）机器。机器就是构件的组合，它的各部分之间具有确定的相对运动并能代替或减轻人类的体力劳动，完成有用的机械功或实现能量转换。机器可分为发动机（原动件）和工作机。

（2）机构。机构是用来传递运动和力的构件系统，如齿轮传动机构、曲柄连杆机构等。

（3）机器的组成。机器基本上由动力原件、工作部分和传动装置三部分组成。

二、机械传动

机器的种类很多，它们的外形、结构和用途各不相同，有其个性，也有其共性。我们将机器认真研究分析以后，可以看出，有些机器是可以将其他形式的能转变为机械能的，如电动机、汽油机、蒸汽轮机,这类机器叫做原动机;有些机器是需要原动机带动才能运转工作的,如车床、打米机、水泵,这类机器叫做工作机。把运动从原动机传递到工作机,把运动从机器的这部分机件传递到那一部分机件叫做传动。传动按工作原理可分为机械传动、流体传动、电传动三类。机械传动又分为推压传动、摩擦传动和啮合传动三类。

三、带传动

如果要把运动从原动机(如电动机)传递到距离较远的工作机(如打米机、水泵),最简单最常用的方法,就是采用皮带传动。

图 1-6 是几种常见的皮带传动方式。它是依靠皮带与皮带轮之间的摩擦来传动的。图中先转动起来的皮带轮 D_1 叫主动轮,被主动轮带动而转动的皮带轮 D_2 叫被动轮或从动轮。

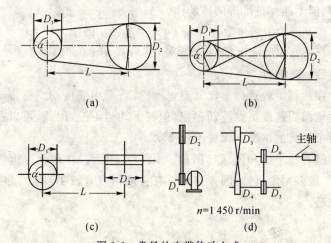

图 1-6 常见的皮带传动方式

(a) 开口式传动;(b) 交叉式传动;(c) 半交叉式传动;(d) 复式传动

皮带传动在皮带传动中,两个轮的转速比与两轮的直径成反比,这个比叫传动比,用符号 i 表示,即:

$$i = \frac{n_1}{n_2} = \frac{D_2}{D_1}$$

式中　n_1——主动轮转速；

　　　n_2——被动轮转速；

　　　D_1——主动轮直径；

　　　D_2——被动轮直径。

如果是由几对皮带轮组成的传动，其传动比可以用下式计算：

$$i = \frac{n_1}{n_\text{末}} = \frac{D_2}{D_1} \times \frac{D_4}{D_3} \times \frac{D_6}{D_5} \cdots$$

带传动有以下特点：

(1) 结构简单，适宜用于两轴中心距较大的场合。

(2) 胶带富有弹性，能缓冲吸振，传动平稳无噪声。

(3) 过载时可产生打滑，能防止薄弱零件的损坏，起安全保护作用，但不能保持准确的传动比。

(4) 传动带需张紧在带轮上，对轴和轴承的压力较大。

(5) 外廓尺寸大，传动效率低（一般 $0.94 \sim 0.96$）。

四、链传动

在两轴距较远而速比又要正确时，可采用链传动。链传动的被动轮圆周速度虽然波动不定，但其平均值不变，因此，可以在传动要求不高的情况下代替齿轮传动。

链有滚子链和齿状链两种，如图 1-7 所示。在传动速度较大时，一般多用齿状链，因为这种链在传动时声音较小，所以又叫做无声链。

(a)　　　　　　　　　　　　　　　(b)

图 1-7　链传动

(a) 滚子链；(b) 齿状链

链传动的传动比和齿轮传动相同。

链传动有以下特点：

（1）能保证准确的平均传动比。

（2）传送功率大，且张紧力小，作用在轴和轴承上的力小。

（3）传动效率高，一般可达 0.95～0.98。

（4）能在低速、重载和高温条件下，以及尘土飞扬、淋水、淋油等不良环境中工作。

（5）能用一根链条同时带动几根彼此平行的轴转动。

（6）由于链节的多边形运动，所以瞬时传动比是变化的，瞬时转速不是常数，传动中会产生动载荷和冲击，因此不适宜用于要求精密传动的机械上。

（7）安装和维护要求较高。

（8）链条的铰链磨损后，使链条节距变大，传动中链条容易脱落。

（9）无过载保护作用。

五、螺旋传动

要把旋转运动变为直线运动，可以用螺旋传动。例如，车床上的长丝杆的旋转，可以带动大拖板纵向移动，转动车床小拖板上的丝杆，可使刀架横向移动等，如图1-8所示。

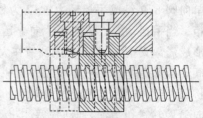

图 1-8　螺旋传动

在普通的螺旋传动中，丝杆转一圈，螺母移动一个螺矩，如果丝杆头数为 K，螺距为 h，传动时，丝杆转一圈，螺母移动的距离 S 为：

$$S = Kh$$

第三节 液压传动基础知识

一、液压传动的概念

按照传动的机件或工作介质,传动可分为机械传动、电力传动和流体传动。流体传动可分为气体传动和液体传动。按工作原理不同,流体传动又可分为液力传动和液压传动。前者是利用流体的动能进行能量转换和传递动力的;后者是利用液体的静压力进行能量转换和传递动力的,因而也称为静压传动。

以密闭管路中的受压液体为工作介质,进行能量的转换、传递、分配和控制的技术,称为液压技术,又称液压传动。

在上述概念中,将液体换成气体,便是气压传动。两者并在一起,即液压传动与气压传动,简称液压与气动。

二、液压传动的工作原理

液压传动工作原理可用如图 1-9 所示的液压千斤顶工作原理来说明。图中缸体 3 和柱塞 4 组成提升液压缸;缸体 6、柱塞 7 和单向阀 8、9 组成手摇动力缸;2 为控制阀;10、11 为管道;1 为油箱。当手摇动力缸的柱塞 7 向上运动时,油腔 A 密封容积变大,形成局部真空,油箱 1 中的油液在大气压力作用下,顶开吸油单向阀 8,经吸油管 11 进入 A 腔。当柱塞 7 向下运动时,A 腔油液受挤压,压力升高,迫使吸油单向阀 8 关闭,排油单向阀 9 被打开而向 B 腔输送压力油,推动柱塞 4 上移,使负载 G 的位置升高。柱塞 7 动作快,重物 G 升高就快。如果杠杆 5 停止动作,B 腔油液压力迫使单向阀 9 关闭,重物 G 停止在新的位置上。如果打开控制阀 2,则 B 腔中油液经控制阀 2 流回油箱 1,重物 G 在重力作用下下降。控制阀 2 开度越大,重物 G 下降越快。

由液压千斤顶工作原理可以看出,手摇动力缸的作用是将输入的机械能变成液体的压力能,利用密闭管路传递到提升液压缸,

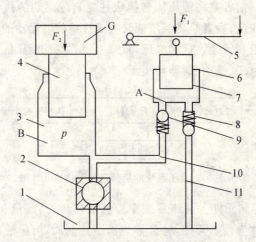

图 1-9　油液液压千斤顶工作原理图

1——油箱；2——控制阀；3、6——缸体；4、7——柱塞；5——杠杆；
8——吸油单向阀；9——排油单向阀；10、11——管道

提升液压缸消耗液体压力能而做功（举起重物）。

三、液压系统的组成部分及作用

由若干液压元件和管路组成以完成一定动作的整体称液压系统。如果液压系统中含有伺服控制元件，则称为液压伺服（控制）系统。如果不使用或明确说明使用了伺服控制元件，则称液压传动系统。

液压系统功能不一、形式各异，无论是简单的液压千斤顶，还是复杂的液压系统，都包括如下部分（图 1-10）：

（1）动力元件。动力元件又称液压泵，其作用是利用密封的容积变化，将原动机（如内燃机、电动机）的输入机械能转变为工作液体的压力能（即液压能），是液压系统的能源（动力）装置。

（2）执行元件。将液压能转换为机械能的装置称为执行元件。它是与液压泵作用相反的能量转换装置，是液压缸和液压马

达的总称。前者是将液压能转换成往复直线运动的执行元件,它输出力和速度;后者是将液压能转换成连续旋转运动的执行元件,它输出转矩和转速。摆动液压马达(习惯称摆动液压缸)不可连续回转,只能往复摆动(摆动角小于 $360°$)。

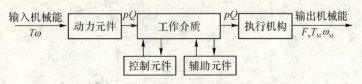

图 1-10 液压系统的能量转换及构成元件图

(3)控制元件。液压系统中控制液体压力、流量和流动方向的元件总称为控制元件,通常称为液压控制阀,简称液压阀、控制阀或阀。

(4)辅助元件。辅助元件包括油箱、管道、管接头、滤油器、蓄能器、加热器、冷却器等。它们虽然称为辅助元件,但在液压系统中是必不可少的。它们的功能是多方面的,各不相同。

(5)工作介质。液压系统中工作介质为液体,通常是液压油,它是能量的载体,也是液压传动系统最本质的组成部分。液压系统没有工作介质也就不能构成液压传动系统,其重要性不言而喻。

四、液压传动系统的图示方法

液压传动系统的图示方法有如下三种。

1. 装配结构图

装配结构图能准确地表达系统和元件的结构形状、几何尺寸和装配关系。但绘制复杂,不能简明、直观地表达各元件的功能。它主要用于设计、制造、装配和维修等场合,而在系统性能分析和设计方案论证时不宜采用。

2. 结构原理图

结构原理图能直观地表达各种元件的工作原理及在系统中的

功能,并且比较接近元件的实际结构,故易于理解接受。但图形绘制仍比较复杂,难于标准化,并且它对元件的结构形状、几何尺寸和装配关系的表达也很不准确。这种图形不能用于设计、制造、装配和维修,对于系统分析又过于复杂,它常用于液压元件的原理性解释、说明以及理论分析和研究。

3. 职能符号图(图 1-11)

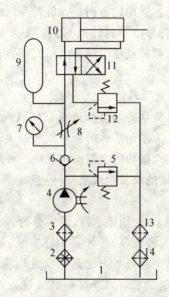

图 1-11 液压系统的职能符号图

1——油箱;2——加热器;3——粗滤油器;4——液压泵;5——溢流阀;
6——单向阀;7——压力表;8——节流阀;9——蓄能器;10——液压缸;
11——换向阀;12——背压阀;13——精滤油器;14——冷却器

在液压系统中,凡是功能相同的元件,尽管结构和原理不同,均用同一种符号表示。这种仅仅表示功能的符号称为液压元件的职能符号。因此,用职能符号绘制液压系统图时,它们只表示系统和各元件的功能,并不表示具体结构和参数以及具体安装位置。

职能符号图简洁标准、绘制方便、功能清晰、阅读容易,便于液压系统的性能分析和设计方案的论证。

职能符号图是一种工程技术语言。我国制定的液压及气动图形符号标准与国际标准和多数发达国家的标准十分接近,是一种通用的国际工程技术语言。

用职能符号绘制液压系统图时,如果无特别说明,均指元件处于静态或零位状态。常用的方向性元件符号(如油箱等)必须按规定绘制,其他元件符号也不得任意倾斜。如果必须说明某元件在液压系统中的动作原理或结构时,允许局部采用结构原理图(也称半结构图)表示。

五、液压泵与液压马达

液压传动是以流动的液体作能量载体,因此就必须具有将电动机的机械能转化为流动液体的压力能和将流动液体的压力能转换为机械能而使机构做功的装置。实现前一种用途的装置称为液压泵,实现后种用途的装置叫做液压马达和液压缸。

1. 液压泵

液压泵种类很多,为便于掌握,通常分为若干类型。根据液压泵结构形式,可分为齿轮泵、叶片泵和柱塞泵,每一类型的液压泵又有多种形式。另一种分类方法是根据几何排量是否可调节(变化)分为变量泵和定量泵。另外根据液压泵是否可以正反方向转动分为单向液压泵和双向液压泵,单向液压泵仅允许按同一方向转动,双向液压泵可正反方向转动。液压泵图形符号如图 1-12 所示。

2. 液压马达

将液压泵提供的液压能重新转换成机械能的装置称执行元件。执行元件是直接做功者,从能量转换的观点看,它与液压泵的作用是相反的。根据能量转换的形式,执行元件可分为两类三种:液压马达、液压缸和摆动液压马达,后者也称摆动液压缸。液压马

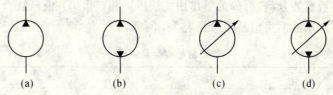

图 1-12 液压泵图形符号

(a) 单向定量泵；(b) 双向定量泵；(c) 单向变量泵；(d) 双向变量泵

达是作连续旋转运动并输出转矩的液压执行元件；液压缸是作往复直线运动并输出力的液压执行元件，摆动液压马达是输出转矩并进行往复摆动且摆动角小于360°的液压执行元件。从输出能量特征看，摆动液压执行元件属于马达类；从运动的往复性看，又有液压缸特征；这就是将摆动液压马达称为摆动液压缸的原因。液压马达图形符号如图1-13所示。

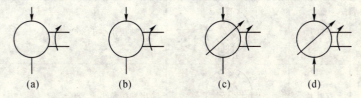

图 1-13 液压马达符号

(a) 单向定量液压马达；(b) 双向定量液压马达；
(c) 单向变量液压马达；(d) 双向变量液压马达

3. 液压缸

液压缸是将液压能转换成机械能并作往复直线运动的液压执行元件。它的结构简单、工作可靠、运动平稳、效率高及布置灵活方便的特点在各类液压系统中得到广泛应用。

液压缸的分类方法通常有两种，即按结构形式分类和按作用方式分类。按结构形式即在缸筒内运动的组件可分为：柱塞式、活塞式、叶片式和组合式。按作用方式即液压缸完成一次工作循环的供液次数分类,可分为单作用式液压缸和双作用式液压缸。

液压缸的类型及图形见表1-1所列。

表 1-1 　　　　　　　　　　液压缸的类型及图形

名　称		图　形	说　明
活塞式液压缸	单出杆　单作用		活塞单向运动,依靠弹簧使活塞复位
	单出杆　双作用		活塞双向运动,左、右移动速度不等。差动连接时,可提高运动速度
	双出杆		活塞左、右运动速度相等
柱塞式液压缸	单柱塞		柱塞单向运动,依靠外力使柱塞返回
	双柱塞		双柱塞双向运动
摆动液压缸	单叶片		输出轴摆角小于360°
	双叶片		输出轴摆角小于180°
其他液压缸	增力液压缸		当液压缸直径受到限制而长度不受限制时,可获得大的推力
	增压液压缸		由两种不同直径的液压缸组成,可提高 B 腔的压力
	伸缩液压缸		由两层液压缸或多层液压缸组成,可增加活塞行程
	齿条液压缸		活塞经齿条带动小齿轮,使它产生回转运动

六、液压控制阀

凡是用来控制或调节工作液体的压力、流量或变换液体流动方向的液压元件都称为液压控制阀,简称液压阀或控制阀,它们的性能很大程度上决定了整个液压系统的性能。

液压控制阀种类繁多,形状各异,但它们之间也存在着一定的共同之处:一是在结构上都由阀体、阀芯、操纵部件三个主要部分组成;二是在工作原理上都是利用阀的开口(简称阀口)的变化(大小或通断)来控制液体压力、流量和方向,因此阀口的通流性能决定了它的性能。

液压系统的各类控制阀应满足以下基本要求:

一是动作灵敏,使用可靠,工作时冲击小、振动小、噪声小,具有一定的使用寿命;二是油液通过阀时所产生的压力损失尽量小;三是具有良好的密封性能,内、外泄漏小;四是结构简单、紧凑,安装、调整、维护方便。

1. 方向控制阀

在液压系统中用于控制液流通断或改变液流方向的阀称方向控制阀,简称方向阀。方向控制阀分单向阀和换向阀两大类。

仅允许液体向一个方向流动而不能反向流动(反向截止)的阀称为单向阀。它分普通单向阀和液控单向阀两种。对于单向阀的性能要求是:

(1)液体正向通过时的阻力要小,压力损失要小;

(2)液体反向流动时不能通过,即要求阀芯与阀座接触密封性要好,泄漏少;

(3)阀芯运动灵敏而平稳,启闭时应不产生噪声和撞击。

换向阀的作用是利用阀芯与阀体的相对位移关闭或接通油路,从而改变液流方向,使执行元件启动、停止或改变运动方向。根据阀芯和阀体的相对位移方式,可分为换向滑阀和转阀两大类。按滑阀作用位置的数目,分为两位、三位、四位和多位等;按控制的

通道数量,分两通、三通、四通、五通等。对换向阀性能的基本要求是:

(1)按照预先规定的要求,接通或断开相应的油路,使油流方向准确无误;

(2)换向时,阀芯运动要平稳、迅速,换向后能在规定位置准确定位,无振动,噪声轻微;

(3)通过额定流量时,液体压力损失要小;

(4)密封性能好,无外泄漏,而内泄漏量在规定范围内。

2. 压力控制阀

以液压力与弹簧力相平衡而进行压力控制的元件称压力控制阀,简称压力阀。压力阀在油路的主要作用是控制液流压力。压力控制阀有溢流阀、减压阀、顺序阀和压力继电器等。它们的共同点是利用油液压力和弹簧力相平衡的原理来进行工作。以液压力与弹簧力相平衡而维持进口压力近于恒定,系统中多余油液通过该阀回油箱的压力控制阀称溢流阀。根据结构不同,溢流阀主要有直动式溢流阀和先导式溢流阀两种。溢流阀在液压系统中主要起稳定压力或安全保护的作用。它是液压系统中最重要的元件之一,几乎所有的系统都要用到溢流阀,其性能的好坏对液压系统的正常工作有重大影响。溢流阀在油路中的使用比较灵活,可以有不同的用途,不同的工作状态。

溢流阀在液压系统中所起的作用有四种,一是作调压阀用来稳定系统压力;二是作安全阀用来限定系统最大工作压力,保障系统安全;三是作卸载阀和远程调压阀;四是作背压阀来在油路上产生一定的回油阻力,改善执行元件运动的平稳性。

用节流的方法使出口压力低于进口压力的控制阀称减压阀,其作用是控制出口压力,根据调节规律不同,减压阀可分为定值减压阀、定差减压阀、定比减压阀三种类型。

当控制压力达到预定值时,阀芯开启,使液体通过以控制执行元件顺序动作的压力控制阀称顺序阀。这也是一种常见压力阀，其主要作用是控制液压系统中各执行元件动作的先后顺序。顺序阀分为直动式和先导式两类。

压力继电器是利用工作液体的压力进行操纵的电气开关，根据其结构原理不同，可分为柱塞式、弹簧管式和薄膜式等类型。

3. 流量控制阀

在一定压力差下，通过改变阀口通流面积（节流口局部阻力）大小或通流通道长短来控制流量的液压控制阀称流量控制阀。常见的类型有普通节流阀、调速阀、溢流节流阀、比例节流阀等。

节流阀的基本工作原理是，在阀口进出口压力差作用下，通过改变阀口的通流面面积来调节系统流量。为了采用节流阀调节系统流量，在液压系统中必须具有与节流回路并联的分支回路，否则节流阀就只能改变其进出口之间的压力差，而不能调节流量。

节流阀阀口简称流口，它由阀芯和阀座组成，通过阀芯与阀座的相对运动，就可以改变节流口的通流截面积。常用阀口的结构有针式、偏心式、周向缝隙式、圆柱滑阀式等。

七、液压系统的辅助装置和元件

在液压系统中除液压泵、液压马达、液压缸和控制阀等基本元件外，还有许多辅助元件，如管道（油管）和管接头、油箱、冷却器和加热器、滤油器、蓄能器和密封件等。从液压传动的工作原理来看，这些元件虽然起辅助作用，但是从保证液压系统完成传递力和运动的任务来看却是非常重要的。它们对系统的正常工作、工作效率、使用寿命等影响极大。

1. 管道和管接头

在液压系统中油管和管接头的作用是将液压元件连接起来，以保证工作介质的循环流动并进行能量转换和传递。因此要求油管在油液传输过程中压力损失小、无泄漏、有足够的强度、装配维修方便等。

为保证油管的压力损失较小,油管和管接头必须有足够的通流面积,使油液在管内中的流动速度不致过大,且要求长度尽量短,管壁光滑,尽可能避免通流断面的突变及液流方向的急剧变化。

油管的种类有无缝钢管、有缝钢管、耐油橡胶软管、紫铜管、尼龙管和塑料管等。油管材料是依据液压系统各部位的压力、工作要求和各部件间的位置关系等进行选择的。

管接头是油管与油管、油管与液压件之间的可拆装连接件。它应满足拆装方便、连接牢固、密封可靠、外形尺寸小、通流能力大、压力损失小及工艺性好等要求。管接头品种及规格很多,但大多已经标准化。常用的有金属油管的管接头和橡胶软管的管接头两种,金属油管的管接头又分为焊接式管接头、卡套式管接头、扩口式管接头、铰接式管接头等。

2. 油箱

油箱的主要用途是存储油液,此外还起到散热、逸出混在油中空气、沉淀油液中污物等作用,有时还兼作液压元件安装台,所以油箱的容量和结构应满足以下要求:

(1)具有足够的容量,以满足液压系统对油量的要求。同时当系统工作时,油面应保持一定的高度,当系统停止工作或检修时,应容纳下返回的油液。

(2)能分离出油液中的空气和杂质,并能散发出液压系统工作过程中产生的热量,使油液温度不超过允许值。

(3)油箱上部应适当透气,以保证液压泵正常吸油。

(4)便于油箱中的元件和附件的安装与更换。

(5)便于装油和排油。

油箱的容量及结构是决定油箱散热的主要因素。

3. 冷却器和加热装置

当利用油箱散热不足以使油温保持在允许范围之内时,就应

在系统中设置冷却器。冷却可用水冷,也可以用风冷,其结构形式有多种。冷却器性能的主要要求如下:

(1) 要有足够的散热面积,以保持油温在允许范围之内。

(2) 油通过时压力损失要小。

(3) 在系统负载变化时,容易控制油液保持恒定温度。

(4) 有足够的强度。

常用的冷却器有蛇形管式冷却器、多管式冷却器和翅片式冷却器等.

4. 过滤器

液压油中含有超过限度的固体颗粒和不溶性污染物可引起液压系统故障,因此,在工作液体的通道中装置过滤器,借此而滤除液体中的非可溶性颗粒杂质。另外,也可利用吸附凝聚和磁性过滤等方法对工作液体进行净化。对过滤器一般要求一是有足够的过滤精度,即能阻挡一定大小的杂质;二是通油性能好,即当油液通过时,在产生一定压降的情况下,单位过滤面积通过的油量要大,一般安装在液压泵吸入口的滤网,其过滤能力应为液压泵容量的 2 倍以上;三是过滤材料应有一定的力学性能,不致因受油的压力而损坏;四是在一定的温度下,应有良好的抗腐蚀性和足够的寿命;五是清洗维修方便,容易更换过滤材料。

常用的过滤器有网式过滤器、线隙式过滤器、纸质过滤器、烧结式过滤器和磁性过滤器等。

5. 蓄能器

蓄能器是一种能把压力油的液压能储存在耐压容器里、待需要时又将其释放出来的一种装置。在液压系统中它起到调节能量、均衡压力、减少设备容积、降低功率消耗及减少系统发热等作用。其主要用途一是作辅助液压源;二是作应急液压源;三是补充系统泄漏、保持系统恒压;四是减小液压冲击和压力脉动。

根据加载方式的不同,有重力加载式、弹簧加载式和气体加载式三类蓄能器。矿山机械常用的蓄能器是气体加载式蓄能器。

6. 密封装置

密封装置的用途是防止液体泄漏。为使液压系统理想的工作,密封装置应满足如下要求:

(1) 在一定的压力、温度范围内具有良好的密封性能;

(2) 密封装置和运动件之间的摩擦力要小,摩擦因数要稳定;

(3) 抗腐蚀能力强,不易老化,工作寿命长,耐磨性好;

(4) 结构简单,使用、维护方便,价格低廉。

密封材料有非金属和金属两类。非金属材料有皮革、天然橡胶、合成橡胶和合成树脂等。常用的密封圈有 O 形密封圈、Y 形和 Y_x 形密封圈、V 形密封圈、鼓形密封圈、蕾形密封圈、活塞环密封和防尘密封圈等。

第四节　电工基础知识

一、电路基本知识

1. 电路及其组成

能使电流流通的闭合回路叫电路。电路一般由以下 4 部分构成:

① 电源:电路中电能的来源。是将其他形式的能量转变成电能、提供持续电流的装置,是推动电源的原动力,如发电机、蓄电池、光电池等。

② 负载:即用电设施,也叫负荷,如电动机、照明灯具等。

③ 导线:是连接电源与负载的装置,如电缆、裸体导线等。

④ 控制设备:是改变电路状态或保护电路不受损坏的装置,如开关、熔断器、检漏继电器等。

2. 导体、绝缘体和半导体

容易导电的物体叫做导体。如金属、人体、大地、石墨以及酸、碱、盐的水溶液等都是导体。不导电的物体叫做绝缘体。如橡胶、塑料、变压器油、陶瓷、玻璃、云母及干燥的空气等。导电性能介于导体和绝缘体之间的物质材料叫半导体。如锗、硅、硒等都是半导体。

导体和绝缘体之间并没有绝对的界限，在一般情况下不容易导电的物体，当条件改变时就可能导电。例如玻璃是相当好的绝缘体，但如果玻璃被烧热并达到红炽状态，它就变成导体了。

半导体有许多特殊的电学性能。有的半导体没有光照时就像绝缘体一样不容易导电，有光照时又像导体一样导电，利用这种半导体可以做成体积很小的光敏电阻。有的半导体在受热后电阻随温度的升高而迅速减小，利用这种半导体可以制成体积很小的热敏电阻；有的半导体在受到压力后电阻发生较大的变化，利用这种半导体可以做成体积很小的压敏元件等。

3. 电荷

带正负电的基本粒子，称为电荷，带正电的粒子叫正电荷（表示符号为"＋"），带负电的粒子叫负电荷（表示符号为"－"）。电荷是物质、原子或电子等所带的电的量，单位是库仑（记号为 C）简称库。1 库仑是指 1.6×10^{19} 个电子所含的电量。

4. 电流及电流强度

在电场力的作用下，自由电子或离子所发生的有规则地运动称为电流。

单位时间内通过导体横截面的电荷量称电流强度，用字母 I 表示，即：

$$I = Q/t$$

式中　I——电流强度，A；

　　　Q——电荷量，C；

t——电流通过的时间,s。

电流强度的基本单位是 A(安培)。1 A 电流就是在 1 s(秒)内通过导体横截面的电量是 1 C(库仑)。

电流强度单位还常用 kA(千安)、mA(毫安)、μA (微安)表示,它们之间的关系为:

$$1\ kA = 1\ 000\ A$$

$$1\ A = 1\ 000\ mA$$

$$1\ mA = 1\ 000\ \mu A$$

5. 电压

在电场中,将单位正电荷由高电位点移向低电位点时电场力所做的功称为电压,电压又等于高低两点之间的电位差。其表达式为:

$$U_{高低} = A_{D}/Q$$

式中 A_{D}——电场力所做的功,J;

Q——电荷量,C;

U——高低两点之间的电压,V。

电压的基本单位为 V(伏)。在工程上常用较大单位和较小单位,即 kV(千伏)、mV(毫伏)或 μV(微伏),其关系为:

$$1\ kV = 1\ 000\ V$$

$$1\ V = 1\ 000\ mV$$

$$1\ mV = 1\ 000\ \mu V$$

6. 电阻

电流在导体内流动时所受到阻力的大小叫电阻。电阻通常用字母 R 或 r 来表示,它的单位是 Ω(欧姆),另外,根据测量要求,电阻的单位可以用 MΩ(兆欧)、kΩ(千欧)、mΩ(毫欧)、$\mu$$\Omega$(微欧)等单位来表示,它们的换算关系如下:

$$1\ M\Omega = 10^{6}\ \Omega$$

$$1\ k\Omega = 10^{3}\ \Omega$$

$$1 \ \mathrm{m}\Omega = 10^{-3} \ \Omega$$
$$1 \ \mu\Omega = 10^{-6} \ \Omega$$

7. 欧姆定律

导体中的电流和导体两端的电压成正比,跟导体的电阻成反比,这个关系叫欧姆定律,其表达式为:

$$I = U/R$$

式中　I——电流,A;

　　　U——电压,V;

　　　R——电阻,Ω。

8. 电阻的串联与并联

(1) 电阻串联

把电阻逐个顺次地连接起来,使电流只有一条通路的连接形式,叫做电阻串联,见图 1-14。

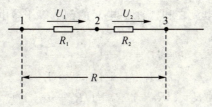

图 1-14　电阻串联

电阻串联电路的特点是:(a) 串联电路中的电流处处相同;(b) 串联电路中总电压等于各段电压之和;(c) 总电阻等于各个电阻值之和。可用下式计算:

$$I = I_1 = I_2 = I_3 = \cdots = I_n$$
$$R = R_1 + R_2 + R_3 + \cdots + R_n$$
$$U = U_1 + U_2 + U_3 + \cdots + U_n$$

式中　I,R,U——串联电路的总电流、总电阻及总电压;

　　　$I_1,I_2,I_3,\cdots,I_n$——串联电路分电阻上的电流;

$R_1,R_2,R_3,\cdots,R_n$——串联电路分电阻；

$U_1,U_2,U_3,\cdots,U_n$——串联电路分电阻上的电压降。

（2）电阻并联

将各电阻的两端连接于共同的两点上并施以同一电压的连接形式，称为电阻的并联，见图 1-15。

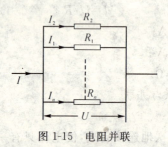

图 1-15　电阻并联

电阻并联电路的特点是：(a) 各分路两端电压相等；(b) 总电流等于各分路电流之和；(c) 总电阻的倒数等于各电阻倒数之和。可用下式计算：

$$U=U_1=U_2=U_3=\cdots=U_n$$
$$I=I_1+I_2+I_3+\cdots+I_n$$
$$1/R=1/R_1+1/R_2+1/R_3+\cdots+1/R_n$$

式中　U——并联电路总电压；

$U_1,U_2,U_3,\cdots,U_n$——各并联电阻上的电压；

I——并联电路总电流；

$I_1,I_2,I_3,\cdots,I_n$——通过各并联电阻的电流；

R——总电阻。

9. 短路与断路

电气设备在正常工作时，电路中电流是由电源的一端经过电气设备回到电源的另一端，形成回路。如果电流不经电气设备而由电源一端直接回到电源另一端，导致电路中的电流剧增，这种现象叫做短路。短路属事故状态，往往造成电源烧坏或酿成火灾，必须引起注意。

闭合回路中线路发生断线,使电流不能导通的现象叫断路。

10. 电功率与电能

电流在单位时间内所做的功叫电功率,用字母 P 表示。电功率的单位是瓦特,简称瓦,用符号 W 表示。实践证明,电功率等于电压与电流的乘积,即:

$$P=UI$$

式中　　P——电功率,W;

　　　　U——电压,V;

　　　　I——电流,A。

工业实际应用中,电功率常用千瓦(kW)作单位,1 千瓦(kW)=1 000 瓦(W)。

电流在单位时间内所做的功叫电功。电流所做的功跟电压、电流和通电时间成正比。电功通常用电能表(俗称电度表)来测定,因此电功又称电能。

所以,电能=电功率×时间。实际中电能的单位是瓦·时,这个单位表示 1 h 内电流所做的功的总能量,用 Wh 或 kWh 表示。电度表所记下的 1 度电就是 1 kWh。

11. 用电设备的效率

由于能量在转换和传递过程中不可避免地产生各种损耗,因而使输出功率总是小于输入功率。

为了衡量能量在转换和传递过程中损耗的程度,我们把用电设备输出功率与输入功率之比,定义为用电设备的效率,常用百分数表示,即:

$$n=P_1/P_2\times100\%$$

式中　　n——效率;

　　　　P_1——输入功率;

　　　　P_2——输出功率。

二、交流电路基础

1. 交流电

交流电也称交变电流,简称"交流"。一般指大小和方向随时间作周期性变化的电压或电流。它的最基本的形式是正弦电流。

2. 三相交流电

由三个频率相同、振幅相等、相位依次相差 120°的交流电动势组成的电源,称三相交流电源。

3. 相电压、线电压、相电流、线电流

三相电路中,每相头尾之间的电压叫做相电压,相与相之间的电压叫做线电压。三相电路中,流过每相电源或每相负载的电流叫做相电流。流过各相端线的电流叫线电流。

4. 三相电源和负载的星形连接

将三相绕组的末端连在一起,从始端分别引出导线,这就是三相电源的星形连接,如图 1-16 所示。

通常绕组的始端用字母 A、B、C 表示,末端用字母 X、Y、Z 表示。绕组始端引出的线称为火线,三相绕组末端连接在一起的公共点 O 称为中性点。三相负载的星形连接和三相电源的星形连接相同,如图 1-17 所示。星形连接时,线电流等于相电流。

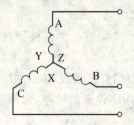

图 1-16　三相电源的星形连接

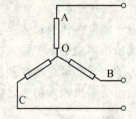

图 1-17　三相负载的星形连接

星形连接又写作"Y"形连接。

5. 三相电源和负载的三角形连接

把一相绕组的末端与邻相绕组的始端顺序连接起来,即 X 与

B相连,Y与C相连,Z与A相连,构成一个三角形回路;再从三连接点引出3根端线,这种连接方法称三角形连接。三相电源和负载的三角形连接方法相同,如图1-18和图1-19所示。

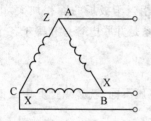 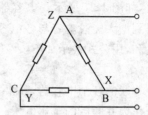

图 1-18 三相电源的三角形连接　　图 1-19 三相负载的三角形连接

三角形连接中,每相绕组两端的电压就是线电压,因此,相电压等于线电压。

三角形连接又写作"△"形连接。

三、电容器与电磁感应

1. 电容器及其容量

两块金属导体中间用绝缘体隔开就构成了电容器,金属导体称极板,绝缘体称介质。

电容器能隔直流通交流,当电容器两端接通直流电源时,电路中有充电电流,但充电时间极短,常在千分之一秒左右瞬间完成充电。当电容器的电场力与电源力平衡时,电荷就不再移动,充电过程结束,电路中就不再有电流通过,这就是电容器的隔直现象。当电容两端接上交流电源时,因交流电的大小与方向不断交替变化,就使电容器不断进行充电与放电,电路始终有电流流通,所以说电容器可通交流电。

2. 电容器的串联与并联

电容器串联就是将几个电容器头尾串接在电路中。如图1-20所示。电容器串联相当于增加了电介质的厚度,也就是加大了两极板之间的距离,电容量因而减小。总电容与各电容的关系是串

联电容总电容的倒数等于各电容倒数之和,用公式表示如下:

$$1/C = 1/C_1 + 1/C_2 + 1/C_3 + \cdots + 1/C_n$$

电容器并联是将几个电容器并排地连接起来,然后跨接在电源上,如图 1-21 所示。电容器并联相当于极板的面积加大,电容量得到增大。总电容与各电容的关系是并联电容总和等于各个电容之和,用公式表示如下:

$$C = C_1 + C_2 + C_3 + \cdots + C_n$$

并联的各个电容器,如果工作电压不同,就必须把其中最低的电压作为并联后的工作电压。

图 1-20　电容器的串联　　　　图 1-21　电容器的并联

3. 自感电动势

当线圈中通过电流时,线圈周围一定会产生磁场。若线圈中电流发生变化时,由这个变化的电流所产生的磁通也将随着变化,这个变化的磁通将在线圈中产生感应电动势。由于这个感应电动势是由线圈本身的电流变化而产生的,所以叫自感电动势。

自感电动势的方向总是反抗线圈中磁通变化。当电流增加时,自感电动势的方向与电流方向相反,力图阻止电流增加;而当电流减小时,自感电动势的方向和电流方向相同,力图阻止电流减小。

4. 互感电动势

两个互相靠近的线圈,当一个线圈接通电源时,由于本线圈电流的变化将引起磁通变化,这个变化的磁通除穿过本身线圈外,还有一部分穿过与它靠近的另一线圈,因此在另一线圈中也产生感应电动势,这种现象称互感,由互感产生的电动势称互感电动势。

四、变压器与三相异步电动机

1. 变压器

（1）变压器工作原理

变压器是变换交流电压、电流和阻抗的器件,当初级线圈中通有交流电流时,铁芯(或磁芯)中便产生交流磁通,使次级线圈中感应出电压(或电流)。变压器由铁芯(或磁芯)和线圈组成,线圈有两个或两个以上的绕组,其中接电源的绕组叫初级线圈,其余的绕组叫次级线圈。工作原理如图 1-22 所示。

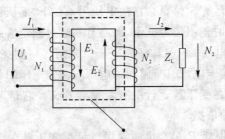

图 1-22　变压器原理示意图

（2）变压器的分类

按冷却方式分类:干式(自冷)变压器、油浸(自冷)变压器、氟化物(蒸发冷却)变压器。

按防潮方式分类:开放式变压器、灌封式变压器、密封式变压器。

按铁芯或线圈结构分类:芯式变压器(插片铁芯、C 型铁芯、铁氧体铁芯)、壳式变压器(插片铁芯、C 型铁芯、铁氧体铁芯)、环型变压器、金属箔变压器。

按电源相数分类:单相变压器、三相变压器、多相变压器。

按用途分类:电源变压器、调压变压器、音频变压器、中频变压器、高频变压器、脉冲变压器。

（3）变压器的相关参数

为了保证变压器安全运行,使用经济合理,制造厂规定了额定值(又叫额定技术数据)。额定值大都标注在铭牌上,它是厂家设计制造和试验变压器的依据,其内容包括以下 7 个方面:

① 额定电压 U_{e1}、U_{e2}(V):是指变压器空载时端电压的保证值。

② 额定电流 I_{e1}、I_{e2}(A):在额定使用条件下,变压器原边输入的线电流 I_{e1},变压器副边输出的线电流 I_{e2},叫变压器原、副边额定电流。

③ 额定容量 S_e(VA):在额定使用条件下,变压器施加额定电压、额定频率时输出额定电流,而温升不超过额定值的容量。

④ 阻抗电压 U_d(又称短路电压):系指将一侧绕组短路,另一侧绕组达到额定电流时所施加的电压与额定电压的百分比。阻抗电压的大小,在变压器运行中有着重要意义。它是考虑短路电流和继电保护的依据。

⑤ 空载损耗 P_0(W,也叫铁损):是指变压器在空载时的有功功率的损失。

⑥ 短路损耗 P_d(W):一侧绕组短路,另一侧绕组施以电压,使两侧绕组都达到额定电流时的有功损耗。

⑦ 空载电流 I_0:变压器空载运行时的励磁电流占额定电流的百分数。

2. 三相鼠笼型异步电动机

(1)三相鼠笼型异步电动机的结构

三相异步电动机主要由工作部分(定子和转子)、支撑部分(机座)、端盖、接线盒、风扇以及若干附件所组成,见图 1-23。

① 定子。定子是电动机的固定部分,它由定子核心和定子绕组等部分组成。

② 转子。转子是电动机的转动部分,它由转轴、转子核心和鼠笼绕组等部分组成。

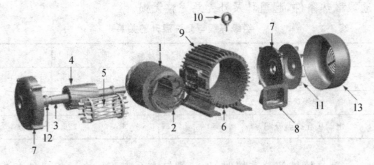

图 1-23 三相鼠笼型异步电动机的结构

1——定子核心;2——定子绕组;3——转轴;4——转子核心;

5——鼠笼绕组;6——机座;7——端盖;8——接线盒;9——散热筋;

10——吊环;11——风扇;12——轴承;13——罩壳

③ 端盖。端盖用于支撑转子和安装轴承。端盖用螺钉或弹性涨圈固定于机座上。

④ 接线盒。接线盒是定子绕组与供电线路的连接装置。

(2) 电动机主要额定数据、绝缘等级及允许温升

电动机的额定数据有:

① 额定功率/kW;

② 额定电压/V;

③ 额定频率/Hz;

④ 额定电流/A;

⑤ 额定转速/$r \cdot min^{-1}$;

⑥ 允许温升/℃。

绝缘材料等级与允许温升的关系见表 1-2。

(3) 电动机安装与维护注意事项

安装注意事项:

① 安装电动机时应执行好安装规程及有关技术措施,检查好周围环境是否安全可靠,防止漏水滴入电动机,保持电动机良好的

通风散热条件,起重环及外壳要完整无损。

表 1-2　　　　　　　　　绝缘等级与允许温升的关系

绝缘等级	A	E	B	F	H	C
绝缘材料允许温升/℃	105	120	130	155	180	180 以上
绝缘等级	A	E	B	F	H	C
电动机允许温升/℃	60	75	80	100	125	125 以上

② 与机械部分连接时,地脚螺钉齐全牢固。电动机轴线与机械轴线保持一致,对轮间隙合适。

③ 做好电气性能试验,应符合防爆规定。零、部件完整。网路电压为额定电压的±5%。三相平衡电流符合要求,温升正常。接地装置完好,接地电阻符合规定,用摇表测定对地绝缘,应符合有关规定。

④ 安装完后,电动机声音应正常,轴承温度符合要求。

日常维护:

① 每班应由当班司机及电工检查电动机周围环境有无淋水及压埋现象,通风是否良好,温度、声音、电流、电压是否正常。

② 每月应加润滑油一次,检查轴承是否损坏、超限,并做一次绝缘电阻测定。

③ 电动机运转超过 3 000 h 或半年后应做一次定期检查。检查外壳、端盖、轴承、螺钉是否完整可靠,检查风扇、通风道是否符合规定,测量电动机定子、转子径向间隙。定子绝缘是否符合规定。绕组是否有损伤,做好记录。

五、变频装置

变频装置是指通过改变电源频率,从而使电动机达到无级调速的电气设备。20 世纪 80 年代以前,变频装置在生产中的应用很少。自 90 年代以后,随着科技的发展,国民生产中对电机调速应用增多,变频装置逐渐被广泛应用在煤炭、石油、天然气、化工等国民经济建设许多部门的具有爆炸混合物的环境中,作为拖动电动机带动各种机械设备调速的电气设备。

根据交流异步电动机的转速公式可知:

$$n = (1-S)\,60 \cdot f_1 / p$$

式中　f_1——定子供电电源频率;

　　　p——极对数(一定);

　　　S——转差率(一定);

　　　n——转速。

在其他参数不变的情况,电动机的转速与电源频率成正比,因此,通过改变电源频率的方法即可实现改变电动机转速的目的。

变频调速的优点:

(1)调速范围大,机械特性硬。

(2)可以无级调速。

(3)起动转矩大,用逐步增加频率的方法,可以得到最大起动转矩。

它的缺点是需要一套变频及电源设备。

复习思考题

1.什么叫投影? 工程图样中常用哪两种投影法?

2.三视图之间的投影关系,可归纳为哪些投影规律?

3.常见的皮带传动方式有哪些? 带传动有何特点?

4.链传动有何特点?

5.液压系统包括哪几部分,各有什么作用?

6.液压系统的表示方法有哪些?

7.单向阀的性能要求有哪些?

8.溢流阀在液压系统中所起的作用有哪些?

9. 什么叫电路,电路一般由哪几部分构成?

10. 试述欧姆定律。

11. 什么是交流电?

12. 什么是交流电的相电压、线电压、相电流、线电流?

13. 什么是电磁感应?

14. 电动机安装与维护注意事项有哪些?

第二章　专业知识

第一节　井下起重搬运基础知识

一、起重搬运相关注意事项

在立井(暗立井)、斜井(暗斜井)和斜巷(上下山巷道)内大型物体(主要指通风、排水、提升、运输、压风、采掘机电设备及其附属设备和长、大直径水、风管及其他超长、超宽等重型设备或设施)的起重搬运、吊运作业过程中,具体相关安全注意事项如下:

(1)起重机械、工具、卡具和绳索(绳套)等要按规定进行定期检查试验,每次使用前应由施工负责人进行一次认真地检查,不合格的严禁使用。

(2)吊具与索具闲置时,应有相应的保护贮存措施,不得受锈蚀、腐蚀或潮湿、高温等有害影响。

(3)在任何情况下,严禁用人体重量来平衡被吊运的重物。不得站在重物上起吊。进行起重作业时,不能站在重物下面(下方)、起重臂下或重物运动前方等不安全的地方,只能在重物侧面作业。严禁用手直接校正已被重物张紧的吊绳、吊具。

(4)对大件设备应合理拆分为若干部件,分别做好标记、编号装运。根据物体重量、体积、形状和吊运行程,合理选择吊运方式和起重机、吊具及运输工具。

(5)认真检查所需的起、吊、运机具、车辆、设备、绳索、吊具和安全带等的质量、强度,并核算安全系数。

（6）擦净被吊运物件捆绑处的油污，棱角和加工装配面处应加衬垫，用经过检查的绳索或吊具将吊动物体与起重机械连接牢固。

（7）使用千斤顶起重时，应将底座垫平找正，底座及顶部必须用木板或枕木垫好，升起重物时，应在重物下随起随垫。重物升起的高度不准超过千斤顶的额定高度，无高度标准的千斤顶、螺杆或活塞的伸出长度不得超过全长的三分之二。同时使用两台及以上千斤顶起重同一重物时，必须使负荷均衡，保持同步起落。

（8）利用小绞车起吊搬运重物时，小绞车应安装稳固，同时应注意使小绞车提升中心线与实际受力方向一致，若方向不对时，不得用撬棍等别住钢丝绳导向，可利用滑轮导向。应按点动开车，使钢丝绳张紧后检查钢丝绳受力方向正确，各部件无异常方可开车起重或搬运。不允许在运转中一手推制动手把，一手调整钢丝绳，如需调整应使钢丝绳松弛后再调整。

（9）起重机司机应听从挂钩人员的指挥，但对任何人发出的紧急停车信号都应立即停车。起重机在开车前要将所有控制手把置于零位，鸣铃示警后方可开车，吊运作业时，将重物提起、下放、转动起重臂和重物接近人员时，司机均需鸣铃（或按喇叭）示警，注意观察，情况允许后方可继续作业。

二、起重搬运基础知识

1. 在起吊物上选择绑扎点

起吊物上选择绑扎点的位置，一种情况是设计或设备已经提供。图 2-1 表示由此起吊，指示吊运时放置链条或绳索的位置。图 2-2 重心点，指示物件的重心位置。起吊物上选择绑扎点的位置，更多情况时需要自己选择。选择绑扎点要注意三点。

（1）绑扎点要在起吊物的重心的上方处。一点起吊，直接选在重心上方。两点或四点起吊，要关于重心对称。否则，起吊时物体不能保持平衡，会倾覆。

（2）注意起吊物整体的强度，即吊起来物体不能垮。尤其是细长的物体，要验算强度是否足够。比如，混凝土柱、钢柱、水冷壁组件，吊点的选择要慎重。

（3）注意绑扎点处的局部，不能失稳，不能撕开、撕裂。尤其是工字形、槽形、箱形、仪表盘柜，壁比较薄的情况。

图 2-1　表示由此起吊

图 2-2　起吊物重心位置

2. 吊耳

吊耳，又称吊鼻，是施工中常用的一种自制工具。图 2-3 是吊耳的一般形状。吊耳的相关强度校核和选择参考机械设计手册。

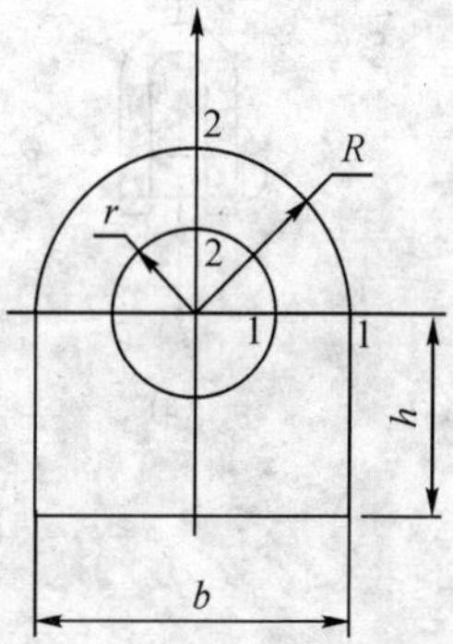

使用吊耳时，要注意以下几点：

（1）吊耳不能太薄，防止板失稳。截面宽薄比 $\dfrac{R-r}{s} \leqslant 3 \sim 5$ 为宜。如果达不到要求，可在孔处加强。

图 2-3　吊耳的一般形状

（2）吊耳与起吊物之间的焊接，一定要注意材质、温度。

（3）起吊物上吊耳生根处，注意局部的安全。

3. 卸扣

吊耳与钢丝绳之间，用卸扣连接。卸扣主要用在冲击性不大的场合。图 2-4 是常用的 D 形卸扣示意图。相关卸扣的标准参考原国家机械工业局 JB 8112－1999 标准。在使用卸扣时，要注意卸扣体上的标记。卸扣使用时，除了注意不能超负荷外，还要注意以下两点：

（1）卸扣的受力方向，要与卸扣体一致，只能纵向受力，不能横向受力。如图 2-5 所示。

（2）当穿过卸扣的钢丝绳可以活动的，一定要放在卸扣环形体的一侧。若放在横杆一侧，可能使横杆罗扣自动脱落。

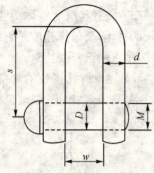

图 2-4　D 形卸扣示意图

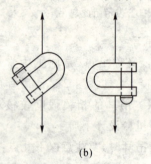

(a) (b)

图 2-5　卸扣的使用

（a）正确；（b）不正确

第二节　综采机械设备结构、工作原理

一、采煤机

现以双滚筒采煤机为例，说明其组成。如图 2-6 所示，它主要由电动机、牵引部、截割部和附属装置等部分组成。

（1）电动机

电动机是滚筒采煤机的动力部分，它通过两端输出轴分别驱动两个截割部和牵引部。采煤机的电动机都是防爆的，而且通常

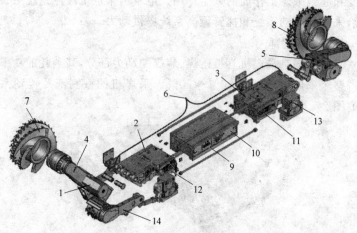

图 2-6 滚筒采煤机的组成

1——电动机;2——左牵引部;3——右牵引部;4——左截割部;5——右截割部;

6——采煤机机身组成部分;7——左螺旋滚筒;8——右螺旋滚筒;

9——电控系统主要元件安装位置;10——电控部(中间部);

11——液压系统主要元件安装位置;12——供水系统主要元件安装位置;

13——右行走部;14——破碎机构

都采用定子水冷,以缩小电动机的尺寸。牵引部通过其驱动轮与固定在工作面输送机上的销排相啮合,使采煤机沿工作面移动,因此,牵引部是采煤机的行走机构。左、右截割部减速箱将电动机的动力经齿轮减速后驱动滚筒旋转。滚筒是采煤机落煤和装煤的工作机构,滚筒上焊有端盘及螺旋叶片,其上装有截齿。螺旋叶片将截齿割下的煤装到刮板输送机中。为提高螺旋滚筒的装煤效果,滚筒一侧装有弧形挡煤板,它可以根据不同的采煤方向来回翻转180°。电气控制箱内部装有各种电控元件,用于采煤机的各种电气控制和保护。破碎机构主要是破碎大块煤岩,以使之能够顺利地通过采煤机的底部,而不堵住采煤机的过煤空间。采煤机的供水系统主要供给采煤机喷雾和冷却系统,以降低摇臂减速器的温度和起到采煤工作面的灭尘作用。电牵引采煤机液压系统主要是给采煤机制动系统和摇臂调高系统提供动力。

（2）截割部

截割部是采煤机直接落煤、装煤的动力部分,其消耗的功率约占整个采煤机功率的 $80\%\sim90\%$。采煤机的截割部及传动系统如图 2-7 所示。

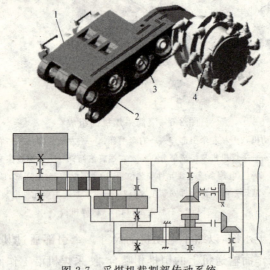

图 2-7　采煤机截割部传动系统
1——电机;2——摇臂;3——齿轮部件;4——滚筒

落煤部分包括工作机构及其传动装置,工作机构是指滚筒和安装在滚筒上的截齿,而传动装置是指固定减速箱、摇臂齿轮箱,有时还包括滚筒内的传动装置。截割部传动装置的功用是将电动机的动力传递到滚筒上,以满足滚筒工作的需要。同时,传动装置还应适应滚筒调高的要求,使滚筒保持适当的工作高度。由于截割消耗采煤机总功率的 $80\%\sim90\%$,因此要求截割部传动装置具有高的强度、刚度和可靠性,良好的润滑密封、散热条件和高的传动效率。对于单滚筒采煤机,还应使传动装置能适应左、右工作面采煤的要求。

采煤机截割部传动的功率大,转动件的负载很大,还受冲击,因此传动装置的润滑十分重要。最常用的方法是飞溅润滑,随着现代采煤机功率的加大,采取强制方法的润滑也日渐增多,即用专门的润滑泵将润滑油供应到各个润滑点上(如 MG 300-W 型采煤机)。采煤机摇臂齿轮的润滑具有特殊性,它不仅承载重、冲击大,而且割顶煤或割底部煤时,摇臂中的润滑油集中在一端,使其他部位的齿轮得不到润滑,因此,在采煤机操作中一般规定滚筒割顶煤或卧底时,工作一段时间后,应停止牵引,将摇臂下降或放平,使摇臂内全部齿轮都得到润滑后再工作。根据采煤机截割部减速箱和摇臂的承载特点,大都选用 $150 \sim 460 \mathrm{cSt}(40\ ℃)$ 的极压(工业)齿轮油作为润滑油,其中以 N220 和 N320 硫磷型极压齿轮油用得最多。

(3)牵引部

采煤机牵引部担负着移动采煤机,使工作机构连续落煤或调动机器的任务。牵引部包括牵引机构及传动装置两部分。牵引机构是直接移动机器的装置,分有链牵引和无链牵引两种类型,目前多采用无链牵引。传动装置用来驱动牵引机构并实现牵引速度的调节。传动装置有机械传动、液压传动和电传动等类型,分别称为机械牵引、液压牵引和电牵引。牵引部传动装置的功用是将采煤机电动机的动力传到主动链轮或驱动轮并实现调速。现有牵引部传动装置按传动形式可分为三类:机械牵引、液压牵引和电牵引。

从 20 世纪 70 年代开始,链牵引已逐渐减少,无链牵引得到了很大发展。无链牵引机构取消了固定在工作面两端的牵引链,以采煤机牵引部的驱动轮或再经中间轮与铺设在输送机槽帮上的齿轨相啮合,从而使采煤机沿工作面移动。无链牵引的结构形式很多,主要有齿轮-销轨型、销轮-齿轨型、链轮-链轨型以及复合齿轮齿轨型如图 2-8 所示。

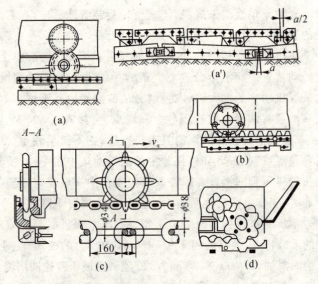

图 2-8　采煤机无链牵引形式

（a）齿轮-销轨型；（b）链轮-链轨型；（c）销轮-齿轨型；（d）复合齿轮齿轨型

（4）采煤机附属装置

① 调高和调斜装置

为了适应煤层厚度的变化，在煤层高度范围内上下调整滚筒位置称为调高。为了使下滚筒能适应底板沿煤层走向的起伏不平，使采煤机机身绕纵轴摆动称为调斜。调斜通常用底托架下靠采区侧的两个支承滑靴上的油缸来实现。采煤机调高有摇臂调高和机身调高两种类型，它们都是靠调高油缸（千斤顶）来实现的。

典型的调高液压系统如图 2-9 所示。调高泵 2 经滤油器 1 吸油，靠操纵换向阀 3 通过双向液压锁 4 使调高千斤顶 5 升降。双向液压锁用来锁紧千斤顶活塞的两腔，使滚筒保持在所需的位置上。安全阀 6 的作用是保护整个系统。

② 冷却喷雾降尘装置

采煤机工作时，滚筒在割煤和装煤过程中会产生大量煤尘，不仅降低了工作面的能见度,影响正常生产,而且对安全生产和工人健康也会产生严重影响,因此必须及时降尘,最大限度地降低空气中的含尘量。同时采煤机在工作时,各主要部件(如水冷电动机、摇臂等)会产生很大热量,须及时进行冷却,以保证工作面生产的顺利进行。喷雾冷却系统原理如图 2-10 所示。由水阀、安全阀、减压阀、节流阀、高压软管、喷嘴及有关连接件等组成。来自喷雾泵的水由送水管经电缆槽、拖缆装置进入水阀。由水阀分配成五路,用于冷却、喷雾降尘。

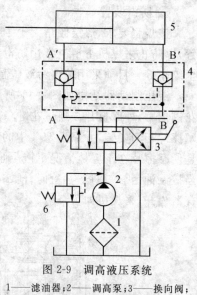

图 2-9 调高液压系统

1——滤油器;2——调高泵;3——换向阀;

4——双向液压锁;5——千斤顶;

6——安全阀

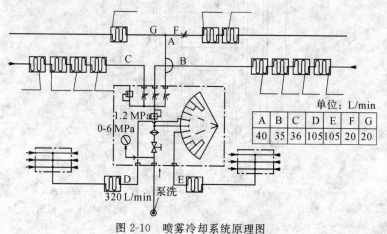

单位:L/min						
A	B	C	D	E	F	G
40	35	36	105	105	20	20

图 2-10 喷雾冷却系统原理图

③ 防滑装置

按规程要求,煤层倾角大于 15°的工作面,必须安装防下滑装置,以防止采煤机下滑。常用防滑装置有防滑杆、制动器、液压安全绞车等。目前采用较多为液压制动器。

液压制动器结构如图 2-11 所示。内摩擦片 6 装在马达轴的花键槽中,外摩擦片 5 通过花键套在离合器外壳 4 的槽中。内、外摩擦片相间安装,并靠活塞 3 中的预压弹簧 7 压紧。弹簧的压力是使摩擦片在干摩擦情况下产生足够大的制动力防止机器下滑。当控制油由 B 口进入油缸时,活塞 3 压缩弹簧 7 而右移,使摩擦离合器松开,采煤机即可牵引。

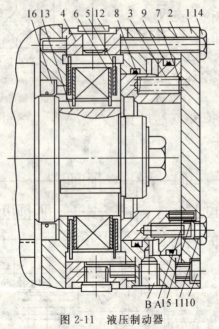

图 2-11 液压制动器

1——端盖;2——油缸体;3——活塞;4——离合器外壳;5——外摩擦片;

6——内摩擦片;7——弹簧;8、9——密封圈;10——螺钉;11、12——丝堵;

13——马达轴;14——螺钉;15——定位销;16——油封;A、B——油口

二、刮板输送机

刮板输送机虽然具有不同的类型和不同的布置方式,但其基本结构是相同的。

1. 刮板输送机的组成

刮板输送机主要由机头部Ⅰ、机尾部Ⅱ和中间部Ⅲ组成,如图2-12所示。此外,还有紧链器、挡煤板、铲煤板、推移装置和防滑锚链等。

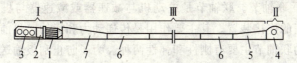

图 2-12　刮板输送机组成

1——电动机;2——液力耦合器;3——减速器;4——机尾架;

5——机尾过渡槽;6——中间溜槽;7——机头过渡槽

机头部:机头架、传动装置、链轮组件等。

机身:过渡槽、中部标准溜槽、刮板链。

机尾:机尾架、换向滚筒。

2. 刮板输送机的主要结构

(1) 传动装置

传动装置包括电动机、联轴节、减速器和主轴,见图2-13。它是刮板输送机的驱动机构。

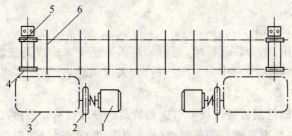

图 2-13　刮板机传动装置示意图

1——电动机;2——联轴节;3——减速器;4——链轮;5——主轴;6——刮板链

① 电动机。电动机是刮板输送机的动力源。在我国绝大多数煤矿中使用的刮板输送机的电动机功率一般为 40 kW、75 kW、125 kW 或更大,有的采用单电动机,也有采用双电动机或多电动机驱动。目前有的刮板输送机采用双速电动机驱动,在启动运行时使用低速,以提高电动机的启动转矩;在装载运煤量较大时使用高速,以满足运输能力大的要求,从而改善刮板输送机的运行状态。

② 联轴节。联轴节是电动机与减速器或减速器与机头驱动主轴间的连接装置。其主要作用是传递动力和运动。目前在井下使用的联轴节主要有刚性和弹性两种。为了防止刮板输送机过负荷,一般联轴节均兼作过负荷时的保护装置。

③ 减速器。刮板输送机减速器和其他减速器一样,都是用以改变电动机转数和传递电动机转矩的装置。刮板输送机减速器的基本结构按输入、输出的方向可分为两种:一种为直角布置即垂直布置;另一种为平行布置。

④ 主轴。主轴是传动装置的主要部件,通过它带动主链轮后牵引刮板链运动。

(2)刮板链

刮板链是刮板输送机的牵引机构。目前在我国煤矿井下使用的刮板输送机有双链(双边链,双中链)的和单链的,三链的应用很少。

(3)溜槽

作用:作为装载机构,把由采煤机采落下来的煤装进溜槽内,并经刮板链带走;作为支承机构,为采煤机导轨,承受采煤机的全部重量。

溜槽是刮板输送机牵引链和货载的导向机构。溜槽可分为中间溜槽(标准溜槽),调节溜槽(也称为短接)和连接槽(过渡溜槽)。中间溜槽的结构形式有敞底和封底两种。

（4）保护装置

① 保险销保护装置。传动链轮与主轴的连接通过保险销传递。当主轴上负荷超过允许的规定值时,保险销被剪切断裂,从而电动机空转,输送机停止工作,实现过负荷保护。

② 液力耦合器。液力耦合器通常主要由泵轮、输入轴、涡轮轴承等部分组成,其结构组成如图 2-14 所示。由于煤矿井下工作条件恶劣,刮板机有时需要重载启动的能力,故刮板输送机的液力耦合器安装在电机和减速器之间,其具有过载保护作用。当设备的工作机构过载时间较长或卡住(如刮板输送机的刮板链被卡住)时,涡轮与泵轮之间的滑差变大,有较大的相对运动,将液体的液动能转化为热能,从而使传递的介质温度升高。当传递介质的温度超过易熔塞的允许温度时,易熔塞熔化,传递介质喷出,液力耦合器不再传递力矩,从而起到过载保护的作用。因此,易熔塞起到

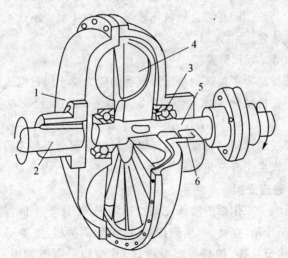

图 2-14 液力耦合器结构组成图

1——泵轮;2——输入轴;3——轴承;4——涡轮;5——输出轴;6——密封

过热保护作用。易熔合金的熔化温度一般为(115±5)℃,在工作中不能去掉易熔合金保护塞或随便用其他的塞子代替,否则会造成机电设备的损坏和人身伤亡事故。易熔塞、易爆塞用于叶轮有效直径在 500 mm 以下时(含 500 mm),安装数量各不少于 1 个,安装一个易熔塞及一个易爆塞的液力耦合器,在其安装的对称位置上要留有安装凸台。用于叶轮有效直径达 500 mm 以上时,易熔塞及易爆塞要各安装 2 个,对称布置在液力耦合器内腔最大直径上,易熔塞和易爆塞都不允许安装在注液孔上。

(5) 紧链装置

紧链装置的作用是调整刮板链的松紧程度。常用的紧链装置有螺旋杠式、钢丝绳卷筒式、棘轮紧链器和液压紧链装置。

(6) 推移装置

在采煤工作面中采用单体支柱支护时,要有专门的推移刮板输送机的装置。而在综合机械化采煤工作面中刮板输送机不需独立设推移装置。

(7) 挡煤板和铲煤板

挡煤板是为了提高刮板输送机运输能力防止煤被甩入采空区而设的。在机械化采煤工作面中挡煤板一侧还敷设有电缆和水管等。

铲煤板的作用是将煤壁的浮煤通过推移溜槽后装入溜槽。铲煤板的形式主要有三角形和 L 形两种。

三、液压支架

一般综采工作面的液压支架由护帮板、护帮千斤顶、前梁、顶梁、前梁千斤顶、立柱、顶梁侧护板、掩护梁侧护板、掩护梁、连杆、底座、推移千斤顶、推杆等部分组成,其结构示意图如图 2-15 所示。液压支架按其对顶板的支护方式和结构特点不同,分为支撑式、掩护式和支撑掩护式三种基本架型。

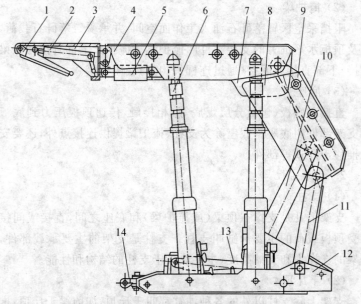

图 2-15　液压支架结构示意图

1——护帮板；2——护帮千斤顶；3——前梁；4——顶梁；5——前梁千斤顶；

6——立柱；7——顶梁侧护板；8——掩护梁侧护板；9——掩护梁；

10、11——连杆；12——底座；13——推移千斤顶；14——推杆

1. 承载结构件

承载结构件包括顶梁、掩护梁和底座等。

(1) 顶梁

直接与顶板(包括煤顶、分层假顶等)相接触,并承受顶板岩石载荷的支架部件叫顶梁。它也为支柱、掩护梁和挡矸装置等提供连接点。顶梁除整体刚性结构形式外,一般由若干段组成,按它对顶板支护的作用和位置,可分为主梁、前梁和尾梁。如果顶梁在前后支柱间铰接,也可称为前梁和后梁。有些支架由于回采工艺和结构的要求,将顶梁做成可伸缩式或折叠式,一般称这伸缩或折叠部分叫前探梁。

（2）掩护梁

阻挡采空区冒落矸石涌入工作面空间，并承受冒落矸石载荷，以及顶板水平推力的支架部件叫掩护梁。掩护梁上部直接与顶梁铰接，下部直接或间接（通过连杆机构）与底座铰接。

（3）底座

直接和底板（包括分层煤底等）相接触，传递顶板压力到底板的支架部件叫底座。底座除为支柱、掩护梁提供连接点外，还要安设推移千斤顶等部件。

2．动力油缸

（1）支柱

支架上凡是支撑在顶梁（或掩护梁）和底座之间，直接或间接承受顶板载荷的主要油缸叫支柱。支柱是支架的主要承载部件，支架的支撑力和支撑高度，主要取决于支柱的结构和性能。

（2）千斤顶

支架上除支柱以外的各种油缸都叫千斤顶，如前梁千斤顶、推移千斤顶、调架千斤顶，还有平衡、复位、侧推和护帮千斤顶等，完成推移运输机、移设支架和支架的调整等各种动作。

3．控制操纵元件

控制操纵元件包括控制阀（即液控单向阀和安全阀）、操纵阀等各种阀件和管件。这些元件是保证支架获得足够的支撑力、良好的工作特性以及实现预定设计动作所需的液压元件，它的种类和数量，随支架结构和动作要求的不同而异。

4．辅助装置

支架上除上述三项构件以外的其他构件，都可归入辅助装置，它包括推移装置、复位装置、挡矸装置、护帮装置、防倒防滑装置、照明和其他附属装置等。

5．工作液体

工作液体是传递泵站能量，使液压支架能有效工作的工作介质。液压支架的工作液体是乳化液。

复习思考题

1. 起重搬运、吊运作业过程中,相关安全注意事项有哪些?
2. 选择绑扎点有哪些注意事项?
3. 使用吊耳时,有哪些注意事项?
4. 滚筒采煤机由哪几部分组成?
5. 刮板输送机主要由哪几部分构成?
6. 液压支架由哪几部分构成?

第三章 相关知识

第一节 综采工作面的采煤工艺

综合机械化采煤是在普通机械化采煤的基础上发展起来的。普通机械化采煤设备虽然实现了破煤、装煤、运煤的机械化，但是支护和放顶工作仍为手工操作，劳动强度大、速度慢、安全没有保证，也影响采煤机械效能的充分发挥。而综合机械化采煤，使采煤过程全部实现了机械化，并具有高产、高效、安全、生产集中等特点。

一、工作面主要设备及布置

综采工作面设备布置如图 3-1 所示。其中主要设备有：

（1）浅截深滚筒采煤机（或刨煤机）。摇臂式双滚筒可调高采煤机是综采工作面应用最多的采煤机。它以刮板输送机作为轨道，沿工作面往复运行进行割煤和装煤。

（2）可弯曲刮板输送机。它主要用于运煤，另外也是采煤机运行的轨道和移动液压支架时的着力点。刮板输送机的煤壁一侧安装有铲煤板，在推移刮板输送机时能自动完成清扫和装载浮煤的工作。

（3）液压自移支架和端头支架。液压自移支架以高压乳化液作为动力传动液，通过操纵阀的控制，能实现升、降和前移等动作，负责完成支护顶板和处理采空区两道主要工序。端头支架也是一种液压自移支架，只是在结构上与普通液压支架稍有不同，是专门用来加强工作面上下端头顶板支护的液压支架。

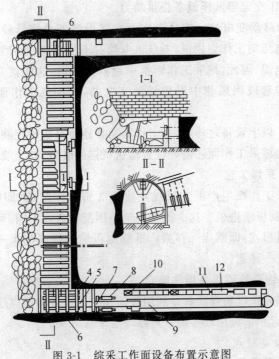

图 3-1　综采工作面设备布置示意图

1——采煤机;2——刮板输送机;3——液压支架;4——下端头支架;

5——超前支架;6——上端头支架;7——转载机;8——破碎机;

9——可伸缩带式输送机;10——乳化液泵站;11——集中控制台;12——移动变压器

(4)桥式转载机。它是一种整体式的刮板输送机,用于工作面刮板输送机和运输平巷带式输送机之间的煤炭转载任务。它可以通过和端头支架之间连接的推移千斤顶或利用小绞车实现自身的整体移置,可避免频繁地缩短运输巷中的带式输送机。

(5)可伸缩带式输送机。它是工作面运输巷中的主要运煤设备,可以通过贮带装置比较方便地调整铺设长度,以适应工作面回采过程中运输距离的变化。

（6）乳化液泵站。乳化液泵站能将低压乳化液变为高压乳化液，为液压支架等液压设备提供动力。

（7）移动变电站。综采工作面电气设备的总容量较大，如果采用低电压向工作面供电，不仅供电质量不易保证，而且还需要大截面的电缆，因此，综采工作面都采用高压供电，这样就需要在工作面运输巷或回风巷中设置移动变电站，以提供工作面需要的电压。

除了以上设备之外，综采工作面通常还设有集中控制设备，倾角较大的综采工作面还需要设置输送机锚固装置、安全绞车等。

二、采煤工艺

综采工作面生产工艺过程主要由 3 道工序组成，即割煤、移架、推移刮板输进机。这 3 道主要工序因配合方式不同，可以组成两种工艺形式，即割煤—移架—推移刮板输送机或割煤—推移刮板输送机—移架。

三、综采放顶煤采煤法简介

综采放顶煤采煤法就是利用放顶煤综采设备将厚煤层一次采全高，是近年来应用较多的一种厚煤层采煤方法。

1. 设备特点

放顶煤综采设备与常规综采设备差别不大，其主要特点是：综采放顶煤支架上设了一个放煤口，而常规综采支架是没有的；另外，大多数综采放顶煤工作面都设有两部刮板输送机，其中一部位于液压支架的前部，另一部设在液压支架的掩护梁之下。采煤机割下的煤通过液压支架前部的刮板输送机运输，液压支架放煤口放出的煤则利用液压支架后部的运输机运出。

2. 综采放顶煤采煤工艺

综采放顶煤工作面的生产情况如图 3-2 所示。采煤机首先沿煤层底板割煤，采高一般为 2.5～3 m，滞后于采煤机一定距离将液压支架前移并推移液压支架前部的刮板输送机。以上这些工序的完成以及相互配合与常规综采基本相同。在采煤机采煤之后，液压支架上方的煤体在矿山压力的作用下会逐渐发生破坏直至崩落。一般采煤机每割煤一至两刀，将支架后方的碎煤通过支架的放煤口放入刮板输送机运走。

图 3-2　综采放顶煤采煤示意图

综采放顶煤采煤法的主要优点是：煤层开采的准备工作量较少；产量高，吨煤成本低，经济效益好。其主要缺点有：回采率较低，一般煤炭损失达 33％～35％，造成一定的资源浪费；采空区的自然发火较为严重。

实践证明，这种采煤方法适用于开采厚度为 5～15 m、倾角小于 30°的厚煤层。

第二节　煤矿地质基本知识

一、煤层埋藏特征

1. 煤层顶板、底板

通常把煤层上部一定范围内的岩层叫煤层顶板，把煤层下部一定范围内的岩层叫煤层底板。煤层的顶板按其与煤层的相对位置不同以及垮落的难易程度不同可分为伪顶、直接顶和基本顶,如图 3-3 所示。煤层的底板也可以分为直接底和基本底。

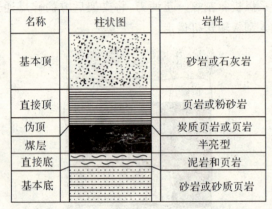

名称	柱状图	岩性
基本顶		砂岩或石灰岩
直接顶		页岩或粉砂岩
伪顶		炭质页岩或页岩
煤层		半亮型
直接底		泥岩和页岩
基本底		砂岩或砂质页岩

图 3-3 煤层顶板、底板组成

（1）顶板

① 伪顶。伪顶是直接位于煤层之上,极易垮落的薄岩层,厚度一般小于 0.5 m,常由炭质页岩组成。在采煤过程中,伪顶多随落煤而垮落。

② 垮直接顶。直接顶是直接位于伪顶之上或直接位于煤层之上(煤层没有伪顶时)的一层或几层岩层,通常由泥岩、页岩、粉砂岩等有一定稳定性的岩层组成。在采煤过程中,直接顶通常随回柱或移架而垮落。

③ 基本顶。基本顶是指位于直接顶之上或直接位于煤层之上(煤层没有直接顶时)的厚而坚硬的岩层,通常由砂岩、砂砾岩、石灰岩等岩层组成。基本顶不随直接顶垮落、能在采空区维持很大的暴露面积。

（2）底板

① 直接底。直接底是指直接位于煤层之下的强度较低的岩层,通常由泥岩、页岩、黏土岩等岩层所组成。当直接底为松软岩

石时,易发生底鼓和支柱陷入底板的情况。常造成巷道支护困难。

　　② 基本底。基本底是指位于直接底之下比较坚固的岩层,多为砂岩、粉砂岩,也有石灰岩。

　　2. 煤层的形态与结构

　　(1)煤层的形态

　　煤层的形态有层状、似层状和非层状 3 类。层状煤层成层状分布,厚度变化不大。似层状煤层形状像藕节、串珠、瓜藤等,层位上有一定的连续性,但厚度变化较大。非层状煤层形状像鸡窝、扁豆等,层位上连续性不明显,常有大范围尖灭。似层状煤层和非层状煤层如图 3-4 所示。

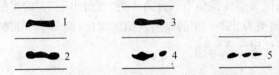

图 3-4　似层状和非层状煤层

1——藕节状;2——串珠装;3——瓜藤状;4——鸡窝状;5——扁豆状

　　(2)煤层的结构

　　根据煤层中有无比较稳定的夹矸层,可将煤层分为简单结构煤层和复杂结构煤层。简单结构煤层中没有呈层状分布的比较稳定的矸石夹层;复杂结构煤层中则含有数目不等呈层状分布的且较稳定的矸石夹层。

　　3. 煤层厚度

　　煤层厚度有总厚度与有益厚度之分。煤层的总厚度是指煤层顶、底板之间的垂直距离,是包括夹矸层在内的厚度;煤层的有益厚度是指去除夹矸层之后的厚度。煤层有薄有厚,差别很大,薄的仅几厘米,最厚的可达 200 余米。不同的煤层厚度不同,同一个煤层的不同位置厚度通常也不同,甚至还有可能发生尖灭。

　　我国把厚度小于 1.3 m 的煤层称为薄煤层,厚度为 1.3～3.5

m 的煤层称为中厚煤层,厚度大于 3.5 m 的煤层称为厚煤层。有时习惯上将厚度大于 6 m 的煤层又称为特厚煤层。

4. 煤层产状

煤层的产状就是地下煤层的空间分布规律,用产状要素表示。煤层的产状要素如图 3-5 所示,包括煤层的走向、倾向、倾角。

(1)煤层走向。煤层层面与水平面的交线称为走向线,走向线的方向就是煤层的走向。

(2)煤层倾向。在煤层层面上,与走向线垂直且向下延伸的直线叫倾斜线,倾斜线的水平投影所指的方向称为煤层的倾向。

(3)煤层倾角。煤层层面与水平面所夹的锐角称为煤层倾角。

我国把煤层按倾角不同分为 3 类,倾角小于 25°的煤层叫缓倾斜煤层,倾角为 25°~45°的煤层叫倾斜煤层,倾角小于 8°的煤层称为近水平煤层。

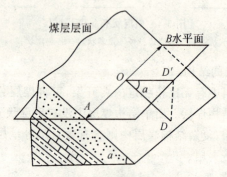

图 3-5　煤层的产状要素

AOB——走向线;OD——倾斜线;OD'——倾向线;a——倾角

二、地质构造

1. 褶皱构造

褶皱构造是煤层受地壳运动产生的地应力作用被挤得弯弯曲曲,但仍然保持其连续性的构造形态。褶皱构造中的一个弯曲称为褶曲。褶曲有两种基本形态,中部向下弯曲的称为向斜,中部向上弯曲的则称为背斜,如图 3-6 所示。

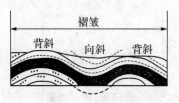

图 3-6　褶皱和褶曲

背斜或向斜凸凹部分的顶部称为褶曲的轴部,两侧称为褶曲的翼部。背斜和向斜在位置上往往是彼此相连的。

2. 断裂构造

在地壳运动过程中,当地应力超过煤岩层的极限强度时,煤岩层将发生断裂,形成断裂构造。断裂构造分为两种,即节理和断层。

(1) 节理

断裂面两侧的煤岩体没有明显相对位移的断裂构造称为节理。节理在地下煤岩体中普遍存在,但是在不同地区、其他类型地质构造的不同部位以及不同类型的岩层中,节理的发育程度是不同的。

节理主要是由地壳运动形成的。因地壳运动而产生的节理称为构造节理。其特点是分布广泛,有一定的规律性。另外也有一些节理不是由地壳运动产生的,比如由岩层中的泥裂、冰川作用形成的裂隙以及风化裂隙等,这几种节理称为非构造节理。其特点是分布范围小,分布规律不明显,一般只出现在接近地表的浅部岩体中。

(2) 断层

断裂面两侧的煤岩体有明显相对位移的断裂构造称为断层。为了描述和研究断层的空间方位和形态,将断层的各部位分别规定了一个名称(图 3-7),这些名称统称为断层要素。它主要包括断层面、断盘和断距等。

断开的煤岩体发生相对位移的断裂面称为断层面。断层面有

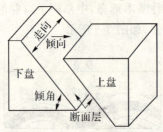

图 3-7　断层要素

的是平面,但多数是曲面。断层面一般是倾斜的,也有直立的,所以我们可以用描述煤层产状类似的方法,即用断层面的走向、倾向和倾角来描述断层面的空间位置。

断层面两侧的煤岩体称为断盘。位于断层面上方的煤岩体称为上盘,位于断层面下方的煤岩体称为下盘。若断层面是直立的,则无上下盘之分,这时可根据断盘所在的方位区分断盘,如 E 盘、W 盘等;另外也可以根据两盘的相对位移情况区分断盘,如上升盘、下降盘。

断层两盘沿断层面相对位移的距离称为断距。断距有许多种,常用的有水平断距和垂直断距(也称落差),如图 3-8 所示。

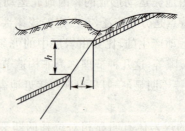

图 3-8　断距示意图

h——垂直断距;l——水平断距

根据断层两盘相对位移的方向不同,断层可分为正断层、逆断层、平推断层等。上盘相对下降,下盘相对上升的断层称为正断层

[图 3-9(a)];下盘相对下降,上盘相对上升的断层称为逆断层[图
3-9(b)];断层两盘沿断层面走向发生水平移动的断层称为平移断
层[图 3-9(c)]。

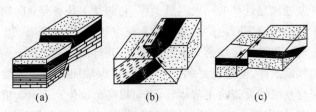

图 3-9　断层的类型

(a) 正断层;(b) 逆断层;(c) 平移断层

3. 地质构造对煤矿安全生产的影响

在煤矿生产过程中,断层和褶曲等地质构造容易引起多种
事故。

由于断层面附近和褶曲的轴部裂隙较为发育,整体性和连续
性较差,采掘工作面通过这类地段时易发生冒顶事故;有的断层和
裂隙具有导水性,采掘工作面通过时有发生透水事故的危险;断层
带和褶曲的轴部可能赋存有较多的瓦斯,在采掘工作面穿过时易
导致瓦斯事故,在煤与瓦斯突出矿井,断层带和褶曲的轴部容易发
生煤与瓦斯突出;在煤炭有自然发火危险的矿井中,断层面附近因
为留有煤柱或丢煤较多,易于发生煤炭自然发火。

第三节　矿井通风基本知识

矿井通风是煤矿安全生产的基本保障。

矿井通风是指借助于机械或者自然风压,将适量的地面新鲜
空气连续输送到井下各通风地点,供给人员呼吸,稀释并排除有害
气体和矿尘,以降低环境温度,创造良好的工作环境,保障井下作

业人员的身体健康和劳动安全,并在发生火灾时能够根据撤人救灾的需要调节和控制风流流动路线的技术手段。

1. 矿井通风的基本任务

矿井通风是煤矿的一项重要工作,它的基本任务是:① 向井下各工作场所连续不断地供给适宜的新鲜空气,供人员呼吸;② 把有毒有害气体和矿尘稀释到安全浓度以下,并排出矿井之外;③ 提供适宜的气候条件,创造良好的生产环境,以保障职工的身体健康和生命安全及机械设备的正常运转,进而提高劳动生产率;④ 增强矿井的防灾、抗灾能力,实现矿井的安全生产。矿井通风工作的物质对象是井下的各种气体成分。

2. 矿井空气的主要成分

一般情况下,地面大气主要是由氧气(O_2)、氮气(N_2)、二氧化碳(CO_2)等组成。其体积百分含量分别为氧气 20.9%、氮气 78.13%、二氧化碳 0.03%、氩和其他稀有气体 0.94%。

井下空气的来源主要是地面空气,但地面空气进入井下后,会发生物理和化学两种变化,因而井下空气的质量和数量都和地面空气有较大不同:氧气相对减少,氮气和二氧化碳含量增高,混入有害气体和矿尘,且温度、湿度和压力均有所变化。但矿井空气的主要成分仍然是氧气、氮气和二氧化碳。

为保证煤矿安全生产和职工健康,对矿井空气有一定的要求。

《煤矿安全规程》规定:采掘工作面的进风流中,按体积计算,氧气的浓度不得低于 20%,二氧化碳的浓度不得超过 0.5%。矿井空气中的有害气体对煤矿井下作业人员健康和安全有极大的危害,其安全浓度见表 3-1。

3. 矿井通风系统

矿井通风系统是矿井主要通风机的工作方式、通风方式和通风网路的总称。

表 3-1　　　　　　　　矿井主要有害气体浓度要求

气体名称	符号	最高允许浓度/%
瓦斯	CH_4	见《煤矿安全规程》有关规定
一氧化碳	CO	0.002 4
二氧化氮	NO_2	0.000 25
二氧化硫	SO_2	0.000 5
硫化氢	H_2S	0.000 66
氨	NH_3	0.004

(1) 矿井通风机的工作方式

矿井主要通风机的工作方式有抽出式、压入式和压入—抽出联合式三种。

① 抽出式

抽出式通风是把通风机安设在回风井井口附近,并用风硐把通风机和回风井筒相连,同时把回风井口封闭。当风机运转时,整个矿井通风系统的空气压力都低于大气压力,迫使空气从进风口进入井下,再由回风井排出。由于抽出式通风的矿井中,井下任何一点的空气压力都小于井口的大气压力,这种通风机的工作方式又叫做负压通风。

② 压入式通风

压入式通风是把通风机安设在进风口附近,利用风硐把通风机和进风筒相连,当主要通风机运转时,矿井通风系统中的气压大于大气压力,迫使空气从进风机进入,回风井排出。进风口密闭一般用密闭式井口房,使井下空气与地面大气隔开。

③ 压入-抽出联合式通风

它是以上两种方法的综合,主要用在矿井通风距离远、通风阻力大的矿井。

(2) 矿井通风方式

① 中央式通风系统

按井筒在井田倾斜方向位置的不同可分为中央并列式和中央边界式两种。

a. 中央并列式:进风井与出风井均并列布置于井田的走向中央。如图 3-10。

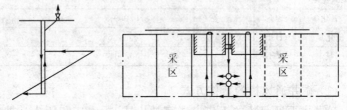

图 3-10　中央并列式通风系统示意图

b. 中央边界式:进风井大致位于井田走向中央,出风井大致位于井田浅部边界沿走向的中央。如图 3-11。

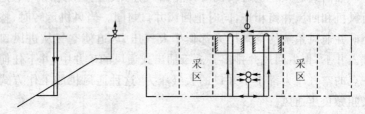

图 3-11　中央边界式通风系统示意图

② 对角式通风系统

进风井大致位于井田中央,出风井位于井田上部边界沿走向的两翼的通风系统。按出风井在走向位置不同可分为两翼对角式和分区对角式。

a. 两翼对角式:进风井大致位于井田走向中央,出风井位于井田浅部走向的两翼附近。如图 3-12 所示。

b. 分区对角式:进风井大致位于井田走向中央,每个采区各有一个出风井。如图 3-13 所示。

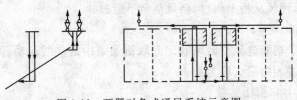

图 3-12 两翼对角式通风系统示意图

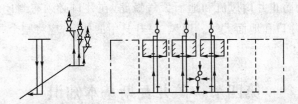

图 3-13 分区对角式通风系统示意图

③ 混合式通风系统

进风井与出风井有 3 个以上井筒,由中央式与对角式混合布置而成。

(3)矿井通风设施

矿井通风设施是矿井通风系统的重要组成部分,它的主要作用是控制井下风流流动,实现风流按拟定的路线定向、定量地流动。矿井通常将引导、隔断和控制风流的构筑物称为通风设施。下面简单介绍部分主要的通风设施。

① 风门

矿井风门是指在需要通过人员和车辆的巷道中设置的隔断风流的门。主要进回风巷作风门时必须构筑永久风门不少于两组正反向,通车风门间距不小于一列矿车长度,人行风门间距不小于 5 m,风门能自动关闭,有闭锁装置,不能同时敞开。

② 风桥

风桥是将两股平面交叉的新、污风流隔成立体交叉的一种通风设施,污风从桥上流过,新风从桥下通过。

③ 风墙

用于切断进风与回风巷之间联络通道中的空气流动,同时防止人员进入的隔离构筑物。

④ 井口封闭装置

在安设通风机的井筒内,空气压力与大气压之间存在较大压力差,为防止井内风流和地面大气短路,在井口必须有封闭装置,以隔开井口和地面大气。通风、提升共用的井筒,应将整个井楼密闭起来。

第四节 矿井瓦斯基本知识

一、瓦斯的性质及危害

1. 瓦斯的性质

矿井瓦斯是成煤过程中的一种伴生气体,是指煤矿井下以甲烷(CH_4)为主的有毒、有害气体的总称,通常单独指甲烷。其分子式为 CH_4,它是一种无色、无味的气体。在标准状态下(气温为 0 ℃,大气压为 $1.01×10^5$ Pa),1 m^3 甲烷的质量为 0.761 8 kg,而 1 m^3 空气的质量为 1.293 kg,因此,瓦斯比空气轻,其相对密度为 0.554,瓦斯有很强的扩散性,扩散速度是空气的 1.34 倍。巷道内瓦斯浓度的分布取决于其涌出源的分布和涌出强度。当无瓦斯涌出源时,瓦斯在井巷断面内的分布是均匀的;当有瓦斯涌出源时,在其涌出的侧壁附近瓦斯浓度增高,巷道顶板、冒落区顶部往往积聚高浓度瓦斯,这不是因为瓦斯表现出上浮力,而是说明这里有瓦斯涌出源。

瓦斯具有燃烧和爆炸性。

2. 矿井瓦斯的危害

(1)瓦斯窒息。甲烷本身虽然无毒,但空气中甲烷浓度较高时,就会相对降低空气中氧气浓度,在压力不变的情况下,当甲烷浓度达到43%时,氧气浓度就会被冲淡到12%,人就会感到呼吸困难;当甲烷浓度达到57%时,氧气浓度就会降到9%,这时人若误入其中,短时间内就会因缺氧窒息而死亡。因此《煤矿安全规程》规定:凡井下盲巷或通风不良的地区,都必须及时封闭或设置栅栏,并悬挂"禁止入内"的警标,严禁人员入内。

（2）瓦斯的燃烧和爆炸。当瓦斯与空气混合达到一定浓度时,遇到高温火源就能燃烧或发生爆炸,一旦形成灾害事故,会造成大量井下作业人员的伤亡,严重影响和威胁矿井安全生产,给国家财产和职工生命安全造成巨大损失。瓦斯爆炸事故是矿井五大自然灾害之首。

二、矿井瓦斯的赋存、涌出及矿井瓦斯等级的划分

1. 瓦斯的赋存状态

瓦斯在煤层及围岩中的赋存状态有两种,一种是游离状态,另一种是吸附状态。

（1）游离状态

瓦斯以自由气体状态存在于煤层或围岩的孔洞之中。其分子可自由运动,处于承压状态。

（2）吸附状态

吸附状态的瓦斯按照结合形式的不同,又分为吸着状态和吸收状态。吸着状态是指瓦斯被吸着在煤体或岩体微孔表面,在表面形成瓦斯薄膜,吸收状态是指瓦斯被溶解于煤体中,与煤的分子相结合,类似于气体溶解于液体的现象。

煤体中瓦斯存在的状态不是固定不变的,而是处于不断交换的动平衡状态,当条件发生变化时,这一平衡就会被打破。

2. 矿井瓦斯涌出

（1）矿井瓦斯涌出的形式

当煤层被开采时,煤体受到破坏,贮存在煤体内的部分瓦斯就会离开煤体而涌入采掘空间,这种现象叫作瓦斯涌出。

① 普通涌出。瓦斯从采落的煤炭及煤层、岩层的暴露面上,通过细小的孔隙缓慢而长时间地涌出。首先是游离瓦斯,而后是部分解吸的吸附瓦斯。普通涌出是矿井瓦斯涌出的主要形式,不仅范围广,而且数量大。

② 特殊涌出,如果煤层或岩层中含有大量瓦斯,采掘时,这些瓦斯有时会在极短的时间内,突然地、大量地涌出,可能还伴有煤粉、煤块或岩块,瓦斯的这种涌出形式称为特殊涌出。瓦斯特殊涌出是一种动力现象,分为瓦斯喷出和煤与瓦斯突出。瓦斯特殊涌出的范围是局部的、短暂的、突发性的,但其危害极大。

(2) 矿井瓦斯涌出量

矿井瓦斯涌出量是指在开采过程中,从开采层、围岩和邻近层涌出瓦斯量的总和,仅指普通涌出。表示矿井瓦斯涌出量的方法有两种。

① 绝对瓦斯涌出量。绝对瓦斯涌出量是指单位时间内涌入采掘空间的瓦斯数量,用 m^3/min 或 m^3/d 表示,可用下式进行计算:

$$Q_{CH_4} = QC \quad \text{或} \quad Q'_{CH_4} = 1\ 440\ QC$$

式中 Q_{CH_4} ——矿井(或采区)绝对瓦斯涌出量,m^3/min;

Q'_{CH_4} ——矿井(或采区)绝对瓦斯涌出量,m^3/d;

Q ——矿井(或采区)总回风量,m^3/min;

C ——矿井(或采区)总回风流中的瓦斯浓度,%;

1440——1昼夜的分钟数。

② 相对瓦斯涌出量。相对瓦斯涌出量是指在矿井正常生产条件下,月平均日产 1 t 煤所涌出的瓦斯数量,用 m^3/t 表示。可用下式进行计算:

$$q_{CH_4} = 1\ 440\ Q_{CH_4} N/A$$

式中 q_{CH_4} ——矿井(或采区)相对瓦斯涌出量,m^3/t;

Q_{CH4}——矿井(或采区)绝对瓦斯涌出量,m^3/min;

A——矿井(或采区)月产煤量,t;

N——矿井(或采区)的月工作天数。

必须指出,对于抽放瓦斯的矿井,在计算矿井瓦斯涌出量时,应包括抽放的瓦斯量。

3. 矿井瓦斯等级的划分

《煤矿安全规程》规定:一个矿井中只要有一个煤(岩)层发现瓦斯,该矿井即为瓦斯矿井。瓦斯矿井必须依照矿井瓦斯等级进行管理。

矿井瓦斯等级,根据矿井相对瓦斯涌出量、矿井绝对瓦斯涌出量和瓦斯涌出形式划分为:

(1)低瓦斯矿井:矿井相对瓦斯涌出量小于或等于 10 m^3/t 且矿井绝对瓦斯涌出量小于或等于 40 m^3/min。

(2)高瓦斯矿井:矿井相对瓦斯涌出量大于 10 m^3/t 或矿井绝对瓦斯涌出量大于 40 m^3/min。

(3)煤(岩)与瓦斯(二氧化碳)突出矿井。

每年必须对矿井进行瓦斯等级和二氧化碳涌出量的鉴定工作,报省(自治区、直辖市)煤炭管理部门审批,并报省(自治区、直辖市)煤矿安全监察机构备案。

低瓦斯矿井中,相对瓦斯涌出量大于 10 m^3/t 或有瓦斯喷出的个别区域(采区或工作面)为高瓦斯区,该区应按高瓦斯矿井管理。

三、矿井瓦斯爆炸与预防措施

1. 瓦斯爆炸的条件

瓦斯发生爆炸必须同时具备三个基本条件:一是瓦斯浓度在爆炸界限内;二是有一定温度的热源;三是有足够的氧气。

(1)瓦斯浓度

瓦斯爆炸具有一定的浓度范围,只有在这个浓度范围之内,才能发生瓦斯爆炸,这个浓度范围叫瓦斯爆炸的界限。在新鲜空气中,瓦斯爆炸的界限一般为 5%～16%。5% 为最低浓度界限,叫爆炸下限;16% 为最高浓度界限,叫爆炸上限。当瓦斯浓度低于 5% 时,遇热源时瓦斯只能燃烧不能爆炸;当瓦斯浓度大于 16% 时,遇热源时瓦斯不爆炸也不燃烧。

（2）热源

引燃瓦斯爆炸的最低温度,称为瓦斯爆炸的引燃温度。瓦斯爆炸的引燃温度为 650～750 ℃,煤矿井下能够引起瓦斯爆炸的热源有很多,诸如明火、吸烟、电火花、自然发火、撞击或摩擦产生的火花都能引燃瓦斯,引起爆炸。

（3）氧气

空气中氧含量低于 12% 时,就不能发生瓦斯爆炸,实际上一般新鲜空气中的氧含量均要高于这一界限,可以构成爆炸条件。混合气体无爆炸性且遇火源不燃烧。但与外部（周围表面）正常接触,遇火会缓慢地燃烧。瓦斯浓度在 9.5% 时,燃烧最完全,也就是瓦斯与空气中的氧气全部参加了燃烧和爆炸,所以爆炸的破坏力最大。

瓦斯爆炸的界限不是固定不变的,而是受很多因素的影响。如其他可燃性气体的混入、粉尘的混入或者气体的温度、压力发生变化时,都会使瓦斯爆炸界限扩大或减小。

瓦斯的引火温度是指点燃瓦斯的最低温度。在正常情况下,瓦斯的引火温度为 650～750 ℃,但随着混合气体的温度、浓度、压力和火源性质的不同引火温度也会随之发生变化。

由于瓦斯的热容量大,瓦斯与高温火源接触时,并不立刻引燃,而要经过一定的时间,这种特性叫做瓦斯的引火延迟性。延迟时间的长短取决于火源温度的高低、火源表面积的大小以及瓦斯浓度。

瓦斯这种引火的延迟性,对于瓦斯矿井井下放炮工作的安全性具有重要意义。放炮时火焰温度高达 2 000 ℃ 以上,但火焰存在时间极短,只有万分之几秒就熄灭了,在这样短的时间内,瓦斯是来不及引燃的。

煤矿安全炸药就是利用瓦斯的这些特性而进行制造的,但并不是说对放炮工作可以忽视。当使用的炸药质量不合格或放炮操作违反规定时,炸药爆炸的火焰存在时间就要延长,仍有引燃、引爆瓦斯的可能。

2. 瓦斯爆炸的危害

瓦斯爆炸时要产生大量的热,使附近温度升高。在一般正常风流中,瓦斯爆炸温度可达 1 850 ℃。在盲巷爆炸时,温度可达 2 500 ℃以上,所以在爆炸事故中有大量的人员被烧伤。

瓦斯爆炸会产生大量的有害有毒气体,在氧气不足的情况下产生大量的一氧化碳,使大量人员中毒。所以,发生爆炸地区的受灾人员,首先应当稳定情绪,迅速卧倒,同时用湿毛巾捂住口鼻,以防连续爆炸、反向冲击波的袭击和有害气体中毒。

瓦斯爆炸时的气体温度很高,产生很大压力,在正常的 1 个大气压的环境中,爆炸后要产生 7～9 个大气压力,形成破坏力很大的冲击波向外冲击,而后反向冲击。所以在爆炸事故中,有大量人员受到冲击伤害。

3. 瓦斯爆炸的预防措施

防止瓦斯爆炸主要有两个方面的措施。一是消灭瓦斯超限和瓦斯积聚;二是消灭引燃瓦斯的火源。

(1) 消除瓦斯超限和瓦斯积聚

消除矿井瓦斯超限和瓦斯积聚现象,应从以下方面采取措施:

① 保证工作面的供风量。要完善通风系统,保护好通风设施,加强局部通风管理,禁止无计划停风,实行分区通风,避免出现任何形式的盲巷,长期不用的巷道必须及时封闭。

② 及时处理采煤工作面上隅角的瓦斯积聚。

③ 及时处理掘进工作面的局部瓦斯积聚。

④ 防止刮板输送机底槽瓦斯积聚。要保持底槽畅通并经常运转,或用压风排除底槽积聚的瓦斯。

⑤ 严格执行《煤矿安全规程》有关瓦斯检查与管理的规定,防止和及时发现,处理局部瓦斯积聚;严禁超限作业。

(2)防止点火源的出现

防止出现点火源的原则是:禁止一切非生产火源,对生产中可能产生的火源要严格管理和控制。

① 防止明火。禁止在井口房、主要通风机房和瓦斯泵站周围20 m内使用明火、吸烟;严禁携带烟草和点火物品下井;井下禁止使用电炉和使用灯泡取暖;防止煤炭自燃;防止火区复燃等。

② 防止出现电火花。矿井必须采用本质安全型、隔爆型和安全火花型的电气设备;井口和井下设备必须设有防雷电和防短路保护装置;所有电缆接头不准有“鸡爪子”、“羊尾巴”和明接头;不准带电作业;严禁在井下拆开、敲打、撞击矿灯的灯头和灯盒等。

③ 防止出现炮火。不准使用变质或不合格的炸药,必须使用与矿井瓦斯等级相适应的安全炸药;爆破作业要符合《煤矿安全规程》要求,要使用水炮泥,炮眼封泥要装满填实,防止打筒;禁止裸露爆破;禁止使用明接头或裸露的放炮母线等。

④ 防止撞击摩擦火花。随着机械化程度的提高,机械设备之间的撞击、截齿与坚硬岩石之间的摩擦、坚硬顶板冒落时的撞击、金属表面的摩擦等,都有可能产生火花点爆瓦斯。因此要采取各种措施,如利用合金工具、喷水降温等,防止撞击火花产生。

⑤ 防止其他火源出现。要防止地面的闪电或其他突发的电流通过管道传到井下;防止出现静电火花。

四、煤与瓦斯突出及防治措施

1. 煤(岩)与瓦斯突出及其危害

在地应力和瓦斯共同作用下,破碎的煤、岩和瓦斯由煤体或岩体突然向采掘空间抛出的异常的动力现象,称为煤(岩)与瓦斯突出。

煤(岩)与瓦斯突出是一种破坏性极强的动力现象。它常伴有猛烈的声响和强大的动能,能摧毁井巷设施,破坏通风系统,造成人员窒息甚至引起火灾和瓦斯煤尘爆炸等二次事故,更严重时会导致整个矿井正常生产系统的瘫痪。因此,它是煤矿井下最严重的自然灾害之一。

2. 煤与瓦斯突出的预兆

绝大多数的突出,在突出发生前都有预兆,没有预兆的是极少数。突出预兆可分为有声预兆和无声预兆。

(1) 有声预兆。煤层中有煤炮声,不同矿区、不同采掘工作面的地质条件、采掘方法、瓦斯大小及煤质特征等不一定相同,所以预兆发出的声音大小、间隔时间、响声的种类也不相同;有时出现炒豆似的劈劈啪啪声,有的像鞭炮声,有的像机枪声,有时像闷雷声、嘈杂声、"沙沙"声、"嗡嗡"声以及气体穿过含水裂缝时的"吱吱"声。发生突出前,因压力突然增大。支架出现"嘎嘎"响、发出劈裂折断声;有时煤层内出现破裂,引起煤壁震动、开裂响声等。

(2) 无声预兆。煤层结构构造方面表现为:煤层层理紊乱,煤变软、变暗淡、变干燥、无光泽、易粉碎;煤层受挤压褶曲,倾角变大、变陡,煤层突然增厚或变薄,煤岩破坏严重并常常伴随断层出现等。

地压显现方面表现为:压力增大使支架变形,煤壁外鼓、片帮、掉渣,顶底板出现凸起,炮眼变形,打钻时塌孔、顶钻、夹钻杆等。

其他方面的预兆有:瓦斯涌出异常、忽大忽小,煤尘增大,空气气味异常、闷人,空气温度降低或升高等。

上述突出预兆并非每次突出时都同时出现,可能只出现其中的一种或几种。

3. 防治突出的措施

(1) 防治煤与瓦斯(二氧化碳)突出综合措施。

在开采突出煤层时,必须采取以防治突出措施为主,同时又避免人身事故的综合措施,综合措施的内容应包括以下方面:

① 突出危险性预测;

② 防治突出措施;

③ 防治突出措施的效果检验;

④ 安全防护措施。

为了防止因突出预测失误或防突措施失效而造成危害,无论是揭穿突出危险煤层还是在突出危险煤层中进行采掘作业,都必须采取安全防护措施。安全防护措施包括石门揭穿煤层使用震动爆破、采掘工作面的远距离爆破、设置避难所、备有压风自救系统和隔离式(压缩氧和化学氧)自救器等。

(2)区域性措施。主要有开采保护层、预抽煤层瓦斯。

(3)局部性措施。对于石门揭穿突出煤层或在突出煤层中掘进时,应采用抽放瓦斯、水力冲孔、排放钻孔、水力冲刷、金属骨架、松动爆破等措施。但掘进上山时不应采用松动爆破、水力冲孔、水力疏松等措施。

第五节 矿井粉尘基本知识

一、矿尘的产生与危害

1. 矿尘的产生及存在状态

矿尘是煤矿生产过程中产生的各种矿物质微粒的总称,一般分为煤尘和岩尘两种。煤尘是指粒径小于 1 mm 的煤炭颗粒,它含有较多的以固定碳为主的可燃物质。岩尘是指粒径小于 5 mm 的岩石颗粒。当岩尘中游离二氧化硅含量超过 10%时,称为硅尘。

在煤矿开拓、掘进、采煤、运输等各个生产环节中,随着岩体和煤体的破坏、破裂,便产生大量的矿尘。采掘工作面产生的矿尘数量最多,约占全部矿尘的 80%;其次,运输系统的各装载点,煤

(岩)进一步遭到破坏,也会产生相当数量的矿尘。此外,矿山压力和地质构造作用也会产生矿尘,但所占比例较小。

煤矿井下各个生产环节产生的矿尘,一般是以一种不均质、不规则和不平衡的复杂运动状态悬浮于空气中,随风流而飘动,一部分被风流带出矿井,大部分仍留在井下,以浮游粉尘和沉积矿尘两种状态存在于井下各种巷道和硐室中。矿尘的状态并不是固定不变的,外界条件改变时,浮尘和落尘可以互相转化。浮尘因自重逐渐沉降下来变成沉积状态,而沉积矿尘受到外界干扰,如振动、风流等,又可再次飞扬起来呈现浮游状态。

2. 矿尘的危害

矿尘的危害主要表现在以下 3 个方面:

(1)污染劳动环境,降低工作场所的可见度,影响劳动效率和操作安全。

(2)工人长期在矿尘环境中工作,吸入大量矿尘后,轻者会引起呼吸道炎症、重者可导致尘肺病,严重影响人体健康。

(3)矿尘中的煤尘具有可燃性,遇有外界火源,很容易引起火灾,而有的煤尘还会发生爆炸,造成人员伤亡和巨大的财产损失。

二、煤矿尘肺病及其预防

1. 煤矿尘肺病

尘肺是以纤维组织增生为主要特征的肺部病变,是一种严重的矿工职业病,它是长期吸入细微矿尘引起的,一旦患病,现在还很难治愈。我国目前每年尘肺病死亡人数大大高于工伤事故死亡人数。

煤矿尘肺病按吸入矿尘的成分不同可分为 3 类:

(1)矽肺,即吸入游离二氧化硅含量较高的岩尘所引起的尘肺病。

(2)煤矽肺,即由煤尘和含有游离二氧化硅的岩尘共同作用所引起的尘肺病。

(3) 煤肺,即长期接触煤尘所引起的尘肺病。

煤矿尘肺病中以矽肺的危害性最大,它发病期短,发病率高,病情发展快。尘肺病的发病是一个逐渐过程,而且是不可逆转的。尘肺逐步发展,肺组织就逐渐失去弹性,呼吸功能逐渐减退,最后导致死亡。煤矿尘肺病的发病工龄(由接触矿尘到出现尘肺所经历的时间),矽肺一般 10 年左右,煤肺一般 20~30 年以上,煤矽肺介于二者之间。

2. 煤矿尘肺病的预防措施

尘肺病的预防措施具体有:

(1) 定期体检,即对接尘人员进行定期尘肺检查。新入矿的工人实行就业前体检和拍 X 光胸片,杜绝职业禁忌症。掘进工每 4 年、采煤工每 5 年、其他井下工人每 8 年体检 1 次,并拍 X 光胸片。观察对象及确诊的尘肺病人员每年体检 1 次,并拍 X 光胸片。并发症者可酌情提前复查,拍 X 光胸片的同时应当进行肺功能测定。

(2) 建立档案。建立粉尘作业人员档案,填写粉尘作业史卡片、尘肺病患者登记簿、接尘工人体检索引卡等。

(3) 治疗、疗养。尘肺病人一经确诊应立即调离粉尘作业场所,要合理安排尘肺病人的治疗与疗养,每例尘肺病人每年治疗或疗养的时间不得少于两个月。

(4) 综合防尘。预防尘肺病的根本措施是采取综合防尘,使作业场所的矿尘含量符合国家安全卫生标准。综合防尘措施主要有湿式凿岩、放炮前冲洗巷帮、使用水炮泥、放炮前后喷雾洒水、装岩洒水、净化风流和加强通风等。

三、煤尘爆炸及其预防措施

1. 煤尘爆炸的条件

煤尘爆炸必须同时具备以下 3 个条件:

(1) 具有一定浓度的能够爆炸的煤尘云。煤尘有的具有爆炸性,有的不具有爆炸性。具有爆炸性的煤尘只有在空气中呈浮游状态并具有一定的浓度时才能发生爆炸,能形成爆炸的浮游煤尘浓度的范围,叫煤尘爆炸界限。试验表明,煤尘爆炸下限为 45 g/m^3,上限为 1 500～2 000 g/m^3,爆炸力最强的煤尘浓度为 300 ～400 g/m^3。

(2)高温的热源,能够引燃煤尘爆炸的热源温度变化的范围是比较大的,它与煤尘中挥发分含量有关。我国煤尘爆炸的引燃温度变化大约在 610～1 050 ℃之间,烟煤一般为 650～900 ℃。煤矿井下能点燃煤尘的高温火源主要为:爆破时出现的火焰、电气火花、电弧、静电放电、冲击火花、摩擦高温、井下火灾和瓦斯爆炸等。

(3)空气中氧浓度大于 18%,空气中氧含量小于 18%时,煤尘就不能爆炸。但必须注意,空气中氧浓度虽然降至 18%以下,并不能完全防止瓦斯与煤尘在空气中的混合物爆炸。

2. 煤尘爆炸的危害

煤尘爆炸的危害同瓦斯爆炸相似。煤尘爆炸后可产生高温、高压、形成冲击波和火焰,并产生大量有害气体等。

(1)爆炸产生高温。煤尘爆炸时要释放出大量的热能、爆炸瞬时的温度可达 2 300～2 500 ℃。高温会引起矿井火灾,烧毁设备,烧伤人员,也是发生连续爆炸的主要热源。

(2)爆炸产生高压。煤尘爆炸的理论压力为 735.5 kPa,但实际发生爆炸时往往会超过此值。在有大量沉积煤尘的巷道中,爆炸压力随着离开爆源的增加呈现跳跃增大。如果遇到障碍物或巷道拐弯时,爆炸压力也会有很大增高。爆炸高压可损坏设备,推倒支架,造成冒顶和人员伤亡,使矿井遭到严重破坏。

(3)爆炸产生冲击波。煤尘爆炸时产生的高温火焰的传播速度为 610～1 800 m/s,同时,伴随火焰的传播,还将产生强大的冲击波,速度为 2 340 m/s。冲击波不仅会使设备、支架、人员等遭受损害,还能够将途经巷道内的沉积煤尘扬起,被随之而来的火焰点燃,造成二次、三次等连续爆炸事故。

（4）爆炸产生大量有害气体。煤尘爆炸会产生大量的具有强烈毒性的一氧化碳气体和二氧化碳气体,其一氧化碳浓度一般为 $2\%\sim3\%$,最高可达 $8\%\sim10\%$。这是煤尘爆炸或煤尘参与爆炸造成人员伤亡的主要原因。

3. 防止煤尘爆炸的措施

（1）降尘措施

设法减少生产中煤尘产生量和浮尘量,是防止煤尘爆炸的根本性措施。为达到此目的,应采取如下措施:

① 煤层注水。回采前先在煤层中打若干钻孔,通过钻孔注入 $5\sim10$ kg/cm^2 或更高的压力水,使压力水沿煤层层理、节理和裂隙渗入而将煤体预先湿润,以减少开采时煤尘发生量。

② 喷雾洒水。在井下集中产生煤尘的地点进行喷雾洒水,是捕获浮尘和湿润落尘的有效措施。因此《煤矿安全规程》规定:采煤机掘进机都应安装内、外喷雾装置,无喷雾装置的采煤机、掘进机不得工作。井下煤仓、溜煤眼、翻煤笼、运输机、装煤机和其他转载点,都应进行喷雾洒水。

③ 水封爆破和水炮泥。水封爆破是借炸药爆破时产生的压力将水压入煤体的一种防尘方法。

水炮泥就是用装水塑料袋代替炮泥填于炮眼内。它是利用炸药气浪的冲击作用,使水炮泥中的水形成一层水幕,捕获粉尘以达到降尘的目的。

④ 湿式凿岩。湿式凿岩的实质,是随着凿岩过程的进行连续地将水送至钻眼底部,以冲洗岩屑和湿润岩粉,达到减少岩尘的产生和飞扬的目的。

⑤ 控制风速。《煤矿安全规程》规定,井下风速必须严格控制,增大风量或改变通风系统时,都应相应地调节风速,防止粉尘飞扬。

⑥ 清扫积尘。《煤矿安全规程》规定,井巷应定期进行清扫、冲洗或刷浆,巷道中的浮煤必须定期清扫运出。

（2）防止煤尘引燃的措施

引燃煤尘的火源有明火、放炮、电火及机械摩擦火花 4 种。具体防止措施与防止瓦斯点火源的措施相同。

（3）限制煤尘爆炸范围的扩大

《煤矿安全规程》规定:开采有煤尘爆炸危险煤层的矿井,矿井的两翼、相邻的采区、相邻的煤层和相邻的工作面,都必须用水槽和岩粉棚隔开。其作用是使已经发生的爆炸地点附近的煤尘不能参与爆炸,使爆炸事故不能继续和扩展下去。

四、矿井转载运输系统防尘

井下煤(岩)在转载、运输等过程中,也会产生大量的粉尘。从采煤工作面运出的破碎煤块上粘附有大量细微粉尘,在转运过程中,由于相互碰撞和风流的吹扬,煤块再次破碎产生的粉尘和黏附的细微粉尘会变成浮游粉尘,在井下空气中扩散,污染矿井空气。另外,煤粉在运输过程中洒落巷道,形成积尘,当井巷中的风速增大或列车通过振动时,会使积尘重新飞扬起来,污染巷道空气。因此,转载运输系统的防尘是矿井综合防尘不可缺少的重要组成部分。

1. 转载喷雾除尘

翻煤笼、接车漏斗、输送机转载地点等必须安装喷雾装置,并且尽量做到喷雾自动化。自动喷雾装置的优点在于转载作业的同时,喷雾系统自动动作,一方面减少了工人的工作量,另一方面消除了人为因素的影响,增大了喷雾装置的使用率和除尘效果。自动喷雾装置按其控制方式,可分为机械和电气控制两大类。

机械控制自动喷雾除尘装置的特点是结构、制造、安装及使用简单,操作和维护技术容易掌握,造价低,效果好。

电气控制的自动喷雾除尘装置的名称、型号很多,有光控的、声控的和触控的。与机械控制装置相比,电气控制装置的控制方式更为先进。

2. 运输系统防尘

运输系统防尘就是防治运输过程中产生的煤尘或岩尘。其常用的措施有清除巷道积尘和减少运输产尘两个方面:

(1)清除巷道积尘。《煤矿安全规程》规定,井下巷道中不得有连续长度达到 5 m、厚度超过 2 mm 的煤尘堆积。为消除积尘,必须定期清除巷道中煤尘。常用方法有清扫煤尘、冲刷巷道及巷道吸尘器净化等。

(2)减少运输产尘。运输产尘,主要是由于所运煤炭干燥,在运输过程中由于颠簸、振动而引起煤尘飞扬或由于矿车破损而使煤炭泄漏。减少运输产尘的措施有:装(转)载时喷雾、洒水,使所运煤炭得以充分湿润;严把矿车质量关,不合格的破损矿车严禁使用;保证铁路等运输系统质量,降低振动、撞击幅度。

第六节 矿井防灭火基本知识

一、矿井火灾分类及危害

1. 矿井火灾分类

发生在井下或地面,能够威胁矿井安全生产,造成损失的非控制燃烧称之为矿井火灾。矿井火灾根据发生的原因分为煤炭自燃引起的内因火灾和由明火引起的外因火灾两大类。

矿井外因火灾大多是由明火引起的。如井下明火爆破、放炮违反规定,井下焊接或切割金属设备,携带易燃物品下井,以及井下吸烟、用电炉或灯泡取暖等产生明火,引起火灾;电缆、电线、电动机、煤电钻等电气设备损坏、漏电、短路或超负荷,保险丝(片、管)选择不当,带油的开关、配电箱中油料着火等引起火灾;带式输送机输送带跑偏、打滑、运行阻滞与主滚筒、托辊滞动等摩擦引发火灾;矿井发生瓦斯、煤尘爆炸引发矿井明火火灾;地面井口附近火灾,火焰顺风流进入井下而引起的火灾。

外因火灾无预兆可鉴,只要条件具备,瞬时就可发生且发展迅猛,同时会产生大量有害有毒气体和烟雾,往往使人措手不及,如发现不及时或处理不当,可能酿成恶性事故。

外因火灾大多发生在风流畅通的地点。具体来说,多数发生在井口房、井筒、机电硐室或转载点、炸药库以及存放油类、木板、火药、机电设备的安全硐室或工作面内等地点。

矿井内因火灾是指煤炭自身吸氧、氧化、发热,热量逐渐积聚达到着火温度而形成的火灾。内因火灾发生、发展较为缓慢,初期阶段变化微小,很难被人们及时发现,同时也不容易找到准确的火源位置,增加了灭火的难度。在时间上延续较长,可达几年或几十年之久。矿井内因火灾常常发生在采空区,特别是遗留有许多破碎煤炭而尚未封闭或封闭不严的采空区。当巷道两侧和硐室周围留下的煤柱尺寸不够时,在岩石压力作用下煤柱逐渐破碎、氧化而自燃;在煤层中掘进的巷道内,特别是巷道高冒处,未彻底清理的碎煤氧化而自燃。

2. 矿井火灾的危害

矿井火灾对煤矿生产和人身安全的危害主要表现在以下几个方面:

(1)井下一旦发生火灾,首先会造成矿井局部或全部停产,直接影响生产,造成经济损失。

(2)烧毁设备设施,消耗灭火器材;烧毁和冻结大量煤炭资源。

(3)产生大量有毒有害气体和高温烟雾,严重威胁井下人员的生命安全。

(4)引起瓦斯、煤尘爆炸事故。

(5)矿井火灾可引起井巷中风流紊乱,给矿井安全生产带来严重危害。

(6) 扑灭矿井火灾，又可能造成人、财、物的巨大损失。

二、矿井外因火灾的预防措施

矿井外因火灾在矿井火灾总数中所占的比率不大，只有 20% 左右，但由于外因火灾的突发性和意外性，一旦发生，往往容易造成人们的惊慌失措而酿成重大事故。另外，随着采掘机械化程度的迅速提高，外因火灾呈现上升趋势。因此，矿井必须十分重视外因火灾的预防工作。

1. 矿井外因火灾防治的一般措施

(1) 建立防火制度

《煤矿安全规程》规定：生产和在建矿井必须制定井上、下防火措施。矿井所有地面建筑物、煤堆、矸石山、木料场等处的防火措施和制度，必须符合国家有关防火的规定。

(2) 防止火烟入井

为了防止井口附近可能发生的火灾烟雾进入井下，《煤矿安全规程》规定：木料场、矸石山、炉灰场距离进风井不得小于 80 m。木料场距矸石山不得小于 50 m。不得将矸石山或炉灰场设在进风井的主导风向上风侧，也不得设在表土以内有煤层的地面上和设在有漏风的采空区上方的塌陷区范围内。

(3) 设置消防水池和井下消防管路系统

《煤矿安全规程》规定：矿井必须设地面消防水池和井下消防管路系统。井下消防管路系统应每隔 100 m 设置支管和阀门，但在带式输送机巷道中应每隔 50 m 设置支管和阀门。地面消防水池的容量必须经常保持不少于 200 m³ 的水量。

(4) 采用不燃性建筑材料

《煤矿安全规程》规定：新建矿井的永久井架和井口房、以井口房为中心的联合建筑，必须采用不燃性材料建筑。对现有生产矿井用可燃性材料建筑的井架和井口房，必须制定防火措施。

（5）设置防火门

为了防止地面火灾波及井下，《煤矿安全规程》规定:进风井口应装设防火铁门,防火铁门必须严密并容易关闭,打开时不妨碍提升、运输和人员通行,并应定期维修;如果不设防火铁门,必须有防止烟火进入矿井的安全措施。

（6）设置消防材料库

《煤矿安全规程》规定:井上、下必须设置消防材料库,并应遵守下列规定:井上消防材料库应设在井口附近,并有轨道直达井口,但不得设在井口房内。井下消防材料库应设在每一个生产水平的井底车场或主要运输大巷中,并应装备消防列车。消防材料库贮存的材料、工具的品种和数量应符合有关规定,并应定期检查和更换;消防材料和工具不得挪作他用。

2. 预防外因火灾的技术措施

预防外因火灾的技术措施主要包括预防明火引火的措施、预防放炮引火的措施、预防电气火灾的措施和防止摩擦火花等几个方面。这几项措施的具体做法与防止引燃瓦斯火源的方法基本相同。除此之外,还应认真保管和使用易燃物,井下和硐室内不准存放汽油、煤油或变压器油。井下使用的润滑油和棉纱、布头等,必须存放在盖严的铁桶内,用过的棉纱、布头等也要放在盖严的铁桶内,并定期送到地面处理。

三、井下直接灭火

直接灭火是指对刚发生的火灾或火势不大的火灾,可以采用水、沙子、化学灭火器、高倍数泡沫灭火或挖除火源等办法,直接将火扑灭。

1. 用水灭火

利用从水枪射出的强力水流,将火焰扑灭,并使燃烧物表面潮湿而阻止其燃烧;同时,水在蒸发时吸收很多热量,对燃烧物体起到很好的冷却降温作用;水分在蒸发产生的大量水蒸气又降低了火区附近空气中的相对含氧量,从而使火焰熄灭。

用水灭火的注意事项:

(1)用水灭火时,要有足够的水源和水量,否则少量的水在高温条件下可以与炽热的碳发生化学反应而产生具有爆炸性的水煤气。

(2)灭火人员一定要站在火源的上风侧,并应保持正常通风,回风道要通畅以便将火烟和水蒸气引入回风道排出。

(3)水流应从火焰四周逐渐移向火焰中心,以便控制火势并防止产生水煤气而发生爆炸。

(4)要随时检查火区附近的瓦斯浓度。《煤矿安全规程》规定,在抢救人员和灭火工作时,必须指定专人检查瓦斯、一氧化碳、煤尘及其有害气体和风流的变化,还必须采取防止瓦斯、煤尘爆炸和人员中毒的安全措施。

(5)电气设备着火时,应首先切断电源,在电源未切断前,只准使用不导电的灭火器材(如黄沙、岩粉和干粉灭火器等)进行灭火。否则,容易导致灭火人员触电事故的发生。

(6)水不能扑灭油类火灾,因为油的密度比水小并且不溶于水,它总是浮游在水的表面,会随水流动而扩大火灾面积。

2. 用化学灭火器灭火

我国常用的化学灭火器主要有干粉灭火器和泡沫灭火器两种。

干粉灭火器使用时应上下颠几下,然后用手将销子拔掉,将喷嘴对准火源喷射即可。

泡沫灭火器使用前,应将灭火器倒过来,使容器中的碱性溶液和酸性溶液在容器中混合后,立即起化学反应,产生大量的二氧化碳液体泡沫。然后正过来,将喷嘴对准火源喷射即可。

3. 高倍数泡沫灭火

远距离高倍数泡沫灭火是将高倍数起泡剂与压力水混合后在

局部通风机的吹动下,经过两层锥形发泡线网,形成大量的泡沫涌向火源扑灭火灾。高倍数泡沫灭火原理是泡沫遇到高温而蒸发成水蒸气,带走了大量的热量,使温度迅速下降,同时,大量的水蒸气能降低火源周围空气中的氧气含量,泡沫又迅速包围燃烧物,使火与空气隔绝而熄灭。

4. 用沙子和岩粉灭火

因沙子和岩粉不导电,把它们撒向燃烧物表面,将燃烧物体与空气隔绝,使火熄灭。

第七节　矿井水害的防治

在矿井生产和建设过程中,地面水与地下水都可能通过各种途径流入矿井中。当矿井的涌水量超过了矿井的正常排水能力时,造成矿井水泛滥成灾的现象,叫矿井水灾。

一、矿井水灾发生的原因、危害及预兆

1. 矿井水灾发生的原因

造成井下水灾的原因是多方面的,但主要原因有以下几种:

(1) 矿井内水文地质情况不清。若对断层的导水性、岩层的透水性、老窑积水分布、采空区塌陷情况等水文地质资料还没搞清,或未认真执行探放水制度,就盲目进行施工,由于缺乏必要的预防措施,就有可能造成水灾。

(2) 地面防洪、防水措施不当,或防洪设施管理不善。当井口选择在低洼位置,一旦暴雨袭来,山洪极易由井筒或塌陷裂缝涌入井下而造成淹井事故。

(3) 技术管理上的失误。由于防水煤(岩)柱留设过小,或巷道位置测量错误,造成误穿积水区、导水通道而发生井下水灾。

(4) 乱挖乱采。矿井无开采措施和计划,越界开采,一旦邻矿受淹,殃及本矿井。

（5）井下排水能力不足或设施管理不善。当井下发生大量涌水时，排水设备因能力不足或机电故障造成不能及时将水排出井外，另外，无防水闸门或防水闸门不能有效地使用而发生矿井水灾。

（6）麻痹大意，违章作业。如发现透水预兆却不采取果断措施仍违章蛮干，从而造成透水事故。

2. 矿井水灾的危害

矿井水灾的危害主要表现在以下几个方面：

（1）顶板淋水。顶板淋水增大了顶板冒顶的危险性，巷道内空气湿度增大，恶化了劳动生产条件，这对工人的身体健康、生命安全和劳动生产率都会带来一定的影响。

（2）增加矿井排水工作。矿井水的水量越大，所需安装的排水设备越多或功率越大、排水所用的费用就越高，增大了原煤生产成本。

（3）腐蚀金属设备、设施。矿井水对各种金属设备、钢轨和金属支架等具有腐蚀作用，使这些生产设备的使用寿命大大缩短。

（4）淹没井巷。当矿井水的水量超过矿井的排水能力或发生突然涌水时，轻则造成矿井局部停产或局部巷道被淹没，重则造成矿井淹没、人员伤亡，被迫停产、关井。

3. 矿井透水预兆

除了水文地质人员提出分析预报之外，煤层或岩层出水之前，一般都有一些征兆，主要是：

（1）挂汗。当掘进工作面接近积水区时，因水在自身压力的作用下，通过煤岩裂缝透过煤岩壁，结成小水珠，一般情况下说明前面有地下水。有时空气中的水分遇到低温的煤岩块也会凝成水珠，但只要剥去一薄层，新暴露出的地方仍有潮气或潮湿，这也是透水征兆。

（2）挂红。地层水中含有铁的氧化物，在通过煤层或岩层裂缝时,附着在裂缝表面有暗红色水锈,是一种出水信号。

（3）水的气味和颜色有变化。如果闻到工作面有臭鸡蛋味,用舌头尝渗出来的水感到发涩,把水珠放在手指间摩擦有发滑的感觉,就是老空区透水的预兆。如果有甜味,就是流沙层水和断层水。石灰岩溶洞透出的水往往呈黄色、灰色,并有臭味。

（4）空气变冷。工作面接近大量积水区时,气温骤然下降,煤壁发凉,人一进去就有阴冷的感觉。但也要注意,有地热问题的矿井,地下水温高,当掘进工作面接近时,温度反而会升高。

（5）煤层变潮,变暗,无光彩,说明附近有积水。

（6）发生雾气。当巷道温度很高时,积水渗到煤壁后就会引起蒸发形成雾气。

（7）水叫。压力大的含水层或积水区,向裂缝挤压与两壁发生摩擦而发生"嘶嘶"的叫声,说明采掘工作面距积水地方已经很近了。若是煤巷掘进,老空透水即将发生。

另外,巷道发生透水之前,岩石裂缝中往往夹有淤泥,顶板滴水或淋水,压力明显增加,岩石膨胀,底板鼓起,片帮冒顶,巷道断面缩小,支架变形等等。

《煤矿安全规程》第 266 条规定:采掘工作面或其他地点发现有煤层变湿、挂红、挂汗、空气变冷、出现雾气、水叫、顶板来压、片帮、淋水加大、底板鼓起或产生裂隙、出现渗水、钻孔喷水、底板涌水、煤壁溃水、水色发浑、有臭味等透水征兆时,应当立即停止作业,报告矿调度室,并发出警报,撤出所有受水威胁地点的人员。在原因未查清、隐患未排除之前,不得进行任何采掘活动。

二、井下防治水

井下防治水措施可概括为 6 个字,即查、测、探、放、截、堵等几个方面:

查——查明水源和通道。

测——做好水文观测工作。

探——井下探放水必须坚持"有疑必探,先探后掘"的原则。

放——疏放水,就是在探明矿井水源之后,根据水源类型采取不同的疏放水方法,有计划、有准备地将威胁矿井安全生产的水源疏放干,它是防止矿井水灾最积极、最有效的措施之一。

截——截水。在探到水源后,由于条件限制无法放水,或者虽能放水但不合理时,便利用防水墙、防水闸门、防水煤柱或岩柱等设施,永久地或临时地截住水源,将采掘区与水隔开,使局部地点用水不至于威胁其他区域。

堵——注浆堵水,将专门制备的浆液即堵水材料通过钻孔压入地层的裂隙、溶洞或断层破碎带,使浆液扩张、凝固、硬化,达到充填堵塞涌水通道、隔离水源的目的。注浆堵水方法简便,效果较好,是防止矿井涌水行之有效的措施,得到了广泛的应用。

第八节　顶板灾害防治

一、顶板事故的分类

顶板事故是指在井下开采过程中,因顶板意外冒落而造成的人员伤亡、设备损坏、停止生产等事故。在实行综采综掘之前,顶板事故在煤矿事故中占有相当高的比例。随着液压支架的使用以及对顶板事故的深入研究和预防技术的逐步完善,顶板事故所占比例有所下降,但仍是煤矿生产的主要灾害之一。随着采深的增加、巷道断面加大等,顶板事故的预防更加重要。顶板事故主要有以下类型:

1. 按其发生的规模分类

(1) 局部冒顶:冒顶范围不大(3～5 架棚范围),伤亡人数不多(1～2 人)的冒顶。常发生在煤壁附近、采煤工作面两端、放顶线附近、掘进工作面及年久失修的巷道等。

(2) 大面积冒顶:指冒顶范围大、伤亡人数多(每次重伤、死亡

3人及以上）的冒顶,常发生在采煤工作面、采空区、掘进工作面等。

在煤矿实际生产中,局部冒顶事故发生的次数及伤亡总人数远高于大面积冒顶事故,因此,总的危害较大,是防治的重点。

2. 按其发生的力学原理分类

(1) 压垮型冒顶:因支护强度不足,顶板来压时压垮支架而造成的冒顶事故。

(2) 漏垮型冒顶:由于顶板破碎、支护不严而引起破碎的顶板岩石冒落的冒顶事故。

(3) 推垮型冒顶:因复合型顶板水平推力作用使支架大量倾斜而造成的冒顶事故。

二、顶板事故的预防措施

1. 采煤工作面局部冒顶事故的预兆及预防措施

(1) 局部冒顶的预兆

① 掉渣,顶板破裂严重。

② 煤体压酥,片帮煤增多。

③ 裂缝变大,顶板裂隙增多。

④ 发出响声,岩层下沉断裂,顶板压力急剧增大时,木支柱会发出劈裂声,出现折梁断柱现象;金属支柱的活柱急速下缩,也发出很大响声;铰接顶梁的楔子被挤;底板松软时,支柱钻底严重;有时能听到采空区顶板断裂垮落时发出的闷雷声。

⑤ 顶板出现离层,用"问顶"方式试探顶板,如顶板发出"咚咚"声,说明顶板岩层之间已经离层。

⑥ 有淋水的采面,顶板淋水量明显增加。

(2) 局部冒顶的预防措施

采煤工作面的局部冒顶多发生在煤壁附近,两端的上、下出口,放顶线附近及地质破坏带附近。

① 煤壁附近局部冒顶的预防。

a. 及时支护悬露顶板,加强敲帮问顶;

b. 炮采时炮眼布置及装药量要合适,避免崩倒支架;

c. 尽量使工作面与煤层节理垂直或斜交避免片帮,一旦片帮应掏梁窝超前支护;

d. 综采面采用长侧护板、整体顶梁、内伸缩式前梁,增大支架向煤壁方向的推力,提高支架的初撑力;

e. 采煤机过后,及时伸出伸缩梁,及时擦顶带压移架;

f. 破碎直接顶范围较大时,可注入树脂类黏结剂固化,支护形式宜采用交错梁直线柱布置,必要时要支设贴帮柱。综采工作面宜选用掩护式液压自移支架。

② 工作面两端局部冒顶的预防。

a. 支护必须有足够的支撑力,不仅能支撑松动下来的直接顶岩石,还能支撑基本顶来压时所施加的压力,机头机尾处各应用四对一梁三柱的钢梁端头支架(四对八梁支护),每对随机头机尾的推移迈步前移;或在机头和机尾采用双楔顶梁铰接支护,此外,还可以采用十字铰接顶梁支护;

b. 超前工作面的 10 m 内,巷道支架应加双中心柱;超前工作面 10～20 m 巷道支架应加单中心柱;

c. 综采时,如果工作面两端没有应用端头支架,则在工作面与巷道相连处,使用一对迈步抬棚。

③ 放顶线附近局部冒顶的预防。

a. 加强地质及观察工作,记载大岩块的位置及尺寸;

b. 加强支护质量,保证支护密度,同时要在大岩块范围内用木垛等加强支护;

c. 当大岩块沿工作面推进方向的长度超过一次放顶步距时,在大岩块的范围内要延长控顶距;

d. 如果工作面用的是单体支柱,在大岩块范围内要用木支架替换金属支架;

　　e. 待大岩块全部都处在放顶线以外的采空区时,再用绞车回木支架。

　　④ 地质破坏带附近局部冒顶的预防。

　　采煤工作面如果遇到垂直工作面或斜交于工作面的断层,在顶板活动过程中,断层附近破断岩块可能顺断层面下滑推倒支架,造成局部冒顶。另外褶曲轴部或顶板岩层破碎带等部位易冒顶。防治这类事故的措施主要是在断层两侧加设木垛加强支护,并迎着岩块可能滑下的方向支设戗棚或戗柱,加强褶曲轴部等破碎带的支护。

　　2. 采煤工作面大面积冒顶事故的预兆及预防措施

　　按顶板垮落类型可把采煤工作面大冒顶分为压垮型、推垮型、漏垮型 3 种。

　　(1) 大面积冒顶的预兆

　　① 顶板的预兆。顶板连续发出断裂声,这是由于直接顶和基本顶发生离层,或顶板切断而发出的声音。有时采空区内顶板发出像闷雷的声音,这是基本顶和上方岩层产生离层或断裂的声音。顶板岩层破碎下落,称之为掉渣。这种掉渣一般由少逐渐增多,由稀而变密。顶板的裂缝增加或裂隙张开,会使大量的顶板下沉。

　　② 煤帮的预兆。由于冒顶前压力增大,煤壁受压后,煤质变软变酥,片帮增多。使用电钻打眼时,钻眼省力。

　　③ 支架的预兆。使用木支架,大量支架被压弯或折断,并发出响声。使用金属支柱时,耳朵贴在柱体上,可听见支柱受压后发出的声音,支柱破顶、钻底。当顶板压力继续增加时,活柱迅速下缩,连续发出“咯咯”的声音,或工作面支柱整体向一侧倾斜。工作面使用铰接顶梁时,在顶板冲击压力的作用下,顶梁楔子有时弹出或挤出。

　　④ 含瓦斯煤层,瓦斯涌出量突然增加;有淋水的顶板,其淋水量增加。

（2）大面积冒顶的预防措施

① 提高单体支柱的初撑力和刚度。由于使用的木支柱和摩擦金属支柱初撑力小，刚度差，易导致煤层复合顶板离层，又使采煤工作面支架不稳定，所以要推广使用单体液压支柱。

② 提高支架的稳定性。煤层倾角大或在工作面仰斜推进时，为防止顶板沿倾斜方向滑动推倒支架，应采用斜撑、抬棚、木垛等特种支架来增加支架的稳定性。在摩擦金属支柱和金属铰接顶梁采面中，用拉钩式连接器把每排支柱从工作面上端头至下端头连接起来，形成稳定的"整体支架"。

③ 严格控制采高。开采厚煤层第一分层要控制采高，使直接顶冒落后破碎膨胀能充满采空区。这种措施的目的在于堵住冒落大块岩石的滑动。

④ 采煤工作面初采时不要反向开采。有的矿为了提高采出率，在初采时向相反方向回几排煤柱，如果是复合顶板，开切眼处顶板暴露日久已离层断裂，当在反向推进范围内初次放顶时，很容易在原开切眼处诱发推垮型冒顶事故。

⑤ 掘进回风、运输巷时不得破坏复合顶板。挑顶掘进回风、运输巷，就破坏了复合顶板的完整性，易造成推垮冒顶事故。

⑥ 高压注水和强制放顶。对于坚硬难冒顶板可以用微震仪、地音仪和超声波地层应力仪等进行监测，做好来压预报，避免造成灾害。具体可以采用顶板高压注水和强制放顶等措施来改变岩体的物理力学性质，以减小顶板暴露及冒落面积。

⑦ 加强矿井生产地质工作，加强矿压的预测预报。

此外，还可以改变工作面推进方向，如采用伪俯斜开采，防止推垮型大冒顶的发生。

第九节 《煤矿安全规程》对
综采设备的相关规定

一、采煤机

第六十九条 使用滚筒式采煤机采煤时,应遵守下列规定:

(一)采煤机上必须装有能停止工作面刮板输送机运行的闭锁装置。采煤机因故暂停时,必须打开隔离开关和离合器。采煤机停止工作或检修时,必须切断电源,并打开其磁力起动器的隔离开关。启动采煤机前,必须先巡视采煤机四周,确认对人员无危险后,方可接通电源。

(二)工作面遇有坚硬夹矸或黄铁矿结核时,应采取松动爆破措施处理,严禁用采煤机强行截割。

(三)工作面倾角在15°以上时,必须有可靠的防滑装置。

(四)采煤机必须安装内、外喷雾装置。截煤时必须喷雾降尘,内喷雾压力不得小于2 MPa,外喷雾压力不得小于1.5 MPa,喷雾流量应与机型相匹配。如果内喷雾装置不能正常喷雾,外喷雾压力不得小于4 MPa。无水或喷雾装置损坏时必须停机。

(五)采用动力载波控制的采煤机,当2台采煤机由1台变压器供电时,应分别使用不同的载波频率,并保证所有的动力载波互不干扰。

(六)采煤机上的控制按钮,必须设在靠采空区一侧,并加保护罩。

(七)使用有链牵引采煤机时,在开机和改变牵引方向前,必须发出信号,只有在收到返向信号后,才能开机或改变牵引方向,防止牵引链跳动或断链伤人。必须经常检查牵引链及其两端的固定联接件,发现问题,及时处理。采煤机运行时,所有人员必须避开牵引链。

（八）更换截齿和滚筒上下 3 m 以内有人工作时,必须护帮护顶,切断电源,打开采煤机隔离开关和离合器,并对工作面输送机施行闭锁。

（九）采煤机用刮板输送机作轨道时,必须经常检查刮板输送机的溜槽连接、挡煤板导向管的连接,防止采煤机牵引链因过载而断链;采煤机为无链牵引时,齿（销、链）轨的安设必须紧固、完整,并经常检查。必须按作业规程规定和设备技术性能要求操作、推进刮板输送机。

二、刮板输送机

第七十二条　采煤工作面刮板输送机必须安设能发出停止和启动信号的装置,发出信号点的间距不得超过 15 m。

刮板输送机的液力耦合器,必须按所传递的功率大小,注入规定量的难燃液,并经常检查有无漏失。易熔合金塞必须符合标准,并设专人检查、清除塞内污物。严禁用不符合标准的物品代替。

刮板输送机严禁乘人。用刮板输送机运送物料时,必须有防止顶人和顶倒支架的安全措施。

移动刮板输送机的液压装置,必须完整可靠。移动刮板输送机时,必须有防止冒顶、顶伤人员和损坏设备的安全措施。必须打牢刮板输送机的机头、机尾锚固支柱。

三、液压支架

第六十七条　采用综合机械化采煤时,必须遵守下列规定:

（一）必须根据矿井各个生产环节、煤层地质条件、煤层厚度、煤层倾角、瓦斯涌出量、自然发火倾向和矿山压力等因素,编制设计（包括设备造型选点）。

（二）运送、安装和拆除液压支架时,必须有安全措施,明确规定运送方式、安装质量、拆装工艺和控制顶板的措施。

（三）工作面煤壁、刮板输送机和支架都必须保持直线。支架间的煤、矸必须清理干净。倾角大于 15°时,液压支架必须采取防倒、防滑措施。倾角大于 25°时,必须有防止煤(矸)窜出刮板输送机伤人的措施。

(四)液压支架必须接顶。顶板破碎时必须超前支护。在处理液压支架上方冒顶时,必须制定安全措施。

(五)采煤机采煤时必须及时移架。采煤与移架之间的悬顶距离,应根据顶板的具体情况在作业规程中明确规定;超过规定距离或发生冒顶、片帮时,必须停止采煤。

(六)严格控制采高,严禁采高大于支架的最大支护高度。当煤层变薄时,采高不得小于支架的最小支护高度。

(七)当采高超过 3 m 或片帮严重时,液压支架必须有护帮板,防止片帮伤人。

(八)工作面两端必须使用端头支架或增设其他形式的支护。

(九)工作面转载机安有破碎机时,必须有安全防护装置。

(十)处理倒架、歪架、压架以及更换支架和拆修顶梁、支柱、座箱等大型部件时,必须有安全措施。

(十一)工作面爆破时,必须有保护液压支架和其他设备的安全措施。

(十二)乳化液的配制、水质、配比等,必须符合有关要求。泵箱应设自动给液装置,防止吸空。

复习思考题

1. 综采工作面主要设备有哪些?

2. 什么是采煤工艺?

3. 煤层的产状包含哪些要素?

4. 断层要素有哪些?

5. 矿井通风的基本任务是什么?

6. 矿井通风机的工作方式有哪些?

7. 矿井的通风方式有哪些?

8. 什么是绝对瓦斯涌出量? 什么是相对瓦斯涌出量?

9. 矿井瓦斯等级是如何划分的?

10. 瓦斯爆炸的条件有哪些? 如何预防瓦斯爆炸?

11. 煤与瓦斯突出的预兆有哪些? 防止突出的措施有哪些?

12. 矿尘的危害有哪些? 如何预防?

13. 煤尘爆炸的条件有哪些? 如何预防?

14. 矿井火灾有哪些危害? 如何预防?

15. 矿井水害发生的原因及危害有哪些? 如何预防?

16. 矿井透水的预兆有哪些?

17. 冒顶的征兆有哪些? 如何预防?

18. 规程对采煤机的相关规定有哪些?

19. 规程对刮板机的相关规定有哪些?

20. 规程对液压支架的相关规定有哪些?

第二部分
初级综采维修钳工技能要求

第四章　常用综采设备维修工具、量具、机具、设备的使用与维护

第一节　常用量具和工具的规格和使用

一、游标卡尺

游标卡尺是一种常用量具，可以直接测量零件的外径、内径、长度、深度、宽度和孔距。

1. 使用方法

（1）测量前应将游标卡尺擦干净，量爪贴合后，游标的零线应和尺身的零线对齐。

（2）测量时，所用的测力应使两量爪刚好接触零件表面为宜。

（3）测量时，防止卡尺歪斜。

（4）在游标上读数时，避免视线误差。

2. 测量操作

用游标卡尺进行测量时，内外量爪应张开到略大于被测尺寸。先将尺面贴靠在工件测量基准面上，并使游标卡尺测量面接触正确，然后把紧固螺钉拧紧，读出读数（图 4-1）。不可将游标卡尺处于歪斜位置进行测量（图 4-2）。

不同精度游标卡尺的实测数值如图 4-3 所示。

二、千分尺的使用方法

（1）测量前，转动千分尺的测力装置，使两测量面靠合，并检查是否密合；同时看微分筒与固定套筒的零线是否对齐，如有偏差

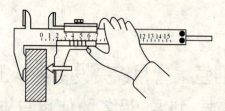

图 4-1　游标卡尺的使用方法

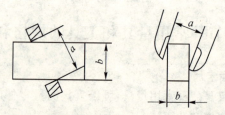

图 4-2　游标卡尺的测量面与工件错误接触

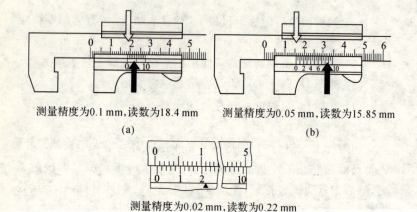

测量精度为0.1 mm,读数为18.4 mm　　测量精度为0.05 mm,读数为15.85 mm

(a)　　　　　　　　　　　　　　　　(b)

测量精度为0.02 mm,读数为0.22 mm

(c)

图 4-3　游标卡尺的实测数值

应调整固定套筒对零。

（2）测量时,用力转动测力装置、控制测力,不允许用冲力转动微分筒。千分尺测微螺杆轴线应与零件表面贴合垂直。

（3）读数时，最好不取下千分尺进行读数。如果需要取下千分尺读数，应先锁紧测微螺杆，然后轻轻取下千分尺，防止尺寸变动，读数时要看清刻度，不要错读。

千分尺的使用方法如图 4-4 所示。不管用哪一种方法，旋转力要适当，一般应先旋转微分筒，当测量面快接触或刚接触工件表面时，再旋转棘轮，以控制一定的测量力，最后读出读数。

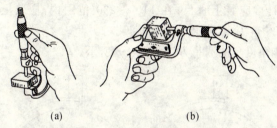

(a)　　　　　　　　　　(b)

图 4-4　千分尺的使用方法

(a) 单手测量；(b) 双手测量

千分尺的实测数值如图 4-5(a)、图 4-5(b)所示。

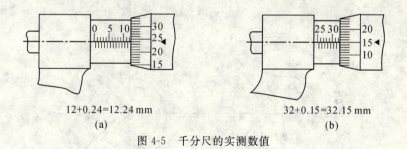

12+0.24=12.24 mm　　　　　　32+0.15=32.15 mm

(a)　　　　　　　　　　(b)

图 4-5　千分尺的实测数值

三、百分表的使用方法

（1）测量前，检查表盘和指针有无松动现象，检查指针的平稳性和稳定性。

（2）测量时，测量杆应垂直于零件表面。测量头与被测表面接触时,测量杆应预先有 0.3～1 mm 的压缩量,保持一定的初始测力,以免由于存在负值偏差而测不出数值。

四、万能角度尺的使用方法

(1)使用前,检查零位的准确性。

(2)测量时,应使万能角度尺的两个测量面与被测件表面在全长上保持良好接触,然后拧紧制动器上的螺母进行读数。

(3)测量范围在 0°～50°范围内,应装上角尺和直尺;在 50°～140°范围内,应装上直尺;在 140°～230°范围内,应装上角尺;在 230°～320°范围内,不装角尺和直尺。

万能角度尺的测量方法如图 4-6 所示。

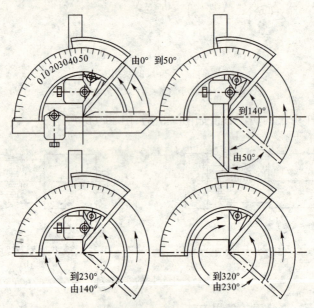

图 4-6　万能角度尺的测量方法

五、厚薄规(塞尺)的使用方法

使用厚薄规时,应根据间隙的大小选择厚薄规的片数,可把一片或数片重叠在一起插入间隙内。厚度小的厚薄规的片很薄，容易弯曲和折断，插入时不宜用力太大。用后应将厚薄规擦拭干净，并及时合到夹板中。

六、量具的维护和保养

（1）测试前，应将量具的测量面和工件被测量面擦净，以免脏物影响测量精度和加快量具磨损。

（2）量具在使用过程中，不要和工具、刀具放在一起，以免碰坏。

（3）机床开动时，不要用量具测量工件，否则会加快量具磨损速度，而且容易发生事故。

（4）温度对量具精度影响很大，因此，量具不应放在热源附近，以免受热变形。

（5）量具用完后，应及时擦净、涂油，放在专用盒中，保存在干燥处，以免生锈。

（6）精密量具应实行定期检定和保养，发现精密量具不正常时，应及时送交计量室检修。

第二节　钳工常用工具

一、钳工常用工具

活扳手（图4-7）、呆扳手（图4-8）、梅花扳手（图4-9）、套筒扳手（图4-10）、内六角扳手（图4-11）、扭力扳手（图4-12）和螺钉旋具（图4-13）。

图4-7　活扳手　　　　　图4-8　呆扳手

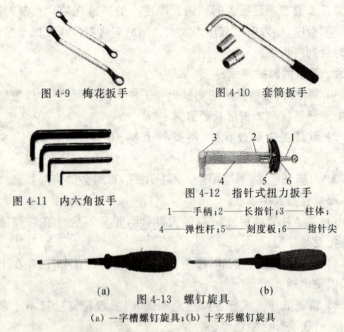

图 4-9　梅花扳手　　　　　　图 4-10　套筒扳手

图 4-11　内六角扳手　　　图 4-12　指针式扭力扳手

1——手柄；2——长指针；3——柱体；

4——弹性杆；5——刻度板；6——指针尖

(a)　　　　　图 4-13　螺钉旋具　　　(b)

(a)—一字槽螺钉旋具；(b)十字形螺钉旋具

二、用活扳手对螺纹连接的装配操作

1. 双头螺柱连接的装配

常用拧紧双头螺柱的方法有用长螺母拧紧（图 4-14）和用两个螺母拧紧（图 4-15）等。装配双头螺柱时，应保证工具轴线与固定零件表面垂直。将双头螺柱紧固端装入固定零件时必须注油润滑，以防发生咬住现象。

2. 螺母和螺钉的装配

安装螺钉时，螺钉不能弯曲变形，螺钉头部、螺母底面应与连接件接触良好。被连接件应均匀受压，互相紧密贴合，连接牢固。

成组螺母拧紧时，按一定的顺序逐次（一般为 2～3 次）拧紧（图 4-16）。在拧紧直线、长方形、方形、圆形分布的螺母时，应从中间开始对称地进行。

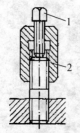
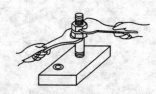

图 4-14 用长螺母拧紧双头螺柱　　图 4-15 用两个螺母拧紧双头螺柱

1——止动螺钉；2——长螺线

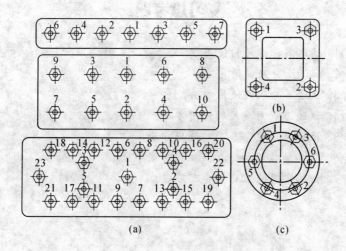

(a)

(b)

(c)

图 4-16 拧紧成组螺钉的顺序

（a）直线、长方形；（b）方形；（c）圆形

　　活扳手在使用时应让固定钳口承受主要的作用力（图4-17），扳手长度不可随意加长，以免损坏扳手和螺钉。

(a)   (b)

图 4-17　活扳手的使用

（a）正确；（b）不正确

复习思考题

1. 试述游标卡尺的使用方法。

2. 试述千分尺的使用方法。

3. 试述百分表的使用方法。

4. 试述万能角度尺的使用方法。

5. 试述厚薄规(塞尺)的使用方法。

6. 量具的维护和保养应注意哪些事项?

7. 钳工常用的工具主要有哪些?

第五章　综采设备通用零件的拆装、检修

第一节　销和键的拆装、检修

一、销的拆装

销的作用是定位(在这种情况下通常称为稳钉)连接或锁紧其他连接;某些安全装置有时用销作为保护元件;在过载时将销剪断来保护主要零件不致损坏,起这种作用的销称为保险销。

1. 销的拆卸

(1)带螺尾的销按图5-1(a)所示的方法拆卸。

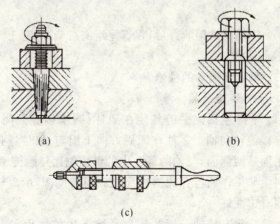

(a)　　　　　　　　　　　(b)

(c)

图 5-1　销的拆卸

(a)带螺尾的销的拆卸;(b)用螺栓拉出内螺纹销;(c)拆内螺纹销的冲击拉卸器

（2）有内螺纹的销可用螺栓拉出［图 5-1(b)］，也可用头部换成螺钉的冲击拉卸器［图 5-1(c)］拆卸。

（3）其余形式的销用手锤打击顶杆，从底端向上顶出。

2. 销的装配

（1）使被连两零件的所有定位销孔（至少有 2 个）对正，用铜棒、铜锤从上边将销轻轻打入。如果下端到接合面受到阻碍时，要将孔找正再打。

（2）被连两件为平面接合时，上下销孔多是上松下紧。第一次最好也按上述方法装配，以免销的轴线歪斜。装拆上部零件时，在圆柱销上端与孔接触的这段范围内一定要保持两接合面间平行，以防销子与孔之间卡紧。装配后，圆柱面不应露在外面。

（3）有内螺纹的销在螺孔内填润滑脂。

（4）圆锥销每次都按（1）装配。有螺尾的锥销，螺纹和退刀槽部分应全部戴上螺母，使螺尾顶端在螺母的上表面以下不受打击，以防弯曲。销要适度打紧，但打击时被连零件不能与螺母下表面接触。

（5）螺尾圆锥销装好后，在螺尾涂润滑脂，再套上足够的螺母使螺尾不外露。

二、平键连接件的检修

1. 平键连接及其故障表现

（1）平键连接。平键是装在圆柱、圆锥接合面间的连接件。平键连接使轴和轴上零件在圆周方向上固定，以传送扭矩。平键的作用面是两侧面，与轴的毂孔中的键槽侧面接触传递扭矩；在高度方向上非工作面与孔的键槽底之间留有间隙，所以轴和轴上零件之间对中性好。

（2）平键连接的故障表现。平键连接的故障表现都是键松动，严重时相连两件的配合面可以相对运动。低转速的部位只要出现这种情况，在启动、反向时可以看到孔与轴间的微小错动或间隙变化,配合面间有润滑油时更为明显。平键连接松动的初期,有时配合面端部缝隙处还可能出现锈迹。平键连接的故障表现如图5-2所示。

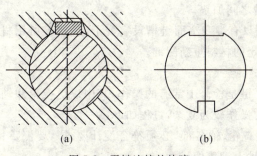

(a)　　　　　　　　　　(b)

图 5-2　平键连接的故障

2. 平键的拆卸

普通平键在煤矿机械中应用很广,它的拆卸比较容易。拆卸时,先将轴从外包容件(工作轮)内打出(或压出),这时平键还在轴上,然后用工具倒换着橇键的两个端头就可取出,但须注意不要撬键的两个配合侧面,以防止键的工作表面损伤。

3. 平键连接件的修理

平键连接松动,在零件上表现为键槽两侧受挤压产生塑件变形,槽宽变大,而且形状不规则,或是轴上键槽的两侧或一侧几乎不存在[俗称滚键,图 5-2(b)]。这两种情况都可能与键的侧面变形、宽度变窄同时出现。故障原因有两个方面,一是孔与轴之间配合不紧;二是键与槽之间配合过松。处理方法是:

(1)键槽稍有变宽时,可以将键槽加宽,但不许超过原有宽度的 5%,轴及轮毂的键槽宽度应一致,然后重新配键。

(2)如键槽变形较大,可以在相隔 180° 的对面新开键槽,废槽只修整边缘,直到孔与轴严密接触为止。

(3)由于键槽损伤引起被连孔与轴之间磨损或原来间隙大

时,必须更换轮或轴中不合格的那一个,或对接合面进行修复,重新配键。如果轴采用补焊方法修理时,应及时将已坏的键槽填实,加工后在其他部位新开键槽,不能修复的轴必须更换。注意,严禁在键和键槽之间加垫。

(4) 若只有键变窄而键槽没有变形,说明键所用材料的强度低,要用规定的材料重新配键。

4. 平键的装配

装配平键是检修中常有的操作,其中以更换轮和轴时配作并装配新键的操作较为复杂,过程如下:

(1) 检查轮、轴各部,必须符合设计要求。要侧重检查毂孔、轴、毂内和轴上键槽的尺寸。

(2) 用较短的细平锉去掉轴槽边缘的毛刺,修光键槽的侧面,注意保证侧面平直、相互平行并与底边垂直。

(3) 刨键。刨出键的半成品,高度 h 等于规定尺寸,以保证装配后的间隙(以后不再加工);宽度应稍大于键槽宽,两侧留有挫削余量。

(4) 挫配键的侧面。按轴上键槽宽度挫削键的两个侧面,保持两个侧面平直且相互平行,并与一个指定的底面垂直。侧面间距离接近配合要求时,倒棱后与轴键槽锉配。方法是将键两端分两次斜着用铜锤轻轻打入键槽,然后根据侧面的接触情况,对照图样给定的配合或根据传动情况凭经验确定应有的松紧程度,适当修锉键的侧面。经多次锉配,到接触面均匀分布、松紧适宜为止。原则上要求键在长度方向上掉头时,亦能与轴上键槽同样接触和配合良好。但如果办不到,则应在轴上和键上作出记号,使键每次都能以不变的方向与键槽相配。

(5) 将键锉成稍小于轴上键槽长度,两端锉成半圆形。

(6) 利用键的上半部(即与轴锉配时在轴键槽外的部分)锉配毂槽。方法是分别从槽两端将键进行试装,根据松紧情况和毂槽中的接触点修锉键槽的侧面(注意不要锉键),到键能从端部打入键槽,配合适宜为止。原则上也是要求键和毂槽在轴向的相互关系不受限制。

(7)将键按锉配时的方向打入轴槽内,最后将轴与轮进行装配。

(8)键槽与轴端相通,即键是 B 型或 C 型时,一般是先装配轮和轴。装配时特别注意将两键槽对正,最后将键从外端打入,如果轮、轴都很大,不易保证键槽对正时,可采用引键来装配。引键在宽度方向上与槽的配合比实际的键稍微松些,长度要能伸在轴外,以便于取出。将引键先放入轴的键槽,然后装配轮与轴,以保证键槽对正。最后将引键取出,打入平键。

第二节　轴的拆装、检修

一、轴的拆卸

根据轴承座的不同构造,轴的拆卸顺序可分两种:一种是先把轴部件作为一个整体从机座上或机体中拆出,然后再进一步拆卸零件;另一种是必须将个别零件从轴上拆下或把许多零件从轴上拆下后,其余部分才能作为一个整体从机械中拆出。实际上第一种情况占多数。

拆卸轴时应注意以下事项:

(1)注意哪些是要先拆下一个零件或一些零件后才能将轴(部件)作为一个整体拆下的情况。如果忽视了这点,只按整体拆出的办法去做,极可能损坏零件或机体。

(2)用滚动轴承支在座孔中的轴,拆卸时必须向轴承外径大的一端抽出。在这种条件下,大端轴外圈一定要有挡盖或孔用挡圈定位。拆卸时容易忽视挡圈,在拆轴前没有将其取出。

二、轴的检查

拆卸的轴必须立即进行清洗和检查,并做好有关记录,以供下一步修理和装配时参考。

(1)磨损检查。磨损检查是检查轴的磨损和缺陷情况。轴的磨损主要是轴颈磨损后的椭圆度、圆锥度及轴颈的表面情况。这些用一般工具、仪器(卡钳、卡尺、千分尺、千分表)等测量均可达到要求的检查精度。

(2)缺陷检查。轴的缺陷主要是轴的弯曲变形、扭转变形、较大伤痕以及不明显的微小裂纹。

轴的弯曲挠度检查(图 5-3)的简单方法是在车床上用百分表测量,或在轴的两端用滚动轴承作托架托起轴,手动或机动旋转测量。测量点应选 3~5 个(两端、中间),然后综合分析确定其挠度值。百分表的触头应设置在未磨损处,以免轴的挠度和轴的磨损发生混淆。

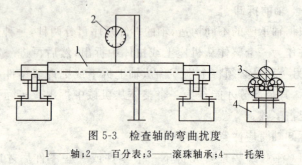

图 5-3 检查轴的弯曲扰度

1——轴;2——百分表;3——滚珠轴承;4——托架

三、轴的修理

对轴本身的缺陷进行修理,更换轴上所装的零件,恢复轴上零件和轴之间的配合,改变轴在空间或机座上的位置等,都是对轴进行的检修。这里只讨论轴本身的检修。

(1)轴颈磨损的修理。对于直径 250 mm 以下的轴颈,磨损后其椭圆度与圆锥度在 0.1 mm 以下时,可用一般手工适当修复。

对重要轴及轴颈有较大磨损时,应用机床进行修整。

一般不太重要部位的轴,其允许磨损量可以控制在直径的 5％左右,当轴颈磨损数值已超过允许数值或椭圆度超过允许范围时,对于两端支承的静定轴,均可焊补后再加工进行修复,有条件的应当采用振动堆焊、金属喷镀和电镀修复。

（2）轴的弯曲变形的修理。轴的弯曲变形的修理方法很多,在检修过程中,主要采用冷正直和热正直两种方法。

① 冷正直法一般适用于直径 100 mm 以下的轴,具体办法是将轴的两端垫好支点,然后找平,在弯曲最大处的相反方向加垂直压力。

② 热正直法经常采用的是在弯度最大的凸处局部进行加热,温度控制在 600 ℃以下,然后找平轴的两端支点,并在下边放承托垫板,保持轴线水平度,再在弯曲最大处加压力。温度应慢慢上升,不可过快。加热面积的压力大小应根据具体情况而定。承托垫板比要求达到校直的位置低一些,一般低 1～4 mm,数值与轴的材料种类、加热温度、压力大小及施力快慢等有关。热正直后应进行退火,使轴缓慢旋转,加热到 350 ℃左右,保温 1 h 以上,然后用石棉包住加热处,轴旋转冷却到 70 ℃左右再空冷。

（3）裂纹的修理。轴可以用电焊进行裂纹补焊。但当轴的材料为低碳钢时,用低于轴本身含碳量的一般低碳钢焊条进行焊补效果较好。如轴的材料为中碳钢时,即使使用低于轴本身含碳量的焊条进行焊接,有时效果也不理想。当然对于负荷重或冲击负荷较大的轴,效果将更差。其主要原因是焊接后含碳虽增大,应力集中,疲劳强度大大下降,继续使用寿命很短。

（4）断轴的修理。折断的轴可以进行焊接修复,在某种意义上讲,已折断的轴比未断但有裂纹的轴还好处理。焊接断轴的过程如下:

① 将焊接轴的端面车平并车成 45°坡口,注意轴向长度尺寸不能变动。

② 固定好要求焊接部分轴的位置,并再次测量轴向和径向尺寸是否合乎要求,用点焊法沿圆周均分 4～6 点暂时焊住。

③ 用焦炭炉或用 4 把汽焊枪沿焊接周围均匀加热,当温度缓慢上升到 400 ℃左右时,立即进行焊接。

此法适用于静载荷和承受转矩不大的断轴。

四、对轴的质量要求

(1)轴不得有裂纹、严重腐蚀和损伤,直线度符合技术文件规定。

(2)轴与轴孔的配合应符合设计要求,超过规定时,允许采用涂镀、电镀或喷涂工艺进行修复,在强度许可条件下也可采用镶套处理。

(3)轴颈磨损后,加工修正量不得超过设计直径的 5%。

(4)轴颈的圆度和圆柱度,除技术文件的规定外,必须符合表 5-1 中的规定。

表 5-1   轴颈的圆度和圆柱度   单位:mm

轴颈直径	80～120	120～180	180～250	250～315	315～400	400～500
圆度和圆柱度	0.05	0.018	0.020	0.023	0.025	0.027
新装轴的磨损极限	0.100	0.120	0.0150	0.200	0.220	0.250

五、轴装配时的注意事项

除遵守装配的常规外,轴装配时还应注意以下事项:

(1)检查轴肩圆角半径,必须小于相配零件的圆角半径或倒角长度。

(2)密封圈应先装到所要的零件内(上)。

(3)套在轴上而不固定的环形零件,如轴承盖、定位零件等,一定要事先套在轴上,不能遗漏。

(4)对安装后不易注油的滚动轴承或垂直于轴的迷宫密封环等,应注入适量的润滑脂。

第三节　联轴器的检修

联轴器(统称对轮)是实现两轴之间对接传动的装置。绝大多数联轴器为两个半联轴器分别装在待连接的轴端(这样的轴端因为伸在轴承之外,称为轴伸端),再用其他中间零件在两个半轴之间将它们连接起来,传递转动和扭矩。

在检修中,对联轴器只是更换和装配(包括对接时的找正)。

一、联轴器找正的要求、目的和内容

凡通过联轴器对接的两根轴,不可避免地会存在由相对平移和相对倾斜所形成的相对位置误差,即轴线不重合。因此,在进行轴的安装时,都要在联轴器上检测轴的同轴度,并通过调整使其保持在规定的限度以内,这称为联轴器校正,俗称联轴器找正。

(1)联轴器找正的要求。两个半联轴器的端面间隙大小和同轴度应符合检修质量的规定,见表5-2。表5-2中的同轴度值是指在沿水平和铅直这两方位上都允许的同轴度极限值。表5-2中的倾斜指在水平面 x 或铅直面 y 内两联轴器端面间夹角的正弦值,以千分数表示。径向位移指在水平面或铅直面内联轴器端面中心的径向距离 ax 或 ay 的值。

(2)联轴器找正的目的:

① 在可能的条件下,减少因两轴相错或相对倾斜过大所引起的振动、噪声,避免联轴器零件磨损过快,避免轴与轴承间引起附加的径向载荷。

② 保证每根轴在工作中的轴向窜量不受到对方的阻碍。

(3)联轴器找正的内容:

① 检测。在平行于轴承座或轴所在的机壳底平面的 x 方向及与其垂直的 y 方向(一般都是沿水平及铅直方向)上,分别测出:第一,半联轴器两侧端面间的间隙,算出半联轴器端面间(也就

是相连两轴的轴线间)相对倾斜的正弦,以及联轴器中心处的端面间隙;第二,对联轴器端面处两轴线的径向偏移 ax 和 ay 进行测量,得出 3 种结果。

② 调整。调整只在必要时进行:第一,改变两轴的轴向相对位置,使端面间隙在标准规定的范围内;第二,改变轴在两测量方向上的位置,使正弦和 ax、ay 都在表 5-2 所允许的范围内。

(4) 找正的基准。大多数情况下,被动轴的位置都已确定或者已经固定而不能改变,有的被动轴甚至还不能转动。所以,找正时的测量与调整都只以被动轴为准,把与基准轴对接的待找正的主动轴称为待定位轴。

表 5-2　　　　　　　　　　联轴器的同轴度和端面间隙

类型	直径/mm	端面间隙/mm	两轴同轴度	
			径向位移/mm	倾斜/‰
弹性圆柱销联轴器	100～260	设备最大轴向窜量加 2～3	≤0.10	<1.0
	260～110		≤0.12	
	410～500		≤0.15	
齿轮联轴器	≤250	5	≤0.20	<0.10
	300～500	10	≤0.25	
	500～900	15	≤0.30	
	900～1 400	20	≤0.35	
蛇形弹簧联轴器	≤200	设备最大轴向窜量加 2～3	≤0.10	<1.0
	200～400		≤0.20	
	400～700		≤0.30	
	700～1 350		≤0.50	

二、联轴器找正时的测量方法

(1) 测量测点处的端面间隙,最好用精确加工的平垫板和楔形塞尺测量,如图 5-4(a)所示。当楔形塞尺的斜度为 1:50、斜面上横刻线的间隔为 1 mm 时,分度位为 0.02 mm。此外也可用平垫板配合普通塞尺测量。

(2) 测量测点处两联轴器圆柱面的径向偏移,最常用的器具是角尺和塞尺。注意这样测出的径向偏移量是代数值。约定待定位轴联轴器的表面在基准联轴器的表面之外时读数 a 为"+"[图 5-4(c)],在基准联轴器的表面之内时读数 a 为"-"[图 5-4(b)]。

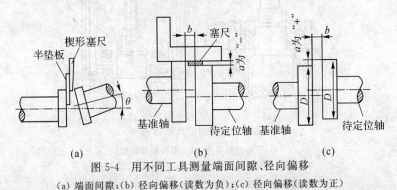

图 5-4 用不同工具测量端面间隙、径向偏移

(a) 端面间隙;(b) 径向偏移(读数为负);(c) 径向偏移(读数为正)

第四节 轴承的拆卸、检修

一、轴承的拆卸

1. 锤击法拆卸

一般不重要的及过盈比较小的滚动轴承可采用锤击法拆卸,如图 5-5 所示。锤击杆最好用黄铜制成。为了避免产生歪斜,应当用手锤依次轮流地敲打位于轴两侧的轴承部分。

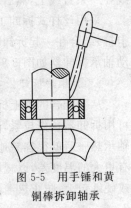

图 5-5 用手锤和黄铜棒拆卸轴承

2. 用拆卸工具拆卸

凡是有条件能采用压力机拆卸的地方,

均应采用压力机拆卸轴承。拆卸时,在轴承下面垫一个衬垫,将轴压出,如图 5-6(a)所示。

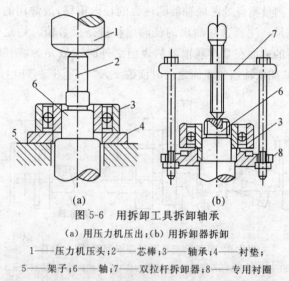

图 5-6　用拆卸工具拆卸轴承

(a)用压力机压出;(b)用拆卸器拆卸

1——压力机压头;2——芯棒;3——轴承;4——衬垫;

5——架子;6——轴;7——双拉杆拆卸器;8——专用衬圈

图 5-6(b)所示的是一种带有衬圈的双拉杆拆卸器。拆卸时,应将拆卸器两侧拉杆长度调整相等,使拆卸器上的顶丝和轴中心线在一条直线上,然后缓慢旋转顶丝进行拆卸。

采用丝杆式拆卸工具(也叫拿子)与辅助零件(如卡环、卡子和卡箍)结合在一起拆卸轴承的方法如图 5-7 所示,具有开式环的滚动轴承拆卸器如图 5-8 所示。

3. 加热法拆卸

从紧配合的轴上拆卸有大过盈的轴承以及拆卸大型轴承时,可用拆卸器预先拉紧,再用 90~120 ℃的热矿物油浇到轴承上,当轴承热胀后就很容易地用拆卸器拆下。为使轴和轴承内座圈之间有更大的温度差,以减弱配合的紧固程度,在浇油时先将轴用石棉或硬纸包上,防止热油浇到轴上而引起轴的热膨胀。

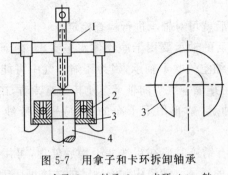

图 5-7 用拿子和卡环拆卸轴承

1——拿子;2——轴承;3——卡环;4——轴

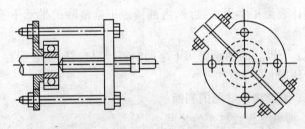

图 5-8 具有开式环的滚动轴承拆卸器

二、滚动轴承的清洗

(1)清洗滚动轴承不仅要分预洗和终洗,必要时还应增加清洗次数。清洗轴承最好用专用的洗涤槽,没有专用的洗涤槽时,只能先洗滚动轴承再洗其他零件,不许把滚动轴承与一般零件一起清洗。

(2)旧轴承预洗时应将其上面干硬的物质泡软后去掉,再在油中用左手握轴承内圈,右手转动轴承外圈,直到滚动体和保持架上的旧油完全洗掉为止。大轴承可用干净铁块在槽底水平地支承轴承内圈,用手转动轴承外圈清洗。注意开始时只能缓慢地转动,防止润滑脂中的杂质损伤轴承表面。

(3)预洗可用洗涤剂,终洗应在洗涤剂滴尽后用矿物油进行清洗。

（4）预洗后就可对轴承进行检查检定。

（5）洗净后的轴承要用干净物体水平支承，在干净环境中干燥。不要用压缩空气吹干轴承，因为压缩空气中可能含有水分和其他污物，而且压缩空气喷向轴承会使其高速转动，在无油的条件下容易损坏轴承，禁止用不干净的布，特别是带纱头的布抹擦轴承。

（6）轴承有锈迹时应在粗洗并干燥后处理，再用极细的砂布打磨其外表面的锈迹。滚道中和滚动体的锈迹可用毛毡蘸氧化铬研磨膏擦拭。但有些滚道中的锈迹一般不易消除干净，许多轴承的滚动体表面根本无法接触，内部锈迹不能清除的轴承不能用于重要部位。

（7）干燥后的轴承要用干净的塑料薄膜包好，妥善保存，等待装配时使用。

三、滚动轴承缺陷的判断

1. 机械运转过程中的诊断

如果在检修前的运转中对机械进行故障诊断，有经验的人根据对轴承在启动、停止、全速运转和反转时的触诊和听诊，可发现一些较明显的轴承缺陷。

轴承所在部位的温度是不可忽视的反映故障的信息。温度升高除可以反映轴承油脂过多或油脂严重不足外，还可能是以下各种缺陷的反映，如没有游隙，滚动体、滚道表面粗糙，有点蚀或剥落，而保持架过度磨损，与外圈摩擦或引起滚动体间的间距改变，导致轴的位置下降并与端盖摩擦；外圈或内圈配合松动，配合面间有相对滑动等。

2. 拆卸过程中的检定

把滚动轴承从轴承座中取出时，观察外圈与轴承座孔之间接触的痕迹，可以判断彼此间是否良好贴合，外圈在轴承座孔中是否有明显的转动;沿径向和轴向扳动外圈,可大体了解游隙的情况。

3. 清洗后的检查检定

(1) 检查轴承外表有没有断裂、损伤、外圈发黑、蠕动磨损等迹象。

(2) 把左手手指伸直捏拢并向上穿入内圈的孔中将轴承水平托住,用右手不断地推动外圈转动,看转动是否轻盈,是否有杂音和振动,停止时是否逐渐减速。大轴承可用干净的铁块支承内圈。

(3) 用手使内外圈相对缓慢转动,从两侧以不同的角度观察滚道、滚动体和保持架,看有没有异常迹象。

四、滚动轴承的缺陷及处理对策

(1) 有以下缺陷之一的轴承应更换:

① 内圈或外圈有裂纹,滚道、滚动体有疲劳点蚀或剥落,滚道、滚动体表面粗糙,滚道磨出台阶。

② 保持架过度磨损、损坏而无法(或暂时无力)修复。

③ 工作中振动或有冲击,噪声过大,轴的窜动量过大。在转速很慢或对运动精度要求低的部位,对滚动轴承的要求可适当放宽。在重要部位不能再用的轴承(如游隙过大等),有可能用于不重要的部位。

(2) 轴承内外配合面上有蠕动磨损迹象时,要测量相配的两个接合面尺寸,找出问题症结所在,并根据具体条件采用涂镀、喷镀或粘接的方法,使实体较小的表面稍微增大,以恢复应有的配合。

五、滚动轴承的装配

1. 装配注意事项

(1) 确认轴承可用并确保清洁后可进行装配。

(2) 安装轴承前,必须检查轴承组合件装配表面加工质量(尺寸、形位公差、表面粗糙度)。装配时允许用刮刀将孔稍加修理,但必须保证其几何形状偏差在允许的范围之内。

（3）在零件的装备表面上如有碰伤、毛刺、锈蚀或固体颗粒（磨屑、磨料粒、泥土或其他物）存在，应仔细检查轴承箱的沟道、肩端面、圆柱表面及连接零件的装配表面。

零件装配表面的碰伤、毛刺、锈蚀等缺陷可用细锉除去，然后用零号砂布打光。零件装配表面需用清洁的汽油或煤油清洗掉固体微粒（包括修理后留下的微粒），并用清洁的抹布擦干净。

（4）轴承在装配前，必须用清洁的煤油洗涤。零件装配表面在装配前，应涂上一层润滑油，并防止弄脏。装在轴上或轴承座中的轴承，在不能立即装好轴承盖时，应用干净的纸张盖好，以防铁屑等杂物落进轴承中。

（5）不允许把轴承当作量规去测量轴和轴承箱孔的加工精度，因为这不但不能正确地确定加工精度，反而可能使轴承损坏。

（6）带有过盈的轴承装配时，最好用无冲击负荷的机械装置进行装配。如需用锤打击时，应在中间垫以软金属，严禁直接打击轴承。打击力必须垂直作用于座圈端面上，并不允许通过滚动体传递打击力。

（7）轴承内圈和轴是过渡配合时，应当采用热装法。

（8）轴承必须紧贴在轴肩上，不许有间隙（可调整的轴承例外）。

（9）轴承端面、垫圈及压盖之间的接合面必须平行。当拧紧螺钉后，压盖应均匀地贴在垫圈上，不许有间隙。

（10）装配时，应将轴承上标有字样的端面朝外。

（11）装配后，应按规定加注适量的润滑油（脂），用手转动时轴承应能均匀、轻快、灵活地转动。

2. 装配方法

滚动轴承的装配方法有多种形式，可根据具体情况进行选择。具体有锤击法、加热法以及压力机装配等方法，下面分别进行介绍。

（1）锤击法

锤击法是一种最简单的方法，劳动强度大，装配效率低，用在数量不多、直径较小、配合过盈不大而品种繁多的滚动轴承装配中。锤击法可采用铜质击杆（铜棒）或装配管和锤子一并使用。

用击杆和手锤装配滚动轴承时（图 5-9），要防止把轴承打歪，其打击方法是不要击一点或一侧，要均衡对称地打击（图5-10）。同时应保持工具的清洁，严防脏物掉入轴承内。

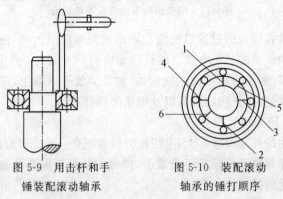

图 5-9 用击杆和手
锤装配滚动轴承

图 5-10 装配滚动
轴承的锤打顺序

较好的锤击方法是用套筒和手锤装配（图 5-11）。锤击时，要打击球盖断面的中心。轴承内座安装的套筒内径要比轴上的配合部位尺寸稍大一些，套筒的下部焊以防护盘，可防止打击时散屑落入轴承，如图 5-11（a）所示。外座圈安装的套筒外径要比箱体的配合部位尺寸稍小一些，套筒壁厚应为轴承内座圈和外座圈厚度的 2/3～4/5，套筒与轴承接触的端面经过机加工保证齐平，如图图 5-11（b）所示。若要把轴承的内座圈和外座圈同时装到轴承孔内时，应用一附加垫圈在轴承的两个座圈上同时加力，如图 5-11（c）所示。应用套筒装配时，套筒的内外部都要保持清洁。为防止装配时损坏轴承，应尽量少用锤击法。

（2）加热法

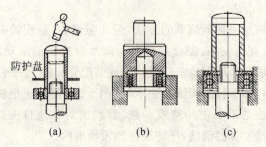

防护盘

(a)　　　　　　(b)　　　　　　(c)

图 5-11　用套筒和手锤装配滚动轴承

　　当具有较大的过盈以及滚动轴承的外形尺很大时,通常采用加热滚动轴承的装配方法。将机油加热到 80~90 ℃,并用温度计测量油温,然后将轴承放在油盆内,注意要置于网架上,不要直接与盆底接触,防止污物进入以及轴承的局部过热。

　　(3)压力机装配

　　若轴的外部尺寸不大,采用压力机装配是一种比较好的方法。使用这种方法可使轴承不受敲击,同时与轴承箱配合的密封装置也不会受到损伤。

复习思考题

　　1. 螺母和螺钉应如何装配?

　　2. 试述销的拆卸方法。

　　3. 试述销的装配过程。

　　4. 平键连接的故障表现在哪些方面?

　　5. 如何进行平键连接件的修理?

　　6. 试述平键的装配过程。

　　7. 拆卸轴时应注意的事项有哪些?

　　8. 如何进行轴的修理?

　　9. 如何焊接断轴?

10. 轴装配时应注意的事项有哪些?

11. 联轴器找正的目的有哪些?

12. 如何进行联轴器的找正?

13. 如何进行轴承的拆卸?

14. 如何进行滚动轴承的清洗?

15. 试述滚动轴承的缺陷判断。

16. 试述滚动轴承装配时的注意事项。

第六章 综采机械设备的安全运行及日常维修保养

第一节 采 煤 机

一、井上检查与试运转

采煤机部件在出厂前已做过部件和整机的出厂试验,因此采煤机解体到矿后,无特殊原因,不需要重新装拆部件。但是由于经过运输与搁置,在下井前应进行地面检查与试运转。

1. 检查内容

(1) 各部零件是否完整无损。

(2) 所有紧固件是否松动。

(3) 各油管、水管、电缆是否破损,接头是否渗漏。

(4) 各结合面是否渗油。

(5) 各润滑点是否按要求的油质和油量进行注油。

(6) 电气插件是否接触良好。

(7) 操作手把是否灵活可靠。

2. 试运转

整机还需在地面进行一次试运转,为此现场需先铺设输送机中部槽,将整机布置好,接通水电后进行空载运行。注意各运转部分声音是否正常,有无异常声响及发热情况。再操作各按钮和手把,检查动作是否灵活、准确可靠,内外喷雾是否正常,与输送机配套尺寸是否合适。

二、采煤机的完好标准

《煤矿机电设备完好标准》中对采煤机有严格规定。

1. 机体的完好标准

(1) 机壳、盖板裂纹要固定牢靠,接合面严密、不漏油。

(2) 操作手把、按钮、旋钮完整,动作灵活可靠,位置正确。

(3) 仪表齐全、灵敏准确。

(4) 水管接头牢固,截止阀灵活,过滤器不堵塞,水路畅通、不漏水。

2. 牵引部的完好标准

(1) 牵引部运转无异响,调速均匀准确。

(2) 牵引链伸长量不大于设计长度的 3%。

(3) 牵引链轮与牵引链传动灵活,无咬链现象。

(4) 无链牵引轮与齿条、销轨或链轨的啮合可靠。

(5) 牵引链张紧装置齐全可靠,弹簧完整。紧链液压缸完整,不漏油。

(6) 转链、导链装置齐全,后者磨损量不大于 10 mm。

3. 截割部的完好标准

(1) 齿轮传动无异响,油位适当,在倾斜工作位置,齿轮能带油,轴头不漏油。

(2) 离合器动作灵活可靠。

(3) 摇臂升降灵活,不自动下降。

(4) 摇臂千斤顶无损伤,不漏油。

4. 截割滚筒的完好标准

(1) 滚筒无裂纹或开焊。

(2) 喷雾装置齐全,水路畅通,喷嘴不堵塞,水成雾状喷出。

(3) 螺旋叶片磨损量不超过内喷雾的螺纹。无内喷雾的螺旋叶片,磨损量不超过厚度的 1/3。

(4) 截齿缺少或截齿无合金的数量不超过 10%,齿座损坏或短缺的数量不超过 2 个。

（5）挡煤板无严重变形，翻转装置动作灵活。

5. 电气部分的完好标准

（1）电动机冷却水路畅通，不漏水。电动机外壳温度不超过 80 ℃。

（2）电缆夹齐全牢固，不出槽，电缆不受拉力。

6. 安全保护装置的完好标准

（1）采煤机原有安全保护装置（如与刮板输送机的闭锁装置、制动装置、机械摩擦过载保护装置、电动机恒功率装置及各电气保护装置）齐全可靠，整定合格。

（2）有链牵引采煤机在倾斜 15°以上工作面使用时，应配用液压安全绞车。

7. 底托架、破碎机的完好标准

（1）底托架无严重变形，螺栓齐全紧固，与牵引部及截割部接触平稳。

（2）滑靴磨损均匀，磨损量小于 10 mm。

（3）支撑架固定牢靠，滚轮转动灵活。

（4）破碎机动作灵活可靠，无严重变形、磨损，破碎齿齐全。

三、采煤机的润滑

正确使用润滑油和液压油，对于采煤机的正常运转和延长其使用寿命具有重要意义。为了保证采煤机可靠地工作，要求采煤机各油池必须有适量的油液。齿轮箱注油过多会增加转动件的搅油发热，加油过少，又会造成润滑不良，以致使某些机构过早失效。为此，采煤机需加油的部位均设有油位指示及加油孔。采煤机注油口位置见图 6-1，各注油点的注油要求见表 6-1、表 6-2。注意，给定注油量要求是在整机无倾斜，摇臂水平放置情况下给定，其他情况下按照实际需要参照操作。

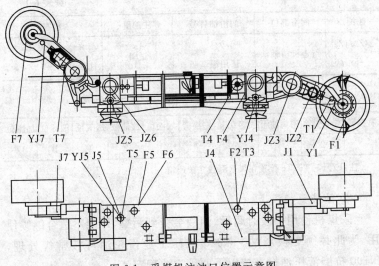

F7 YJ7 T7 JZ5 JZ6 T4 F4 YJ4 JZ3 JZ2 T1 F1

J7 YJ5 J5 T5 F5 F6 J4 F2 T3 J1 Y1

图 6-1 采煤机注油口位置示意图

1. 注意事项

（1）齿轮油不宜过量，否则容易发热；

（2）液压油与齿轮油不能混合使用，注入时须经过滤，以保证油质，参见表 6-1 注油点及注油要求。

表 6-1 注油点及注油要求

注油点	润滑部位	润滑油牌号	注油量	检查
J1	右摇臂箱	N320 极压工业齿轮油	至油标上位	每周检查一次，按实际情况更换新油，每班开机前观察油标的油位
J7	左摇臂箱		至油标上位	
J5	左牵引箱		加至箱体中油针指示位	
J2	右牵引箱			
J4	调高油箱	N100 抗磨液压油	至油标上位	
	所有电机	二硫化钼复合钙基 3#锂基脂	适量	检修时更换新油

注油点	润滑部位	润滑油牌号	注油量	检查
JZ2/JZ3 JZ5/JZ6	行走机构轴承	ZL-1 通用锂基脂	适量	每月检查一次并 注油一次。

表 6-2　　　　　　　　　　符号说明

右摇臂	右牵引箱	调高油箱	左牵引箱	左摇臂	加油位	放油位	透气位	油标位	加脂位
1	2	3	5	7	J	F	T	B	JZ

注:F2/F5/T3/T6 位置在煤壁侧独立减速箱上。

2. 油液更换

采煤机使用一段时间后,油液会受到污染,可能不适合继续使用,为此必须更换新油。N320 极压工业齿轮油可按常规处理,N100 抗磨液压油标准按以下两种方法确定。

(1)化验室测定

黏度　≥±1.5%

酸值　≥1.0 mg/g

水分　≥0.5%

不溶解成分　≥0.7%

(2)现场判定油质标准(表 6-3)

表 6-3　　　　　　　　　　现场判定油质标准表

外观检查	气味	处理意见
透明、澄清	良好	照常使用
透明,有小黑点	良好	过滤后使用
乳白色	良好	见注
黑褐色	恶臭	见注

注:试样静置后,油液由上而下澄清,说明是由于空气混入所致,排除空气后仍可使用。如油液由下而上澄清,则说明油液中混入水分,不能继续使用。

四、采煤机的日检、周检、季检及大修

正确的维护与检修,对提高采煤机工作可靠性和延长机器的使用寿命都十分重要。正常的采煤机维护、检修一般分为日检、周检、季检及大修。

1. 日检

(1) 检查所有螺钉及螺栓是否完整、紧固齐全,若发现松动要及时拧紧;检查液压控制系统和喷雾系统的的压力情况。

(2) 电缆、水管、油管是否有挤压和破损。

(3) 各部位油位是否符合要求。

(4) 各操作手把、按钮动作是否灵活。

(5) 喷嘴是否堵塞和损坏,水阀是否正常工作。

(6) 截齿和齿座有无损坏与丢失。

(7) 检查行走轮与销轨的啮合状况、导向滑靴的磨损情况,若发现行走轮与销轨啮合不正常,应查明原因。如果是由于导向滑靴过度磨损造成的,应更换。如果是行走轮或销轨过度磨损造成的,应更换行走轮或滑靴。

(8) 机器工作时应注意各部位有无异常声响、异常温升,并随时注意油液和冷却水的压力情况。

(9) 每班采煤机司机应认真做好运行和维修记录。

2. 周检

(1) 清洗过滤器。

(2) 从放油口取样化验工作油质是否符合要求。

(3) 检查各压力表的工作情况。

(4) 检查和处理日检不能处理的问题,并对整机的大致运行情况做好记录。

(5) 检查司机对采煤机日常维护情况。

3. 季检

季检除了周检内容外,对周检处理不了的问题进行检修与维

护,并对采煤机司机的日检、周检工作进行检查。

4. 大修

采煤机在采完一个工作面后应升井大修,大修要求对采煤机进行解体清洗检查,更换损坏零件,测量齿轮啮合间隙等。对液压元件应按要求进行维护与装拆及试验。电气元部件检修、更换应符合最新版《煤矿安全规程》和 GB/T 3836.1/2/4—2010 标准的规定,应作相应的电气测试。机器大修后,主要零部件应作性能试验、整机空运转试验,并检测有关数据,符合要求后,方可下井。

五、滚筒式采煤机的安全运行注意事项

(1)采煤机上必须装有能停止工作面刮板输送机运行的闭锁装置。采煤机因故障停机时,必须打开隔离开关和离合器。采煤机停止工作或检修时,必须切断电源,并打开控制开关的隔离开关。启动采煤机前,必须先巡视采煤机四周,确认对人员无危险后方可接通电源。

(2)工作面遇有坚硬夹矸或黄铁矿结核时,应采取松动爆破措施处理,严禁使用采煤机强行截割。

(3)工作面倾角在15°以上时,必须有可靠的防滑装置。

(4)采煤机必须安装内喷雾和外喷雾装置。割煤时必须喷雾降尘,内喷雾压力不得小于 2 MPa,外喷雾压力不得小于 1.5 MPa,喷雾流量应与机型相匹配。如果内喷装置不能正常喷雾、外喷雾压力不得小于 4 MPa。无水或喷雾装置损坏时,必须停机。

(5)采用动力载波控制的采煤机,当2台采煤机由1台变压器供电时,应分别使用不同的载波频率,并保证所有的动力载波互不干扰。

(6)采煤机上的控制按钮必须设在靠采空区一侧,并加保护罩。

(7)更换截齿时或滚筒上下3 m 以内有人工作时,必须护帮护顶,切断电源,打开采煤机隔离开关和离合器,并对工作面输送机施行闭锁。

（8）采煤机用刮板输送机作轨道时，齿轨的安设必须紧固、完整，并经常检查。必须按作业规程规定和设备技术性能要求操作、推进刮板输送机。

第二节 液压支架

一、支架的地面运输和试运转

1. 地面运输

支架由制造厂到使用单位的运输，应注意如下几点：

（1）支架出厂验收合格后，将支架放置于最低位置，收回活动侧护板并由销轴锁住，防止活动侧护板在运输途中伸出，以减小运输空间。

（2）液压系统内部一般应充满乳化液，防止锈蚀液压元件；冬季运输应采取防冻措施，以防冻坏液压元件。

（3）保护好过架管接头及空接头孔，用塑料帽或堵保护，防止损坏密封面和污染管路及液压元件，确保密封性能。

（4）支架一般为整架运输，备件和需装箱的零部件要装箱发运，不得散发以防丢失。

（5）在起吊和运输过程中，严禁重摔、掀倒支架，防止造成连接件和液压系统损坏。

（6）运输方式、条件及到站，供需双方协商决定，并严格执行。

2. 地面综合试运转

（1）支架和其他配套设备到矿后，必须到货验收，按装箱单核验，一般制造厂应有人在现场；出现短缺应造册并上报备案，要求得到合理解决。

（2）若到矿不及时地面组装联合试运转，也不能及时下井安装，必须室内存放，不要露天堆放，以免日晒雨淋，锈蚀零部件。

（3）主要综采设备下井前要求地面组装联合试运输,尤其是新上综采的用户和新型设备,地面组装联合试运转尤其必要。地面运转一般是液压支架、输送机、乳化液泵站、采煤机和移动变电站、通讯信号设备等。支架的数量和输送机长度视地面大小而定,但支架不少于 20 架,输送机长度不小于 30 m。这样做的好处是:既可试验和测试主要配套设备的配套运转情况,又可以培训操作、维护人员。

（4）新上综采的单位,要进行地面设备综合试运转验收,由矿务局以上的主管部门进行检查考核,验收合格后才能下井安装。

（5）皮带输送机、转载机等设备是否参与地面试运转,要视现场条件而定。

二、液压支架完好标准

1. 架体

（1）零部件齐全,安装正确,柱靴及柱帽的销轴、管接头的 U 型销、螺栓、穿销等不缺少。

（2）各结构件、平衡千斤顶座无开焊或裂纹。

（3）侧护板变形不超过 10 mm,推拉杆弯曲每米不超过 20 mm。

2. 立柱千斤顶

（1）立柱和各种千斤顶的活柱、活塞杆与缸体动作可靠、无损坏、无严重变形、密封良好。

（2）活柱不得炮崩或砸伤,镀层无脱落,局部轻微锈斑面积不大于 500 mm^2;划痕深度不大于 0.5 mm,长度不大于 500 mm,单件上划痕不多于 3 处。

（3）活柱和活塞杆无严重变形,用 500 mm 平板钢尺靠严,其间隙不大于 1 mm。

（4）伸缩不漏液,内腔不窜油。

（5）双伸缩立柱的活柱动作正确。

（6）推拉千斤顶与挡煤板，防倒千斤顶与座连接可靠。

3. 阀

（1）密封性能良好，不窜液，不漏油，动作灵活可靠。

（2）截止阀、过滤器齐全，性能良好。

（3）安全阀定期抽查试验，开启压力不小于 $0.9P_h$（P_h 额定工作压力），不大于 $1.1P_h$；关闭压力不小于 $0.85P_h$。

4. 胶管

（1）排列整齐不漏液，连接正确不受挤压。

（2）接头可靠，U 型销完整无缺，不得用铁丝代替 U 型销。

5. 记录资料

支架有编号，有检查、检修记录，填写及时，数据准确。

6. 设备环境

架内无杂物，浮矸不埋压管路和液压件。

三、液压支架的维护和管理

（1）维护内容：包括日常维护保养和拆检维修，维护的重点是液压系统。日常维护保养做到：一经常、二齐全、三无漏堵。"一经常"即维护保养坚持经常；"二齐全"即连接件齐全、液压元部件齐全；"三无漏堵"即阀类无漏堵、立柱千斤顶无漏堵、管路无漏堵。液压件维修的原则是：井下更换、井上拆检。

（2）维修前做到：一清楚、二准备。"一清楚"即维护项目和重点要清楚；"二准备"即准备好工具尤其是专用工具，准备好备用配件。维护时做到：了解核实无误、分析准确、处理果断、不留后患。"了解核实无误"即了解出故障的前因后果并加以核实无误；"分析准确"即分析故障部位及原因要准确；"处理果断"即判明故障后要果断处理，该更换的即更换，需拆检的即上井检修；"不留后患"即树立高度责任感和事业心，排除故障不马虎、不留后患，设备不"带病运转"。

（3）坚持维修检修制度：做到班随查、日小检、周（旬）中检，月大检。"班随检"即生产班维修工跟班随检,着重维护保养和一般故障处理;"日小检"即检修班维护检修可能发生故障部位和零部件,基本保证 3 个生产班不出大的故障;"周(旬)中检"即在班检、日检的基础上进行周(旬)末的全面维修检修,对磨损、变形较大和漏堵零部件进行"强迫"更换,一般在 6 小时内完成,必要时可增加 1～2 小时;"月大检"即在周(旬)检基础上每月进行一次全面检修,统计出设备完好率,总结出故障规律,采取预防措施,一般在 12 小时内完成,必要时可延长至一天,列入矿检修计划执行。

(4) 维护工要做到:一不准、二安全、三配合、四坚持。"一不准"即井下不准随意调整安全阀压力;"二安全"即维护中要保证人和设备安全;"三配合"即生产班配合操作工维护保养好支架、检修班配合生产班保证生产班无大故障、检修时与其他工种互相配合共同完成检修班任务;"四坚持"即坚持正规循环和检修制度、坚持事故分析制度、坚持检修日志并填写有关表格、坚持技术学习提高业务水平。

液压支架井下检修应按照技术操作规程内容去做:

1. 一般规定

(1) 检修人员必须具备一定的钳工基本操作及液压基础知识,经过技术培训并考试合格后,方可上岗。

(2) 检修人员必须熟知液压支架的结构、性能及完好标准。

(3) 综采工作面所有支架要编号管理,要分架建立检修档案。

(4) 大的零部件检修时,要制定专项检修计划和安全技术措施并贯彻落实到人。保证检修时间,准备好备件和物料。

(5) 当检修地点 20 m 内风流中的瓦斯浓度达到 1.5％时,不得进行电气设备检修,切断电源。

2. 检修前的准备

(1) 检修人员入井前,要向有关人员了解支架运转情况。

(2) 准备好足够的备件、材料及检修工具;凡需专用工具拆装的部件必须使用工具。

（3）检修负责人应向检修人员讲清检修内容、人员分工及安全注意事项。

（4）检修支架顶部的部件时，应搭好牢固的工作台。

3. 检修操作

（1）检修时，各工种要密切配合；必要时采煤机和刮板输送机要停电、闭锁、挂停电牌，以防发生意外。

（2）支架液压系统的各种阀、液压缸一般不在井下拆卸和调整，不允许随意更换液压系统的管路连接件，若阀或液压缸有故障时，要由专人负责用质量合格的同型号阀或液压缸进行整体更换。

（3）在拆卸或更换安全阀、测压阀及高压软管时，应在各有关液压缸卸载后进行。

（4）在更换管、阀、缸体、销轴等需要支架承载件卸载时，必须对该部件采取防降落、冒顶、片帮的安全措施。

（5）向工作地点运送的各种软管、阀、液压缸等液压部件的管路连接部分，都必须用专用堵头堵塞，只允许在使用地点打开。

（6）液压件装配时，必须用乳化液冲洗干净，并注意有关零部件相互配合的密封面，防止因碰伤或损坏而影响使用。

（7）处理单架故障时，要关闭本架的平面截止阀。处理总管路故障时，要停开泵站，不允许带压作业。

（8）组装密封件时，应注意检查密封圈唇口是否完好，加工件上有无锐角或毛刺，并注意密封圈与挡圈的安装方向必须正确。

（9）管路快速接头使用的 U 形卡的规格必须正确、质量必须合格，严禁单孔使用或用其他物件代替。

4. 收尾工作

（1）检修工作完毕后，必须将液压支架认真动作几次，确认无问题后方可使用。

（2）检修时卸载的立柱、千斤顶要重新承载。

（3）检修完工后，各液压操作手把要打到零位。

（4）认真清点工具及剩余的材料、备件，并做好检修记录。

5. 维护检查

液压支架的维护检查是保证液压支架生产连续进行的关键措施。液压支架的维护检查包括 3 项内容：日检、旬检、月检。

（1）日检

① 检查各连接销、轴是否齐全，有无损坏，发现严重变形或丢失的应及时更换或补齐。

② 检查液压系统有无漏液、窜液现象，有漏液的地方应处理或更换部件。

③ 检查各运动部分是否灵活，有无卡阻现象，有应及时处理。

④ 检查所有软管有无卡阻、堵塞、压埋和损坏，有要及时处理或更换。

⑤ 检查立柱和前梁有无下降现象，有应寻找原因并及时处理。

⑥ 检查立柱和千斤顶，如有弯曲变形和严重擦伤要及时处理，影响伸缩时要更换。

⑦ 当支架动作缓慢时，应检查其原因，及时更换堵塞的过滤器。

⑧ 认真如实填写检修记录。

（2）旬检

① 包括日检全部内容。

② 检查顶梁与前梁的连接销轴及耳座，如发现有裂缝或损坏，应及时更换。

③ 检查顶梁与掩护梁、掩护梁与前后连杆的焊缝是否有裂缝，如有及时更换。

④ 检查各受力构件是否有严重的塑性变形及局部损坏，如发现要及时更换。

⑤ 检查阀件的连接螺钉,如松动应及时拧紧。

⑥ 检查立柱复位橡胶盒的紧固螺栓,如松动应及时拧紧。

⑦ 认真如实填写检修记录。

（3）月检

① 包括日检、旬检全部内容。

② 按照支架的完好标准逐架进行检修。

③ 对安全阀要轮流进行性能试验。

④ 更换被损坏和变形严重的护帮板、伸缩外梁、侧护板。

⑤ 更换由于窜漏液而达不到初撑力的立柱、推移千斤顶和碰伤严重变形、镀铬层脱落的支柱、推移千斤顶。

⑥ 更换变形、开焊、损坏的推拉杆。

⑦ 认真如实填写检修记录。

6. 维护和检修注意事项

（1）支架在工作面进行部件拆装更换时,应注意顶板冒落,做好人身和设备的防护工作。更换立柱、前梁千斤顶、各种控制阀等元件时,要先用临时支柱撑住顶梁后再进行。

（2）支架上的液压部件及管路系统在有压力的情况下,不得进行修理与更换,必须在关闭平面截止阀或在停止高压泵乳化液泵站,使管路压力卸载后方可进行修理与更换。拆卸时严防污物进入。

（3）拔出后的高压管接头应朝向地面,不得指向人员。

（4）支架拆装和检修过程中,必须使用合适的工具,禁止乱打乱敲,尤其是各种液压缸的活塞杆表面、导向套、各种阀件的阀芯与密封面、管接头以及连接螺纹等,防止损伤,避免增加检修困难。对拆装的液压元件的零部件要标上记号及量取必要的尺寸,并分别放在适当的地方。拆下的小零件,如垫圈、开口销及密封件等,应装入工具袋内,防止丢失。

（5）支架上使用的各种液压缸和阀件等液压元件,一般不允许在井下拆装,如果发现问题不能继续使用时,原则上整件更换,送井上进行修理。各种液压缸在井下拆装、搬运过程中,应先收缩至最低位置,并将缸体内液体放出,以便在搬运过程中损伤活塞杆表面。

(6) 备换的各种软管、立柱、千斤顶与各种阀件的进出液口,必须用合适的堵头保护,并在存放与搬运过程中注意堵头脱落。

(7) 支架检修后应做好检修记录,包括检修内容、材料和备件消耗、所需工时,质量检查情况和参加人员等,以便积累资料,分析情况,为以后维修创造条件。检修后的支架还应进行整架动作性能试验。

(8) 支架的存放与配件贮存要有计划,设专人负责保管,加强防尘、防锈和防冻措施,支架和配件的存放应尽量放在库房内,对存放在地面露天的待检修或暂不下井的支架,应集中在固定地方保管,并将支架各液压缸、阀件内的乳化液全部放掉,必要时注入防冻液,以防冬季时液压元件冻裂。

(9) 软管在贮存时应盘卷或平直捆扎,盘卷弯曲半径不得小于 $200 \sim 500$ mm,橡胶件和尼龙件应避免阳光直射、雨雪浸淋,存放温度应保持在 $-15 \sim +40$ ℃,存放相对湿度应在 $50\% \sim 80\%$ 之间,严禁与酸碱油类及有机容剂等物质接触,并远离发热装置 1 m以外。

7. 液压支架的安全运行

(1) 支架前移时,应清除掉入架内、架前的浮煤和碎矸,以免影响移架。遇到底板出现台阶时,应积极采取措施,使台阶的坡度减缓。若底板松软,支架底座下陷到刮板输送机中部槽以下时,要用木楔垫好底座,或用抬架机构调正底座。

(2) 移架过程中,为避免空顶面积过大造成顶板冒落,相邻支架不能同时移架。但是当支架移动速度跟不上采煤机前进的速度时,可根据顶板情况与生产情况,在设备运转的条件下,进行隔架或分段移架。但分段不宜过多,因为同时动作的支架数过多会造成泵站压力过低而影响支架的动作质量。

(3) 移架时要注意清理顶梁上面的浮煤和矸石,保证支架顶梁与顶板有良好的接触,保持支架的实际支撑能力,有利于顶板控制。发现支架受力不好或歪斜现象,应及时处理。

(4) 移架完毕,支架重新支撑顶板时,要注意梁端距是否符合要求。如果梁端距太小采煤机滚筒割煤时很容易切割前梁;如果梁端距过大,不能有效地控制顶板,尤其是顶板比较破碎时,顶板控制更难。

(5) 操作液压支架手把时,不要突然打开和关闭,以防液压冲击损坏系统元件或降低系统元件的使用寿命。要定期检查各安全阀的动作压力是否准确,保证支架有充分的支撑力。

(6) 支架正常支撑顶板时,若顶板出现冒落空洞,使支架失去支护能力,则需及时把顶板塞实,使支架顶梁能较好地支撑顶板。

(7) 使用的乳化液浓度应达到 $3\% \sim 5\%$,支架液压系统中,必须设有过滤装置。过滤器应根据工作面条件,定期进行更换和清洗,以免脏物堆积造成阻塞,尤其在液压支架运行初期,更应注意经常更换与清洗过滤器。

(8) 液压支架进行液压系统故障处理时,应先关进回液断路阀,切断本架液压系统与主回路之间的连接通路。然后将系统中的高压液体释放,再进行故障处理。故障处理完后,再将断路阀打开,恢复供液。如果主管路发生故障需要处理时,必须与泵站司机取得联系,停泵后方可进行处理。

(9) 液压支架使用过程中,要随时注意采高的变化,防止支架被"压死"或超高使用。

(10) 工作面过断层或出现夹矸需要爆破时,要加强对支架的油缸、阀组、照明以及管路的保护。

第三节 刮板输送机

一、地面的安装与试运转

输送机在未下井之前，为了检查其机电性能及配套的合理性，同时使安装维修人员熟悉和掌握有关操作技术和性能，应在地面进行安装和试运转。

1. 安装前的准备工作

（1）参加安装试运行的工作人员，应熟悉该输送机的结构，工作原理、操作程序和注意事项。

（2）对所有零部件、附属件、备件及专用工具等，均逐项进行检查，应完整无损。

（3）对所有零部件进行外观质量、几何形状检查，如有碰伤、变形、锈蚀，应进行修复和除锈。

（4）实施安装工作面的场所应平坦、开阔，有利于搬运，方便安装操作。

（5）准备好安装工具及润滑油脂。

（6）配备统一的工作指挥人员。

2. 地面安装程序及注意事项

（1）参与安装人员应始终遵守安全操作规程，严防事故发生。

（2）将安装用的所有零部件运至安装地点，按预定安装位置排放整齐。

（3）先将机头架主体即机头和机头垫架安装固定在一起，然后依次将连接板、油箱的油管、动力部连接起来。

（4）将链条从机头架下链道穿过，注意链条不能互相缠绕或拧劲，圆环链焊口方向背离中板。

（5）将链条穿过机头过渡槽，使过渡槽与机头架对接，并安装相应的哑铃销。

（6）按类似的方法直至将中段、机尾安装完，其间链条用连接环将链条连接，以达到足够的长度。

（7）将链条分别绕过机头、机尾链轮并在上链道将其连接，并保持较松的状态。

（8）按要求的刮板距将上链道刮板、E 型螺栓、防松螺母安装好。

（9）将下链导到上链道并安装刮板。

（10）按设备总图将其余各零部件安装齐全。

（11）上述安装用螺栓均需在螺纹部位涂以少量润滑脂，以便拆卸。

（12）清除链道处的杂物，并检查各部分的连接件、紧固件是否紧固、可靠。

（13）按机头部分紧链方式说明进行紧链。

二、刮板输送机的完好标准

1. 整机

（1）所有螺栓、螺帽及其他连接零件齐全、完整、紧固可靠；

（2）轴无裂纹、损伤或锈蚀，运行时无异常振动；

（3）轴承润滑良好，不漏油，转动灵活，无异响。滑动轴承温度不超过 65 ℃，滚动轴承温度不超过 75 ℃；

（4）齿轮无断齿，齿面无裂纹或剥落，硬齿面齿轮磨损不超过硬化层的 80%；软齿面齿轮的磨损不超过原齿厚的 15%；

（5）减速箱体无裂纹或变形，接合面配合紧密，不漏油。运行平稳无异响，油脂清洁，油量合适；

（6）液力耦合器的外壳及泵轮无变形、损伤或裂纹，运转无异常响声。易熔合金塞完整，安装位置正确，不得用其他材料代替；

（7）电动机开关箱、电控设备、接地装置、电缆、电器及配线符合《煤矿矿井机电设备完好标准》的规定。

2. 机头、机尾

(1)架体无严重变形,无开焊,运转平稳;

(2)链轮无损伤,链轮承托水平圆环链的平面最大磨损:节距小于等于 64 mm 时不大于 6 mm,节距大于等于 86 mm 时不大于 8 mm;

(3)分链器、压链器、护板完整紧固,无变形,运转时无卡碰现象。护轴板磨损不大于原厚度的 20%,压链器厚度磨损不大于 10 mm;

(4)紧链机构部件齐全完整,无变形。

3. 溜槽

溜槽及连接件无开焊断裂,对角变形不大于 6 mm;中板和底板无漏洞。

4. 链条

(1)链条组装合格,运转中刮板不跑斜(跑斜不超过一个链环长度为合格),松紧合适,链条正反方向运行无卡阻现象;

(2)刮板弯曲变形数不超过总数的 3%,缺少数不超过总数的 2%,并不得连续出现;

(3)刮板弯曲变形不大于 15 mm,中双链和中单链刮板平面磨损不大于 5 mm,长度磨损不大于 15 mm;

(4)圆环链伸长变形不得超过设计长度的 3%。

5. 机身附件

(1)铲煤板、挡煤板、齿条、电缆槽无严重变形,无开焊,不缺连接螺栓,固定可靠;

(2)铲煤板滑道磨损:有链牵引不大于 15 mm,无链牵引不大于 10 mm;

(3)导向管接口不得磨透,不缺销子。

6. 信号装置

工作面和顺槽刮板输送机,应沿输送机安设有发出停止或开动信号的装置,信号点设置间距不超过 12 m。

7. 安装铺设

（1）两台输送机搭接运输时,搭接长度不小于 500 mm;机头最低点与机尾最高点的间距不小于 300 mm;

（2）刮板输送机与带式输送机搭接运输时,搭接长度和机头、机尾高度差均不大于 500 mm。

8. 记录资料与设备环境

（1）应备有交接班记录,运转记录,检查、修理、试验记录,事故记录;

（2）设备清洁,附近无积水、无积煤(矸)、无杂物,巷道支护无缺梁断柱。

三、刮板输送机的使用

输送机投入使用后,应注意以下几点,并形成制度。

（1）开机顺序应为:皮带机、破碎机、转载机、输送机、采煤机。停机时可按此相反的顺序进行。

（2）输送机停机前,应先空转几个循环,尽可能将输送机上的存煤运出,以利检修和下次再起动。

（3）输送机推移应逐架缓慢进行,兼顾前后左右,严禁冲击和隔架推移。

（4）拉架时应使邻架推移千斤顶推出至完全顶牢,被拉架卸载后,再缓慢拉进。

（5）禁止在机头传动部,机尾附近进行爆破作业,否则必须采取保护措施。

（6）禁止在输送机上运送其他物料,特别是杆状物料,以免造成事故。

（7）不允许有超槽宽的煤块进入输送机。

（8）煤流应尽量均匀,避免超载运行。

四、刮板输送机的日常维护

1. 每班检查

（1）检查刮板链、接链环有无损坏，任何弯曲的刮板都必须立即更换。

（2）检查链轮轴组运转是否正常、是否漏油。

（3）清除机头、机尾、减速器及连接罩上杂物，以利于散热。

（4）检查机尾是否有过多的回煤，必要时应找出原因。

2. 每日检查

（1）重复每班检查项目。

（2）刮板链张紧是否合适，两条链松紧是否一致。

（3）链轮有无损坏。

（4）拨链器是否正常，不能有歪斜、卡链现象。

3. 每周检查

（1）重复每日检查项目。

（2）检查传动部是否安全可靠、有无损坏；检查各紧固件，松动的要拧紧，损坏的要更换。

4. 每月检查

（1）重复每周检查项目。

（2）取一段链条进行检查，若伸长量达到或超过原始长度的2.5%，则换新链条。标准链环节距为(108±1.0) mm。

5. 每季检查

重复每月检查项目。

6. 每半年检查

（1）将减速器油全部放出，清洗内部并更换新油。

（2）任何时候减速器和链轮轴组不能在井下拆开维修，如情况紧急必须井下拆开维修时，必须有防尘、防异物等防护措施，以保证完全使用。

五、输送机的润滑

输送机的减速器在发货时已将油放出,试车运转时必须按规定加油,对减速器油面检查必须在刮板机静止和油冷却状态时进行,各润滑及要求见表 6-4。

表 6-4　　　　　　　刮板输送机各部分润滑表

项目	加油规范	润滑油牌号	注油量	加油周期
链轮轴组	将油箱加油孔周围清理干净打开盖加油	N320 中负荷齿轮油	注满为止	每周一次
减速器油池	将视孔顶盖周围擦净	N320 中负荷齿轮油	注到油位螺塞漏油为止	第一次使用时,须全面检查注油,运行 200 h 后将油全部放出,换新油,以后每运转 1 000 h 换一次,每周检查一次,不足时加油
减速器与链轮轴配合花键	拆下链轮轴组	锂基润滑脂	沿齿高方向涂抹一周	半年一次

六、刮板输送机的安全使用

(1)采煤工作面刮板输送机必须安装能发出停止和启动信号的装置,发出信号的装置间距不得超过 15 m。

(2)刮板输送机的液力耦合器必须按所传递的功率大小注入规定的难燃液,并经常检查有无泄漏,易熔合金塞必须符合标准。

(3)刮板输送机严禁乘人,运送物料时,必须有防止顶人和顶倒支架的安全措施,尽量避免所运输的物料的从采煤机下面通过,如无法避免时应在采煤机处设专人看护并应慢速点动通过。

(4)移动刮板输送机的液压装置必须完整可靠。移动刮板输送机时,必须有防止冒顶、顶伤人员和损坏设备的安全措施。

第四节　桥式转载机与破碎机

一、转载机

1. 转载机的试运转

（1）试运转前应检查：

① 检查电器信号装置、通讯、照明工作是否正常。

② 检查减速器是否正常，各润滑部位是否都经过充分润滑。

③ 检查转载机上是否有遗漏的金属物品、工具等。

（2）试运转时应注意：

① 检查电气控制系统的运转是否正确。

② 检查减速器有无渗漏现象，是否有异常声响及过热现象。

③ 检查刮板链运行情况，有无卡链现象，刮板链过链轮是否啮合正常。刮板链松紧程度是否合适，刮板是否装反。螺栓是否松动。

④ 检查所配破碎机的电气系统的协调性能。

2. 转载机的运转

（1）转载机的减速器及电动机等传动装置应保持清洁，以防止过热，否则会引起轴承、齿轮、电动机等零部件的损坏。

（2）链条须有适当的预紧力，一般以机头链轮下面的链环松弛量为两个链环为适宜。

（3）转载机应避免空负荷运转，以减少磨损，无特殊情况不要反转。

（4）按规定部位、油种、时间进行加油润滑。

3. 桥式转载机的完好标准

（1）机头、机尾、过渡槽、过桥架无开焊，机架两侧的对中板的垂直度允差不得大于 2 mm，机架上安装传动装置的定位面、定位孔符合技术文件的要求。

（2）机头架、机尾架与过渡槽的连接要严密,上下左右交错不得大于 3 mm。

（3）压链器连接牢固,磨损不得超过 6 mm,超过时,可用电焊或热喷涂方法修复。

（4）整体链轮组件、盲轴安装符合技术文件的要求,采用分体链轮结构时,半滚筒、半链轮组合间隙应符合设计要求,一般在 1～3 mm范围内。

（5）机头轴、机尾轴转动灵活,不得有卡碰现象。

（6）减速器按规定注入润滑油。液力耦合器作耐压试验并注入规定品种和体积的介质。减速器、链轮组件无渗漏现象,冷却、润滑装置齐全、完好,无渗漏现象。

（7）链轮齿面应无裂纹或严重磨损,链轮承托水平圆环链的平面的最大磨损:节距小于等于 22 mm 时,不得超过 5 mm;节距大于等于 22 mm 时,不得超过 6 mm(可用水平圆环链置于链轮上,检查圆环链上表面与轮毂的距离)。

（8）链轮不得有轴向窜动,双边链链轮与机架两侧间隙应符合设计要求,一般不大于 5 mm。

（9）护板、分链器无变形,运转时无卡碰现象,抱轴板不得有裂纹,最大磨损不得超过原厚度的 20%。防护罩无裂纹,无变形,连接牢靠。

（10）刮板弯曲变形不得大于 5 mm,中双链、中单链刮板长度磨损不得大于 10 mm。

（11）圆环链伸长变形不得超过设计长度的 2%,链环直径磨损不得大于 1～2 mm。

（12）组装旧链条时,应把磨损程度相同的链条组装在一起,以保证链条的长度一致。刮板和链条连接用的螺栓、螺母必须型号、规格一致。

（13）溜槽平面变形不得大于 4 mm。焊缝不得开焊,中板和底板磨损不得大于设计厚度的 30%(局部不超过 50%)。溜槽和过渡槽的连接,上下错口不得超过 2 mm,左右错口不得超过 4 mm。溜槽连接件不得开焊、断裂。连接孔磨损不大于原设计的 10%。溜槽槽帮上下边缘宽度磨损不得大于 5 mm。溜槽的封底板不得有明显变形。特殊槽(变线槽、抬高槽、连接槽)无明显变形,过渡顺畅。挡煤板无开焊,无明显变形。电缆槽无开焊,其变形量不得超过原槽宽的 ±5%,局部不出现棱角和弯曲。

4. 桥式转载机的检修标准

(1) 班检

① 目测检查溜槽、拨链器、护板等有无损坏,检查挡板的连接螺栓,如有松动必须拧紧,如有折断必须更换,保证连接可靠。

② 目测检查刮板链、刮板、接链环是否损坏,任何弯曲的刮板都必须更换。

③ 目测检查电动机供电电缆有无损坏,检查连接罩内部及通风格有无异物,如有异物要及时清理,保持良好的通风。

④ 检查接地保护是否可靠。

(2) 日检

① 重复班检内容。

② 参照说明书检查减速器。

③ 运行时目测检查刮板链张力,如果机头下面链条下垂超过 2 个环,必须重新张紧刮板链。

④ 检查刮板链是否能顺利通过链轮,拨链器的功能是否良好。

⑤ 检查链轮轴组是否过热。

⑥ 目测检查减速器有无漏油现象。

(3) 周检

① 重复日检内容。

② 检查传动装置是否安全,有无损坏,检查各紧固件,松动的

要及时拧紧。

③ 检查链轮轴组内的润滑油是否充足,有无漏油。

④ 检查联轴器的充液量是否充足,不足时应及时补充。

(4) 月检

① 重复周检内容。

② 检查两条刮板链的伸长量是否一致,如果伸长量达到或超过原始长度的 2.5%时,则需要更换时要成对更换。

5. 桥式转载机的润滑

输送机的减速器在发货时已将油放出,试车运转时必须按规定加油,对减速器油面检查必须在转载机静止和油、水冷却状态时进行,各润滑及要求见表 6-5。

表 6-5　　　　　　　　　桥式转载机的润滑

项目	加油规范	润滑油牌号	注油量	加油周期
链轮轴组	将油箱加油孔周围清理干净打开盖加油	N320 极压齿轮油	注满为止	每周一次
减速器油池	打开观察孔盖加油,重新装上加油孔盖,严禁将不同型号油混入	N320 极压齿轮油	从减速器油位孔流出为止(减速器处于水平位置)	第一次使用时,须全面检查注油,运行 200 h 后将油全部放出,换新油,以后每运转半年换一次,每周检查一次,不足时加油
减速器与链轮轴配合花键	拆下链轮轴组	锂基润滑脂	沿齿高方向涂抹一周	每次拆装时涂抹锂基润滑脂
减速器第一轴	注油嘴周围清理干净,用油枪加油	ZL-3 锂基润滑脂	适量	同减速器

6. 桥式转载机的安全运行

（1）转载机的转动部分要安装防护罩。机尾必须设置保护盖板。

（2）移动转载机时，信号要明确，要有防止挤伤人员或损坏支柱的措施。

（3）人员跨越转载机时，必须在停机时进行。

（4）在启动转载机前必须先启动破碎机，停止转载后再停止破碎机。

（5）如果破碎机安装在转载机机尾处，必须加保护栅栏，防止人员进入。在破碎机后方 3～5 m 内，转载机溜槽上方要用金属网做成护罩，以防止人员意外掉进转载机溜槽或被拉到破碎机机下面发生意外。

二、破碎机

破碎机是架设于平巷转载机上用来破碎硬煤和大块矸石的一种设备。其作用为防止硬煤和大块矸石砸坏、砸扁带式输送机，保证可伸缩带式输送机的正常运行。

目前，我国煤矿广泛使用的破碎机主要有锤式破碎机、颚式破碎机和轮式破碎机 3 种。

1. 破碎机的运转

（1）试运转

① 各部连接件不应有松动现象。

② 三角皮带应保持有足够的张力。

③ 扳动锤轴部件旋转，转动应灵活。

④ 刮板链通过溜槽部分时，应无卡阻现象。

（2）空载运转

空载运转 2 h，应无不正常噪声，轴承处温升不得超过室温 30 ℃，转动灵活，油封处无渗漏现象。

（3）负载运转

把破碎机安装在转载机上,同转载机一起进行试运转。

2. 破碎机的使用

(1)破碎机必须在无负载的条件下启动,首先启动破碎机,然后启动转载机。

(2)在破碎机使用的第一周,皮带张力应每日检查,以后每星期检查两次。

(3)每天检查各部楔块(压紧装置)的压紧情况,在工作时绝不允许有松动现象;每天还应检查锤头压紧螺栓与防松垫的松紧情况。

(4)每周应检查一次摩擦离合器的松紧情况。

(5)定期检查轴承温度,不允许轴承在高于 120 ℃的情况下工作。在温度高于 80 ℃时需要检查轴承径向游隙,若超过规定游隙值 10%～17%时,就需要通过调整螺母来调整轴承游隙,使其获得正确数值。

3. 破碎机的使用注意事项

(1)锤式破碎机在运行时,任何人不得站在入料口或出料口旁,不得横跨或越过锤式破碎机,以免出现人员伤亡事故。

(2)锤式破碎机在运行中,人员不要靠近锤轴及皮带轮,否则可能导致人员伤亡。

(3)除了破碎煤炭和少量矸石外,锤式破碎机不得携运和破碎任何其他物品,否则将造成设备损坏及人员的严重伤亡。

(4)锤式破碎机为电动运行,在进行任何维护工作时,要确定已切断电源。所谓切断,意思是维护人员停电、闭锁、挂牌,并有专人看守或从开关处将电缆拆下,否则将可能导致人身伤害和设备损坏。

(5)泵运转时,不要拆卸液压零部件,当需要拆卸或更换液压零部件时,要确定压力已被隔离,液体被排回乳化液箱或大气中,否则将导致人身伤害或其他危害。

（6）确保传动装置、连接罩、皮带轮保护罩、皮带保护罩和电动机上无煤、岩石和其他杂物，否则可能由于设备过热点燃煤和其他可燃性材料，同时还可能导致设备故障和煤堆积成自燃源的潜在危险。

4. 破碎机的维护保养

（1）链道受链条的长期摩擦而过多磨损时，可以堆焊高锰耐磨合金补修。

（2）如果摩擦离合器由于早期摩擦面过于光滑或者经常打滑以及使用后期摩擦块磨损过多而不能可靠传递所需的扭矩时，则应重新调整。离合器长时间不转动或者工作中不打滑（部分原因是潮湿）时，可对摩擦面采用必要的改变摩擦系数的处理。在这种场合下，当摩擦面清理干净后，摩擦力矩应予检验。离合器左右块与压紧螺栓之间应轻微加油，但必须确保各工作面上不能有润滑脂。

（3）对锤头要至少每星期检查一次或多次，视被破碎煤块的硬度而定。当磨损达到极限时，锤头必须更换，或者堆焊耐磨材料修复后再使用。在装新锤头时，新锤头与锤体的接触面必须清理干净。

（4）定期检查电气系统的绝缘及接头的连接情况。

（5）定期检查电缆的绝缘情况，若有破漏处必须更换，以免发生故障。

（6）操作与检修应在安全的前提下进行。

5. 破碎机的安全运行

（1）破碎机应在无负载条件下启动。首先启动胶带输送机，再启动破碎机，然后启动桥式转载机和刮板输送机，停车顺序与启动顺序相反。

（2）严禁操作人员和其他人员靠近正在工作的破碎机，防止转动部分及飞溅的煤、矸石击伤人员。

（3）破碎机前后应挂挡帘，防止破碎的煤、矸石飞出伤人。

（4）当破碎机被大块矸石或其他杂物卡住时，严禁用手或其他工具去搬撬，一定要先停机，再处理。

第五节　带式输送机

可伸缩带式输送机是以无极挠性输送带载运货物的连续运输机械，可根据工作面位置变化调整自身长度，是用于综采工作面运输巷运输的专用设备。由刮板输送机运来的煤，经桥式转载机卸载装到可伸缩带式输送机上，由它把煤从工作面运输巷运到上下山或装车站的煤仓中，或直接运到选煤厂。

一、开车前应检查的项目与要求

（1）各部位螺栓齐全、紧固。

（2）清扫器齐全，清扫器与输送带的距离不大于 2～3 mm，接触长度应在 85％以上。

（3）机架连接牢固可靠，机头、机尾固定牢固。

（4）托辊齐全，并与带式输送机中心线垂直。

（5）输送带张紧力合适（不得打滑、不得超过出厂规定）。

（6）输送带接头平直、合格。

（7）油位、油质和油封符合规定。

（8）通信、信号系统可靠、无故障。

（9）各种保护装置齐全、灵敏、可靠。

二、安全运行

（1）启动前必须与机头、机尾及各装载点取得信号联系，待收到正确信号且所有人员离开转动部位后方可开机。

（2）注意输送带是否跑偏，各部温度、声音是否正常。

（3）保证所有托辊转动灵活，机头、机尾无积煤、浮煤。操作人员离开岗位时要切断电源并闭锁。

（4）停机前,应将输送带上的煤拉空。

三、采用滚筒驱动带式输送机运输时应遵守的规定

（1）必须使用阻燃输送带。带式输送机托辊的非金属材料零部件和包胶滚筒的胶料,其阻燃性和抗静电性必须符合有关规定。

（2）巷道内应有充分照明。

（3）必须装设驱动滚筒防滑保护、堆煤保护和防跑偏装置。应装设温度保护、烟雾保护和自动洒水装置。

（4）在机头和机尾必须装设防止人员与驱动滚筒和导向滚筒相接触的防护栏。

（5）倾斜井巷中使用的带式输送机,上运时,必须同时装设防逆转装置和制动装置;下运时,必须装设制动装置。

（6）液力耦合器严禁使用可燃性传动介质（调速型液力耦合器不受此限制）。

（7）带式输送机巷道中行人跨越带式输送机处应设过桥。

（8）带式输送机应加设软启动装置,下运带式输送机应加设软制动装置。

四、对带式输送机安全防护装置的规定

（1）在一切容易碰到的裸露电气设备和设备外露的转动部分以及可能危及人身安全的部位或场所,都应设置防护栏。

（2）经常有人横越带式输送机的地点,应设有过桥,过桥应有扶手、栏杆。

（3）机房硐室应备有必要的消防器材。硐室内必须配备不少于 $0.2\ \mathrm{m}^3$ 的沙箱和两个以上合格的灭火器。

（4）使用带式输送机液力耦合器的巷道应备有灭火器材,其数量、规格和存放地点应在矿井灾害预防和处理计划中确定。

（5）严禁用带式输送机运送爆破材料。

五、对带式输送机制动装置的规定

（1）制动装置各传动杆件灵活可靠,各销轴不松旷、不缺油。

闸轮表面无油迹,液压系统不漏油。

（2）松闸状态下,闸瓦间隙不大于 2 mm。制动时间瓦与闸轮紧密接触,有效接触面积不得小于 60%。

六、胶带输送机的维护与定期检查

1. 日检

（1）检查通过传动装置的胶带运行是否正常,有无卡磨、偏斜等不正常现象。

（2）检查减速器、联轴节、电动机及所有滚筒轴承的温度是否正常。

（3）检查胶带清扫器是否正确地接触胶带。

（4）滚筒刮煤板作正确调整,停车时能除去所聚集的煤粉。

（5）检查减速器是否漏油。

（6）检查游动小车是否能在轨道上自由运动,停车清除粘在结构物上的所有煤泥。

（7）检查胶带空载张力是否正确,否则要调整。

（8）检查所有滚筒的油封及轴承磨损程度。

2. 周检

执行日检项目,另外附加有:

（1）检查减速器的油位,若需要时可充加规定等级的油。

（2）检查张紧绞车动作是否灵活,钢丝绳是否磨损,是否都在滑轮的位置上。

（3）检查滑轮转动是否灵活,并清除脏物,重新调整空带运转张力。

（4）检查和清理皮带机的轨道。

3. 月检

执行日检、周检项目,另附加检查张紧绞车钢丝绳的滑轮的润滑情况,检查钢丝绳的磨损和损坏情况,以及是否有不正确扭曲。

4. 半年检查

执行日、周、月检查,另外附加:

(1)给所有滚筒、轴承加油,并清理滚筒上的污油。

(2)需要就更换或调整胶带清扫器叶板及滚筒刮煤板。

(3)检查减速器是否需要换油,并分析下次换油周期。

(4)检查耦合器摩擦块磨损情况。

七、胶带输送机的润滑

减速器出厂不带油,第一次换油在运转 150 h 后进行,其后的换油在运转 6 个月后,或更早一点,具体时间应根据具体情况而定,见表 6-6。

表 6-6 　　　　　　　　胶带输送机润滑表

润滑点	注油方式	润滑剂	初次注油量	建议注油周期
减速器	由上盖注入	22 号双曲线齿轮油	加到大伞齿轮的 1/3 处	① 转 150 h 后换油 ② 每周检查油位 ③ 每 6 个月或鉴定后需要换油时刷净换油
传动滚筒	注油嘴枪注入	钙钠基润滑脂		三个月
滚筒内轴承	用油枪从轴头注入	钙钠基润滑脂		三个月
张紧绞车减速器	注油塞注油	20 号齿轮油		十二个月
张紧绞车及卷带轴各轴承	油嘴注油	钙钠基润滑脂		六个月
钢丝绳导向轮	注油嘴注油	50 号以上机油		每个月
传动齿轮	经检查盖注油	石墨钙基润滑脂二硫化铝润滑脂		每个月检查一次需要则加油

复习思考题

1. 试述采煤机的完好标准。
2. 滚筒式采煤机的安全运行需注意哪几个方面？
3. 试述液压支架的完好标准。
4. 液压支架检修前应进行哪些准备工作？
5. 液压支架维护和检修时的注意事项有哪些？
6. 试述刮板输送机的完好标准。
7. 刮板输送机维护和检修时的注意事项有哪些？
8. 试述桥式转载机的完好标准。
9. 桥式转载机的安全运行应注意哪些事项？
10. 破碎机的使用注意事项有哪些？
11. 带式输送机的安全防护装置有哪些规定？

第三部分

中级维修钳工知识要求

第七章 基本知识

第一节 机械基础知识

一、机械图尺寸标注

在机械制图中标注尺寸是一项非常重要的工作,遗漏尺寸或标注错误都会给生产造成困难或损失。所以,标注尺寸必须认真细致,一丝不苟,严格遵守国家标准中规定的原则和标注方法。

1. 基本规则

(1)机件的真实大小应以图样上所注的尺寸数值为依据,与图形的大小和绘图的准确度无关。

(2)机械图样中的尺寸以毫米为单位,图中不需要注明该尺寸的单位名称或代号。如采用其他单位时,则必须注明该单位的名称或代号,如角度、弧度、英寸等。

(3)图样中所标注的尺寸为该机件的最后完工尺寸,否则另作说明。

(4)机件的每一个尺寸,一般在图样上只标注一次,且应标注在反映该结构最清晰的图形上。

2. 尺寸组成

一个完整的尺寸标注,由尺寸界线、尺寸线、尺寸数字组成,如图 7-1。

(1)尺寸界线

尺寸界线表示所注尺寸的范围。一般用细实线绘制,也可以

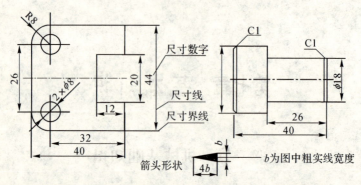

图 7-1　尺寸的组成

利用轮廓线、对称中心线作为尺寸界线。用细实线绘制时,应自图形的轮廓线、对称中心线、轴线处引出,并尽量画在图形轮廓线之外。尺寸界线与尺寸线应互相垂直,并超出尺寸线末端约 2 mm。当尺寸界线过于贴近轮廓线时,允许倾斜画出。如在光滑过渡处标注尺寸时,必须用细实线将轮廓线延长,从其交点处引出尺寸界线。

（2）尺寸线

尺寸线用细实线绘制,轮廓线、中心线或它们的延长线均不得作为尺寸线。尺寸线的两端为箭头,同一张图样上的箭头大小应尽可能一致。

尺寸线必须与其所标注的线段平行。几条互相平行的尺寸线,一般是大尺寸注在小尺寸的外面,以免尺寸线与尺寸界线相交。

（3）.尺寸数字

线性尺寸的尺寸数字应注写在尺寸线的上方或中断处。尺寸数字不可被任何图线所通过,无法避免时,可将图线断开。同一张图样上,尺寸数字的字体、大小应一致,且书写工整,不得潦草。

二、制图中机件的表达方法

在生产实践中,当机件的形状和结构比较复杂时,如果仍然用两视图或三视图的表达方法,则很难将这些机件表达清楚。为此,国家标准《技术制图》(GB/T 17451~GB/T 17453)规定了机件的各种表达方法,主要有视图、剖视图、断面图等。

(1) 基本视图

对于形状比较复杂的机件,用两个或三个视图尚不能完整、清楚地表达它们的内外形状时,则可根据国标的规定,如图7-2所示,在原有三个投影面的基础上,再增加三个投影面,组成一个正六面体,这六个投影面称为基本投影面。机件放在其中,把它向六个基本投影面作投影,所得到的六个视图称为基本视图。除了前面所介绍的主视图、俯视图、左视图外,把从右向左投影得到的视图称为右视图,从下向上投影得到的视图称为仰视图,从后向前投影得到的视图称为后视图。它们的展开方法是正立投影面保持不动,其余按图7-2(a)中箭头所指的方向旋转,使其与正立投影面共面,如图7-2(b)所示。

(2) 局部视图

当采用一定数量的基本视图后,该机件上仍有部分结构形状尚未表达清楚,而又没有必要再画出完整的基本视图时,可单独将这部分的结构形状向基本投影面投影,所得到的是一个不完整的视图,这样的视图称为局部视图。

画局部视图时,一般在局部视图的上方标出视图的名称"×",在相应视图的附近用箭头指明投影方向,并注上同样的字母,如图7-3所示。为了看图方便,局部视图应尽量放置在箭头所指的方向,并与原有视图保持投影关系。有时为了合理布图,也可把局部视图放在其他适当位置,但注意字母应相互对应。局部视图的断裂边要用波浪线画出。当所表达的局部结构是完整的,且外轮廓线又成封闭时,波浪线可以省略不画。

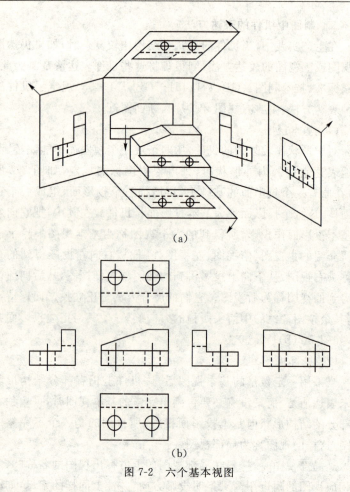

（a）

（b）

图 7-2　六个基本视图

（3）斜视图

当机件上某一部分的结构形状是倾斜的，且不平行任何基本投影面，无法在基本投影面上表达该部分的实形和标注真实尺寸时，可用变换投影面法选择一个与机件倾斜部分平行，且垂直一个基本投影面的辅助投影面，将该部分的结构形状向辅助投影面投

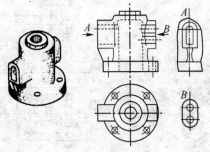

图 7-3 局部视图

影,然后将此投影面按投影方向旋转到与其垂直的基本投影面上,如图 7-4 所示。机件向不平行于基本投影面的平面投影所得的视图,称为斜视图。斜视图的配置和标注方法以及断裂边界的画法与局部视图基本相同。

图 7-4 斜视图

(4)剖视图

在机械制图中,当难以用视图表达机件的不可见部分形状,以及视图中虚线过多,影响到清晰读图和标注尺寸时,常常用剖视图来表达。

剖视是假想用剖切面(平面或柱面)把机件切开,移去观察者和剖切面之间的部分,将余下部分向投影面投影,所画的图形称为剖视图,如图 7-5 所示。

画剖视图应注意下列事项:

① 剖切平面要平行或垂直于某一个投影面,并通过机件的

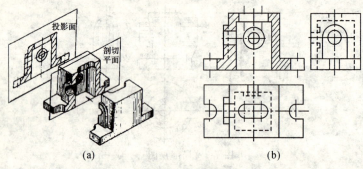

投影面

剖切平面

(a)　　　　　　　　(b)

图 7-5　剖视图

(a) 剖切过程;(b) 剖视图

孔、柱等结构的轴线,这样才能得到实形。

② 剖切平面后方看得见的轮廓线应全部画出,不能遗漏。

③ 剖视图中的虚线,一般可以省略不画。但若省去虚线后零件不能定形或当画出少量虚线后能节省一个视图时,则应画出虚线。

④ 剖视图是作图时假想把机件切开而得来的,其实并没有真正剖开。因此,一个视图画成剖视图后,其他视图不受影响,按完整的机件画出。

剖视图包括全剖视图、半剖视图、局部剖视图、阶梯剖视图、旋转剖视图、斜剖视图和复合剖视图等几种。

三、常见标准件画法

1. 螺纹

国家标准 GB/T 4459.1－1995 规定了在机械图中螺纹和螺纹紧固件的画法。

(1) 外螺纹的规定画法

螺纹牙顶所在的轮廓线(即大径),画成粗实线;螺纹牙底所在的轮廓线(即小径)画成细实线,在螺杆的倒角或倒圆部分也应画出。螺纹终止线画成粗实线。小径通常画成大径的 0.85 倍。如

图 7-6 的主视图所示。在螺杆投影为圆的视图中,表示牙底的细实线圆只画约 3/4 圈(空出约 1/4 圈的位置不作规定),此时倒角圆省略不画。

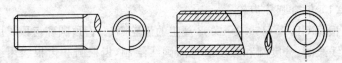

图 7-6 外螺纹的画法

(2) 内螺纹的画法

在剖视图中,螺纹牙顶所在的轮廓线(即小径)及螺纹终止线,画成粗实线;螺纹牙底所在的轮廓线画成细实线。在螺孔投影为圆的视图中,表示牙底的细实线圆只画约 3/4 圈;表示牙顶的圆画成粗实线,倒角圆也省略不画。若绘制不穿通的螺孔[图 7-7(a)]时,螺孔深度和钻孔深度均应画出,一般钻孔深度应比螺孔深度深 $0.2 \sim 0.5\,d$(d 为螺纹大径),由于钻头的刃锥角约等于 $120°$。因此,钻孔底部的锥顶角应画成 $120°$,如图 7-7 所示。

不论是内螺纹或外螺纹,在剖视或断面图中的剖面线都必须画到粗实线处。当螺纹被遮挡时,不可见螺纹的所有图线用虚线绘制,如图 7-7(b)所示。

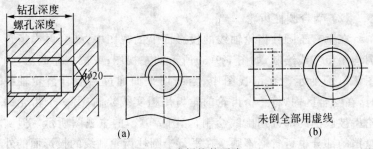

(a)　　　　　　　　　　　　　　(b)

图 7-7 内螺纹的画法

2. 齿轮

齿轮广泛应用在煤矿设备当中,齿轮种类很多,下面以常见的直齿圆柱齿轮为例来介绍齿轮的画法。

(1) 单个圆柱齿轮

根据 GB/T 4459.2－2003 规定的齿轮画法,齿顶圆和齿顶线用粗实线绘制,分度圆和分度线用点画线绘制,齿根圆和齿根线用细实线绘制(也可省略不画),如图 7-8(a)所示;在剖视图中,当剖切平面通过齿轮的轴线时,轮齿一律按不剖处理,齿根线用粗实线绘制,如图 7-8(b)所示。当需要表示斜齿与人字齿的齿线的形状时,可用三条与齿线方向一致的细实线表示,如图 7-8(c)、(d)所示。

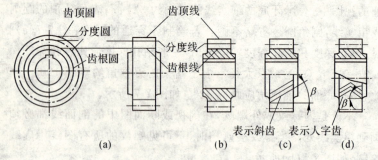

图 7-8　圆柱齿轮的规定画法

(2) 啮合圆柱齿轮

在垂直于圆柱齿轮轴线的投影面上的视图中,啮合区内齿顶圆均用粗实线绘制,如图 7-9(a)所示的左视图;或按省略画法,如图 7-9(b)所示。在剖视图中,当剖切平面通过两啮合齿轮轴线时,在啮合区内,将一个齿轮的轮齿用粗实线绘制;另一个齿轮的轮齿被遮挡的部分用虚线绘制,如图 7-9(c)的主视图所示。但被遮挡的部分也可省略不画。在平行于圆柱齿轮轴线的投影面的外形视图中,啮合区的齿顶线不需画出,节线用粗实线绘制,其他处的节线仍用点画线绘制,如图 7-9(c)、(d)所示分别为直齿,斜齿。

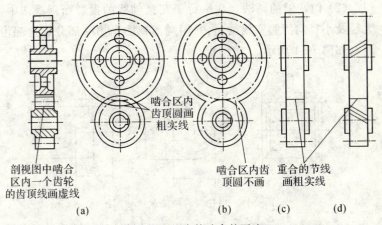

图 7-9　圆柱齿轮啮合的画法

3. 花键

花键连接具有连接可靠、承载能力大、对准中心的精度高以及沿轴向的导向性好等优点。花键的齿形有矩形、渐开线等。下面主要介绍矩形花键轴、花键孔以及连接图的画法。

（1）外花键的画法。在平行于花键轴线的投影面的视图中，大径用粗实线，小径用细实线绘制，在垂直于轴线的剖面上，画出全部齿形，或一部分齿形（注明齿数）。花键工作长度的终止端和尾部长度的末端均用细实线绘制。并与轴线垂直，尾部则画成与轴线成 30°斜线，如图 7-10 所示。

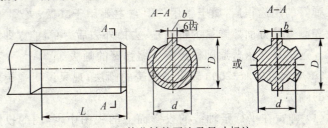

图 7-10　外花键的画法及尺寸标注

（2）内花键的画法。在平行于花键轴线的投影面剖视图中，大径及小径均用粗实线绘制，并用局部视图画出一部分或全部齿形。如图 7-11 所示。

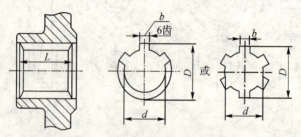

图 7-11　内花键的画法及尺寸标注

（3）花键连接的画法。花键连接用剖视图表示时，其连接部分按外花键画，如图 7-12 所示。

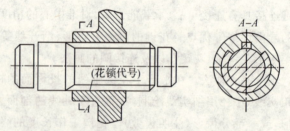

图 7-12　花键连接的画法及尺寸标注

4. 弹簧

弹簧的用途很广，属于常用件。它主要用于减振、夹紧、储存能量和测力等方面。弹簧的特点是：去掉外力后，弹簧能立即恢复原状。这里只介绍普通圆柱螺旋压缩弹簧的画法。

GB/T 4459.4－2003 规定了弹簧的画法，现只说明螺旋压缩弹簧的画法。

（1）弹簧在平行于轴线的投影面上的视图中，各圈的投影转向轮廓线画成直线，如图 7-13 所示。

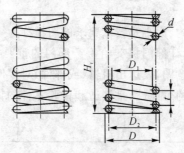

图 7-13 圆柱螺旋压缩弹簧

（2）有效圈数在四圈以上的弹簧，中间各圈可省略不画。当中间部分省略后，可适当缩短图形的长度。

（3）在装配图中，被弹簧挡住的结构一般不画出，未挡住部分应从弹簧的外轮廓线或从弹簧钢丝剖面的中心线画起，在装配图中，弹簧被剖切时，如簧丝剖面的直径，在图上等于或小于 2 mm时，剖面可以涂黑表示，也可以用示意画法，如图 7-14 所示。

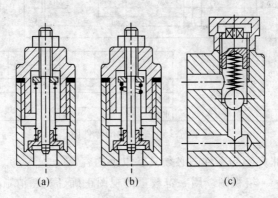

图 7-14 装配图中弹簧的规定画法

（a）簧丝剖面涂黑；（b）不画挡住部分的零件轮廓；（c）簧丝示意画法

（4）在图样上，螺旋弹簧均可画成右旋，但左旋弹簧不论画成左旋或右旋，一律要加注"左"字。

四、零件图

表达零件结构、大小及技术要求的图样称为零件工作图(简称零件图)。它是设计部门提交给生产部门的重要技术文件。它要反映出设计者的意图,表达出机器(或部件)对零件的要求,同时要考虑到结构制造的可能性,是制造和检验零件的依据。图 7-15 即为一张零件图。

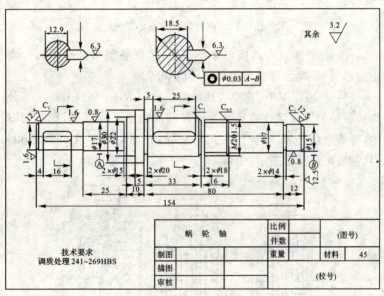

图 7-15　蜗轮轴的零件图

一张完整的零件图必须具备以下内容:

(1)一组视图。用一定数量的视图正确、完整、清晰和简便地表达出零件的结构形状。图 7-15 蜗轮轴零件图,采用了主视图和两处移出断面。

(2)全部尺寸。完整、正确、清晰与合理地标注出制造和检验该零件所需的尺寸。

（3）技术要求。用代号、数字和文字注写出在制造及检验该零件时，应该达到的质量要求（包括表面粗糙度、尺寸公差、形状和位置公差、表面处理和材料热处理的要求）。

（4）标题栏。按国标规定配置，一般放在图样的右下角，标题栏内容应包括零件的名称、材料、比例、数量、图样代号以及设计绘图人员的签名和日期。

看零件图的方法和步骤如下：

（1）看标题栏；

（2）分析视图；

（3）分析形状；

（4）分析尺寸；

（5）了解技术要求。

在实际看图过程中，除按上述方法和步骤进行外，还要前后联系，互相穿插，突出重点。

五、公差与配合

1. 互换性基本配合

要实行专业化生产必须采用互换性原则。所谓互换性原则，就是机器的零、部件按图样规定的精度要求制造，在装配时不需辅助加工或修配，就能装成机器，并完全符合规定的使用性能。按照上述办法制造机器的方式，称为完全互换法。除完全互换法外还有分组互换性、修配法、调整法等。

工件加工时不可能使工件做得绝对正确，总有误差存在。工件的误差可以分为尺寸误差（即工件加工后的实际尺寸和理想尺寸之差）、几何形状误差和相互位置误差。

公差与配合部分包括公差制与配合制，是对工件极限偏差的规定；测量与检验部分包括检验制与量规制，是作为公差与配合的技术保证。两部分合起来形成一个完整的公差制体系。

公差是由两个独立要素——标准公差（公差带的大小）和基本

偏差(公差带的位置)确定的,通过标准化形成标准公差和基本偏差两个系列。

2. 圆柱体结合的公差与配合

(1) 基本术语和定义

① 基准

a. 轴。通常指工件的圆柱形外表面,也包括非圆柱形外表面(由两平行平面或切面形成的被包容面)。

b. 基准轴。在基轴制配合中选作基准的轴。对本标准极限与配合制,即上偏差为零的轴。

c. 孔。通常指工件的圆柱形内表面,也包括非圆柱形内表面(由两平行平面或切面形成的包容面)。

d. 基准孔。在基孔制配合中选作基准的孔。对本标准极限与配合制,即下偏差为零的孔。

② 尺寸

a. 尺寸。以特定单位表示线性尺寸值的数值。

b. 基本尺寸。通过它应用上、下偏差可算出极限尺寸(图7-16)。它可以是一个整数或一个小数值,例如 32、15、8.75、0.5 等。

c. 实际尺寸。通过测量获得的某一孔、轴的尺寸。

d. 局部实际尺寸。一个孔或轴的任意横截面中的任一距离,即任何两相对点之间测得的尺寸。

e. 极限尺寸。一个孔或轴允许的尺寸的两个极端。实际尺寸应位于其中,也可达到极限尺寸。

f. 最大极限尺寸。孔或轴允许的最大尺寸(图 7-16)。

g. 最小极限尺寸。孔或轴允许的最小尺寸(图 7-16)。

③ 偏差

a. 极限制。经标准化的公差与偏差制度。

b. 零线。在极限与配合图解中,表示基本尺寸的一条直线,以其为基准确定偏差和公差(图 7-16)。

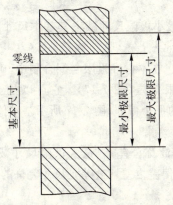

图 7-16 基本尺寸、最大极限尺寸和最小极限尺寸

通常零线沿水平方向绘制,正偏差位于其上,负偏差位于其下(图 7-16)。

c. 偏差。某一尺寸(实际尺寸、极限尺寸等)减去其基本尺寸所得的代数差。

d. 极限偏差。上偏差和下偏差。轴的上、下偏差代号用小写字母 es、ei,孔的上、下偏差代号用大写字母 ES、EI 表示(图 7-17)。

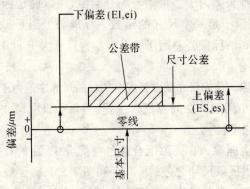

图 7-17 公差带图解

e. 上偏差。最大极限尺寸减去其基本尺寸所得的代数差(图7-17)。

f. 下偏差。最小极限尺寸减去其基本尺寸所得的代数差(图7-17)。

g. 基本偏差。在本标准极限与配合制中,确定公差带相对零线位置的那个极限偏差(图7-17)。它可以是上偏差或下偏差。一般为靠近零线的那个偏差,图7-17所示基本偏差为下偏差。

④ 公差

a. 尺寸公差(简称公差)。最大极限尺寸减最小极限尺寸之差,或上偏差减下偏差之差。公差是尺寸允许的变动量,是一个没有符号的绝对值。

b. 标准公差。极限与配合制中,所规定的任一公差。字母IT为"国际公差"的符号。

c. 标准公差等级。极限与配合制中,同一公差等级(例如IT7)对所有基本尺寸的一组公差被认为具有同等精确程度。

d. 公差带。在公差带图解中,由代表上偏差和下偏差或最大极限尺寸和最小极限尺寸的两条直线所限定的一个区域,由公差大小和其相对零线的位置(如基本偏差)来确定(图7-17)。

e. 标准公差因子。极限与配合制中,用以确定标准公差的基本单位,该因子是基本尺寸的函数。标准公差因子 i 用于基本尺寸至 500 mm;标准公差因子 I 用于基本尺寸大于 500 mm。

⑤ 配合

a. 间隙。孔的尺寸减去相配合的轴的尺寸之差为正(图7-18)。

b. 最小间隙。在间隙配合中,孔的最小极限尺寸减轴的最大极限尺寸之差(图7-19)。

c. 最大间隙。在间隙配合或过渡配合中,孔的最大极限尺寸减轴的最小极限尺寸之差(图7-19和图7-20)。

d. 过盈。孔的尺寸减去相配合轴的尺寸之差为负(图7-21)。

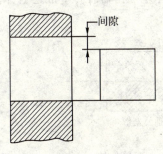

图 7-18　间隙

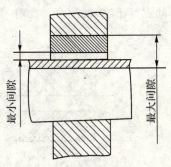

图 7-19　间隙配合

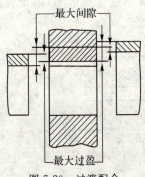

图 7-20　过渡配合

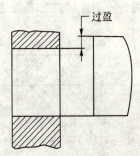

图 7-21　过盈

e. 最小过盈。在过盈配合中,孔的最大极限尺寸减轴的最小极限尺寸之差(图 7-22)。

f. 最大过盈。在过盈配合或过渡配合中,孔的最小极限尺寸减轴的最大极限尺寸之差(图 7-20 和图 7-22)。

g. 配合。基本尺寸相同的,相互结合的孔和轴公差带之间的关系。

h. 间隙配合。具有间隙(包括最

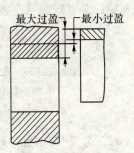

图 7-22　过盈配合

小间隙等于零)的配合。此时,孔的公差带在轴的公差带之上(图7-23)。

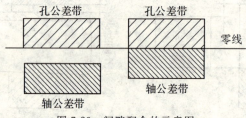

图 7-23　间隙配合的示意图

i. 过盈配合。具有过盈(包括最小过盈等于零)的配合。此时,孔的公差带在轴的公差带之下(图7-24)。

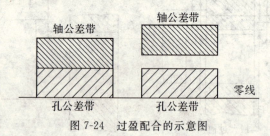

图 7-24　过盈配合的示意图

j. 过渡配合。可能具有间隙或过盈的配合。此时,孔的公差带与轴的公差带相互交叠(图7-25)。

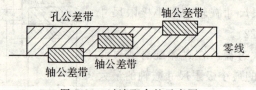

图 7-25　过渡配合的示意图

(2) 公差与配合国标的组成

① 公差值的大小与公差等级及基本尺寸有关,国标规定的公差等级共分 20 级,用代号 IT 及数字 01,0,1,2,…,18 表示。如

IT7 称为标准公差 7 级。从 IT01 至 IT18 等级依次降低。标准公差值的大小与公差等级有关,还随着基本尺寸的增大而增大,各个基本尺寸段对应的各级公差值均已标准化,可以从公差数值表直接查到。

② 国标中已将基本偏差标准化。规定了孔、轴各 28 种公差位置,分别用拉丁字母表示。在 26 个拉丁字母中去掉 I、L、O、Q、W,同时增加 CD、EF、FG、JS、ZA、ZB、ZC 七个双字母,共 28 种。其中,H(h)其基本偏差为 0,JS(js)其上、下偏差对零线对称,均可作为基本偏差(图 7-26 和图 7-27)。

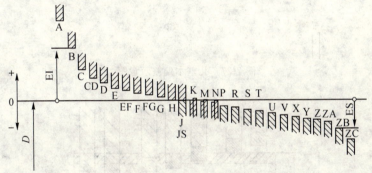

图 7-26 轴基本偏差示意图

为了简化和有利于标准化,国标对配合的组成规定了两种制度,即基孔制和基轴制。

基轴制配合是基本偏差为一定的轴的公差带,与不同基本偏差的孔的公差带形成各种配合的一种制度(图 7-28)。

基轴制中轴是配合基准件,国标规定其上偏差为零,下偏差为负值,用 h 表示。

基孔制配合是基本偏差为一定的孔的公差带,与不同基本偏差的轴的公差带形成各种配合的一种制度(图 7-29)。

基孔制中孔是配合基准件,国标规定其下偏差为零,上偏差为

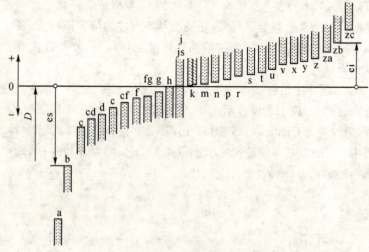

图 7-27　孔基本偏差示意图

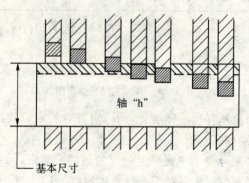

图 7-28　基轴制配合

正值,用 H 表示。

　　在基孔中轴的偏差从 a～h 用于间隙配合,j～n 用于过渡配合,p～zc 用于过盈配合。

　　在基轴中孔的偏差从 A～H 用于间隙配合,J～ZC 用于过渡

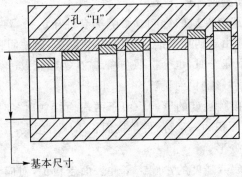

图 7-29 基孔制配合

配合或过盈配合。

例如，$\phi 25f6$，表示一个轴的尺寸及公差，基本尺寸为 $\phi 25$，标准公差为 6 级，基本偏差系列为 f。

3. 形状和位置公差简介

形状误差是指被测实际要素对其理想要素的变动量，或称偏离量。形状公差是为了限制形状误差而设置的。

位置误差是指关联被测实际要素对理想要素的变动量。位置公差是关联实际要素的位置对基准所允许的变动量。

形状公差共有六个项目：直线度、平面度、圆度、圆柱度、线轮廓度和面轮廓度。位置公差有八个项目：平行度、垂直度、倾斜度、同轴度、对称度、位置度、圆跳动和全跳动。

4. 表面粗糙度

经机械加工的零件表面，存在一定的几何形状误差，其中较小间距的峰谷（通常指波距小于 1 mm 的）造成零件表面的凹凸不平，形成微观几何形状误差，即表面粗糙度。

表面粗糙度对零件使用性能的影响有以下几方面：

（1）对耐磨性的影响。被加工后的零件表面上，由于存在峰谷，致使两表面接触时只是一些峰顶接触，从而减小了接触面积，比压增大,使磨损加剧。

(2)对配合性质的影响。影响配合性质的可靠性和稳定性。对间隙配合,由于初期磨损,峰顶会很快磨去,致使间隙加大;对过盈配合,装配压合时,也会挤平波峰,减少实际有效过盈,尤其对小尺寸的配合件影响更为显著。

(3)对接触刚度的影响。由于两表面接触时,实际接触面仅为理想接触面积的一部分,使单位面积压应力增大,受到外力时极易产生接触变形。

(4)对疲劳强度的影响。零件表面越粗糙,对应力集中越敏感,从而导致零件疲劳损坏。

(5)对抗腐蚀性的影响。表面粗糙则零件表面上的腐蚀性气体或液体易于积聚,且向零件表面层渗透,加剧腐蚀。

常用的表面粗糙度的评定参数有以下三种:

(1)轮廓算术平均偏差 R_a,R_a 越大,表面越粗糙。

(2)微观不平度十点平均高度 R_z,R_z 越大,表面越粗糙。

(3)轮廓的最大高度 R_y,用于控制表面上不允许有较深加工痕迹。

在常用的参数值范围内,优先用 R_a。在标注时,除 R_a 中只标注数值而本身符号不标外,R_z、R_y 除标数值外,还需在数值前标出相应的符号。

图样上表示零件表面粗糙度的符号、代号见表 7-1。

表 7-1　　　　　　　　　表面粗糙度的符号

符号	意义及说明
∨	基本符号,表示表面可用任何方法获得,当不加注粗糙度参数值或有关说明(如表面处理、局部热处理情况)时,仅适用于简化代号标注
∨	基本符号加一短划,表示表面是用去除材料的方法获得。例如:车、铣、钻、磨、剪切、抛光、腐蚀、电火花加工、气割等

符号	意义及说明
	基本符号加一小圆,表示表面是用不去除材料的方法获得,例如:铸、锻、冲压变形、热轧、粉末冶金等 或者是用于保持原供应状况的表面(包括保持上道工序的状况)

（1）图样上所标注的表面粗糙度符号、代号是该表面完工后的要求。

（2）有关表面粗糙度的各项规定应按功能要求给定。若仅需要加工（采用去除材料的方法或不去除材料的方法）但对表面粗糙度的其他规定没有要求时,允许只注表面粗糙度符号。

（3）当允许表面粗糙度参数的所有实测值中超过规定值的个数少于总数的 16％时,应在图样上标注表面粗糙度参数的上限值或下限值。

（4）当要求表面粗糙度参数的所有实测值均不得超过规定值时,应在图样上标注表面粗糙度参数的最大值或最小值。

（5）表面粗糙度参数值的标注见表 7-2。轮廓算术平均偏差 R_a 在代号中用数值表示,参数值前可不标注参数代号。

表 7-2　　　　　　　　　　R_a **的标注**

代号	意义	代号	意义
3.2	用任何方法获得的表面粗糙度,R_a 的上限值为 3.2 μm	3.2max	用任何方法获得的表面粗糙度,R_a 的最大值为 3.2 μm
3.2	用去除材料方法获得的表面粗糙度,R_a 的上限值为 3.2 μm	3.2max	用去除材料方法获得的表面粗糙度,R_a 的最大值为 3.2 μm
3.2	用不去除材料方法获得的表面粗糙度,R_a 的上限值为 3.2 μm	3.2max	用不去除材料方法获得的表面粗糙度,R_a 的最大值为 3.2 μm

代号	意义	代号	意义
3.2 1.6 ▽	用去除材料方法获得的表面粗糙度，R_a 的上限值为 3.2 μm，下限值为 1.6 μm	3.2 max 1.6 max ▽	用去除材料方法获得的表面粗糙度，R_a 的最大值为 3.2 μm，R_a 的最小值为 1.6 μm

5. 齿轮参数

直齿圆柱齿轮的基本参数共有：齿数、模数、齿形角、齿顶高系数和顶隙系数五个，是齿轮各部分几何尺寸计算的依据。

(1) 齿数 z

一个齿轮的轮齿总数。

(2) 模数 m

齿距与齿数的乘积等于分度圆的周长，即 $pz=\pi d$，式中 z 是自然数，π 是无理数。为使 d 为有理数的条件是 p/π 为有理数，称之为模数。即：$m=p/\pi$

模数的大小反映了齿距的大小，也及时反映了齿轮的大小，目前齿轮模数已标准化。

模数是齿轮几何尺寸计算时的一个基本参数。齿数相等的齿轮，模数越大，齿轮尺寸就越大，齿轮就越大，承载能力越强；分度圆直径相等的齿轮，模数越大，承载能力越强。

(3) 齿形角 α

在端平面上，通过端面齿廓上任意一点的径向直线与齿廓在该点的切线所夹的锐角称为齿形角，用 α 表示。渐开线齿廓上各点的齿形角不相等，离基圆越远，齿形角越大，基圆上的齿形角 $\alpha=0°$。对于渐开线齿轮，通常所说的齿形角是指分度圆上的齿形角。国标规定：渐开线齿轮分度圆上的齿形角 $\alpha=20°$。

分度圆上齿形角大小对齿轮形状有影响，当分度圆半径不变时,齿形角减小,轮齿的齿顶变宽,齿根变窄,承载能力降低;齿形角增大,轮齿的齿顶变窄,齿根变宽,承载能力增大,但传动费力。综合考虑传动性能和承载能力,我国标准规定渐开线圆柱齿轮分度圆上的齿形角 $\alpha = 20°$。

(4) 齿顶高系数 h_a^*

对于标准齿轮,$h_a = h_a^* m$, $h_a^* = 1$。

(5) 顶隙系数 c^*

当一对齿轮啮合时,为使一个齿轮的齿顶面不与另一个齿轮的齿槽底面相接触,轮齿的齿根高应大于齿顶高,即应留有一定的径向间隙,称为顶隙,用 c 表示。

不是任意两个直齿圆柱齿轮都能正确啮合,要使两个直齿圆柱齿轮能够正确啮合,要求两个齿轮的模数和压力角分别相等。

6. 齿轮传动比计算

(1) 齿轮传动比

齿轮机构依靠主动轮的齿廓推动从动轮的齿廓来实现运动和动力的传递。

设主动轮的角速度为 ω_1,从动轮的角速度为 ω_2,主动轮的齿数为 z_1,从动轮的齿数为 z_2。则称两轮瞬时角速度之比 ω_1/ω_2 为瞬时传动比,简称传动比,用 i_{12} 表示,即

$$i_{12} = \omega_1/\omega_2$$

齿轮的传动比还与齿轮的齿数成反比,所以有

$$i_{12} = \omega_1/\omega_2 = z_2/z_1$$

(2) 轮系

在工程实际中,为了满足各种不同的工作要求,经常采用若干个彼此啮合的齿轮传动。这种由一系列齿轮所组成的传动系统称为轮系。

轮系通常介于原动机和执行机构之间,把原动机的运动和动力传给执行机构。根据轮系在运转过程中各齿轮几何轴线在空间

的相对位置关系是否变动,轮系可分为定轴轮系和周转轮系。

① 定轴轮系。在图 7-30 所示的轮系中,设运动由齿轮 1 输入,通过一系列齿轮传动,带动从动齿轮转动。在这个轮系中,每个齿轮几何轴线的位置都是固定不变的,这种所有齿轮几何轴线的位置在运转过程中均固定不变的轮系,称为定轴轮系。

定轴轮系传动比的计算公式为:所有各对齿轮的从动齿轮数的乘积/所有各对齿轮的主动齿轮的乘积。

图 7-30 所示平行轴定轴轮系中,轴 1 为输入轴,V 为输出轴。设 $z_1,z_2,z_3,\cdots$ 及 $\omega_1,\omega_2,\omega_3,\cdots$ 分别为各齿轮的齿数和角速度。那么总轮系的传动比为

$$i_{17}=z_2z_4z_6z_7/z_1z_3z_5z_6=z_2z_4z_7/z_1z_3z_5$$

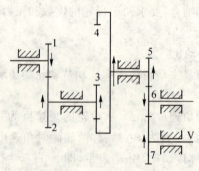

图 7-30 定轴轮系

② 周转轮系。周转轮系形式很多,煤矿最常用的为行星轮系,如图 7-31 所示。Z_1 为太阳轮,它绕固定的几何轴线 O_1 旋转。Z_2 为行星轮,一般为两个或三个,均衡地装在构件 H 上。构件 H 称为行星架,它绕固定的轴线 OH 做旋转运动。Z_3 为内齿圈,当 Z_3 固定时,齿轮 Z_2 在齿轮 Z_1 的驱动下,在内齿圈内啮合旋转,通过行星架 H 减速后驱动负载;当 Z_3 不固定,行星架固定时,Z_2 驱动 Z_3 进行自转。Z_2 既能自转又能公转的现象,如同地球绕太阳

旋转一样,所以称这种轮系为行星轮系。

行星齿轮传动速比的计算方法是:

$$i = 1 + 内齿圈齿数/太阳轮齿数 = 1 + Z_3/Z_1$$

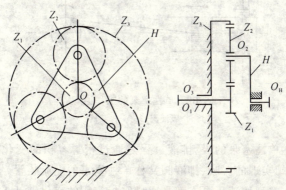

图 7-31 行星轮系

第二节 液压传动知识

一、液压泵工作原理

图 7-32 为单柱塞泵的结构简图。电动机通过曲柄连杆机构带动柱塞在缸孔中作往复运动。当柱塞向右运动时,前面的密封容积 A 由小变大,形成局部真空,油箱中的油液在大气压力的作用下,打开吸液阀 1 进入 A 腔。这一过程称为吸液过程,吸液过程中,排液阀 2 关闭,将低压密封容积与排液管隔开。当柱塞向左运动时,密封容积 A 变小,腔内压力增加,由于液体几乎不可压缩,排液阀 2 便被打开,将液体从排液管排入液压系统。这一过程称为排液过程。排液过程中,吸液阀关闭,将高压密封腔与低压侧分开。电机不断旋转,柱塞不断作往复直线运动,就可以实现连续不断的吸液和排液过程,从而能够向液压系统输送具有一定压力

和一定流量的工作液体。这样就把电机的机械能转换为工作液体的液压能。

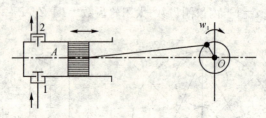

图 7-32　单柱塞泵的工作原理
1——吸液阀;2——排液阀

上述单柱塞泵的吸、排液过程是通过密封容积的变化借助于吸、排液阀实现的。吸、排液阀又称单柱塞泵的配流装置。液压传动中其他类型的液压泵亦都是通过密封容积的变化借助于配流装置(外啮合齿轮泵没有配流装置)完成吸、排液的。当密封容积增大时通过配流装置吸液,当密封容积缩小时通过配流装置排液。液压泵不断地旋转,吸、排液过程即可连续不断地进行,从而不断地输出一定压力和流量的液体,带动液压系统工作。

液压泵又称容积式液压泵。如上所述,容积式液压泵应具备如下基本条件:

(1) 具有密封而且可以变化的工作容积;

(2) 密封容积变化的过程中分别与泵的高压腔或低压腔接通;

(3) 必须有配流装置将泵的高压侧(腔)与低压侧(腔)相互隔开。

二、液压马达

液压马达和液压泵,从原理上讲,除了阀式配液的液压泵外,是可逆的。当原动机驱动它转动时,可输出具有一定压力和流量的液体,即为液压泵;反之,当输给带有压力的液体后,推动旋转,输出扭矩和转速,即为液压马达。事实上,同类型的液压泵和液压马达在结构上虽然相似,但由于二者的使用目的不一样,对它们的性能要求也不同。所以同结构类型的液压泵和液压马达之间,仍存在着许多差别:

(1)液压马达应当能够正、反转,因而要求其内部结构必须对称,液压泵通常都是单向旋转,在结构上一般没有此限制。

(2)液压马达的转速范围较大,特别是当转速较低时,应能保证正常工作。因此应采用滚动轴承或静压滑动轴承。若采用动压滑动轴承,就不易形成润滑油膜。而液压泵的转速较高,且一般变化小,就没有这一要求。

(3)液压马达应当具有良好的起动特性和低速稳定性。因此要尽量提高马达的起动扭矩和效率,并减小扭矩的脉动性。

(4)液压马达是输入带有压力的液体推动其转子旋转,所以必须保证初始密封性,不必具备自吸能力,而液压泵通常必须具备自吸能力。

由于上述原因,使得许多在结构上相似的液压泵和液压马达不能互换通用。

外啮合齿轮液压马达的工作原理如图 7-33 所示。其结构和外啮合齿轮泵相似,壳体内装有一对齿数相等,模数相同的外啮合齿轮 O_1、O_2,啮合点为 A。于是由壳体、齿廓和啮合线构成了上、下两个密封的液腔。在壳体上有两个对称的进、回液口,当高压液体输入液压马达的上腔时,处于上腔内的所有齿轮均受到压力液体的作用。对于齿轮 O_1,齿廓面 I、II 所受到的切向液压力,对中心 O_1 的扭矩大小相等、方向相反,相互抵消。齿廓面 AB 上受到的切向液压力对 O_1 产生逆时针方向的扭矩。齿轮 O_2 的齿廓面 III、IV 上受到的切向液压力,对于中心 O_2 产生的扭矩相互抵消,齿廓面 AC 和 DE 也是对称的,相互抵消,只有 EF 齿廓面上所受的切向液压力对于中心 O_2 产生顺时针方向的扭矩,并通过啮合点 A 传给 O_1,所以齿轮 O_1 所在输出轴将在两齿轮产生的扭矩和的作用下,按逆时针方向旋转。随着齿轮的转动,靠齿谷将工作液带到回液腔排出。如将进回液口相互调换,就会改变输出轴的转向。

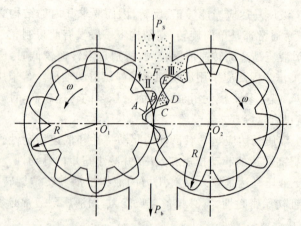

图 7-33　外啮合齿轮液压马达工作原理图

三、液压缸工作原理及推拉力计算

1. 柱塞式液压缸的工作原理

如图 7-34 所示,它由缸体、柱塞、前后卸盖等组成。当液压缸进液时,压力液体进入缸内,推动柱塞[图 7-34(a)]或缸体[图7-34(b)]向外运动,输出推力和速度;当液压缸回液时,外力推动柱塞或缸体缩回,挤压缸内液体流回油箱。

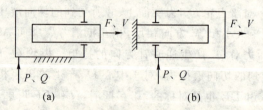

图 7-34　柱塞式液压缸工作原理
(a)缸体固定;(b)柱塞固定

2. 活塞式液压缸工作原理。

活塞式液压缸一般多为双作用式。它又有单活塞杆和双活塞杆两种结构,其工作原理如图 7-35 所示。它们分别由缸体、活塞、活塞杆、前后缸盖等组成。当液压缸左腔接通进液管,右腔接通回液管时,压力液体进入左腔,推动活塞向右运动,输出推力和速度,而右腔的液体被挤出经回液管流回油箱;反之,右腔输入压力液体,左腔回液,活塞向左运动。

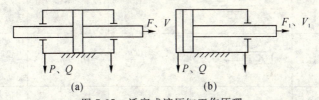

图 7-35　活塞式液压缸工作原理

(a) 双作用双活塞式;(b) 双作用单活塞式

3. 液压缸的推拉力计算

在日常使用中,常需要对液压系统中液压缸的推拉力进行计算,表 7-3 是常见液压缸的分类及计算。

表 7-3　　　　　　　常见液压缸的分类及计算公式

类型		符号	速度/ m · min⁻¹	转速/ r · min⁻¹	牵引力/ N	扭矩/ N · m	工作特点
活塞缸 单杆	单作用	$P_1 \ v_1$ S_1	$v_1 = \dfrac{10Q}{S_1}$		$P_1 = pS_1$		单向液压驱动,回程靠自重、弹簧或其他外力
	双作用	$S_2 \ P_2 \ v_1$ $S_1 \quad P_2 \ v_2$	$v_1 = \dfrac{10Q}{S_1}$ $v_2 = \dfrac{10Q}{S_2}$		$P_1 = pS_1 - p_0S_1$ $P_2 = pS_2 - p_0S_2$		双向液压驱动,$v_1 <$ $v_2, P_1 > P_2$

类型		符号	速度/m·min^{-1}	转速/r·min^{-1}	牵引力/N	扭矩/N·m	工作特点
活塞缸	单杆 差动		$v_3=\dfrac{10Q}{S_3}$		$P_3=pS_3$		可加快无杆腔进油时的速度,但推力相应减少
	双杆		$v_1=\dfrac{10Q}{S_1}$ $v_2=\dfrac{10Q}{S_2}$		$P_1=(p-p_0)S_1$ $P_2=(p-p_0)S_2$		可实现等速往复运动
柱塞缸			$v_1=\dfrac{10Q}{S_1}$		$P_1=pS_1$		柱塞组受力较好,单向液压驱动
伸缩套筒缸	单作用		$v_1=\dfrac{10Q}{S_1}$ $v_2=\dfrac{10Q}{S}$		$P_1=pS_1$ $P_2=pS_2$		用液压力由大到小逐节推出,然后靠自重由小到大逐节缩回
	双作用		$v_1=\dfrac{10Q}{S_1}$ $v_2=\dfrac{10Q}{S_3}$ $v_3=\dfrac{10Q}{S_3}$ $v_4=\dfrac{10Q}{S_4}$		$P_1=pS_1-p_0S_4$ $P_2=pS_2-p_0S_3$ $P_3=pS_3-p_0S_2$ $P_4=pS_4-p_0S_1$		双向液压驱动,伸缩程序同上
摆动缸	单叶片			$n_1=\dfrac{1000Q}{b(\pi R^2-r^2)}$		$M_1=\dfrac{b(R^2-r^2)\Delta p}{200}$	回转往复运动,最大摆角300°
	双叶片			$n_2=\dfrac{1}{2}n_1$		$M_2=2M_1$	最大摆角为150°

注:Q——流量(K/min);p——进油压力(MPa);p_0——回油压力(MPa);S——有效面积(cm^2);b——叶片宽度(cm);R——缸体内孔半径(cm);r——叶片轴半径(cm)。

四、液压控制阀工作原理

1. 方向控制阀

(1) 普通单向阀工作原理

普通单向阀的结构原理和图形符号如图 7-36 所示；它由阀体 1、阀芯 2 和弹簧 3 等主要零件组成。

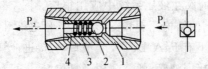

图 7-36 普通单向阀结构原理图

1——阀体；2——阀芯；3——弹簧；4——弹簧座

当工作液体从 P_1 正向流入时，液压力克服作用在阀芯 2 上的弹簧力、阀芯 2 与阀体 1 间的摩擦力和阀芯的惯性力，将阀芯 2 推开，液流通过阀芯 2 与阀体 1 之间的间隙，自出液口 P_2 流出，当液体从出液口反向流入时，阀芯 2 在液压力和弹簧力共同作用下，压向阀座，关闭阀口，不允许液体通过。

（2）液控单向阀工作原理

液控单向阀是在普通单向阀上增加液控部分而形成的。当液控部分起作用时，可使液流反向通过普通单向阀。其结构原理和图形符号如图 7-37 所示，它是由阀体、阀芯 2、弹簧 3 和控制活塞 6 等主要部分组成。

当控制口 K 不通压力液体时，和普通单向阀一样，液流只能从 P_1 进入推开阀芯从 P_2 流出，不允许液体从 P_2 口向 P_1 口反向流动。当需要反向流动时，给控制口 K 通入压力液体，控制活塞 6 在压力液体的作用下，向上移动，

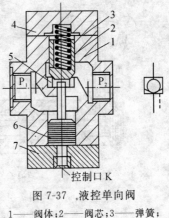

图 7-37 液控单向阀

1——阀体；2——阀芯；3——弹簧；
4——上盖；5——阀座；
6——控制活塞；7——下盖

活塞杆顶开阀芯 2，于是工作液体即可从 P_2 进入由 P_1 流出。

(3) 滑阀式换向阀工作原理

① 手动换向阀在液压系统中应用很广。图 7-38 所示为三位四通手动换向阀的结构原理和图形符号。阀芯 2 和阀体 1 有三个相对位置，阀体上有 P、A、B、T 4 个液口，P 接进液管，A、B 分别接液动机两腔，T 接回液管，弹簧 3 用来复位。

图 7-38(a) 阀芯处于中间位置，此时 P、T、A、B 互不相通，液动机不动。当向左搬动手把 4，阀芯相对阀体右移时，P、B 通过阀芯右面的环形通道相通，A、T 通过阀芯左环形通道相通，液动机向一个方向运动；向右搬动手把 4，阀芯相对阀体左移时，P、A 相通，B 和 T 经阀芯径向孔和轴向孔相通，从而可以改变液动机进、回液口，达到改变液动机运动方向的目的。手把松开时，阀芯在弹簧力的作用下，自动回到中间位置。图 7-38(b) 为该阀的图形符号。

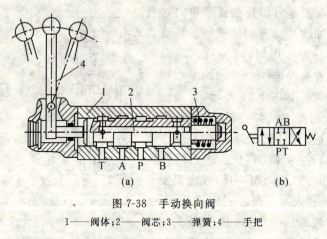

图 7-38 手动换向阀

1——阀体；2——阀芯；3——弹簧；4——手把

② 电磁换向阀是利用电磁力操纵阀芯相对阀体运动，以实现换向。

图 7-39 所示为三位四通电磁换向阀的结构原理和图形符号，它是由阀体 1、阀芯 2、推杆 3、弹簧 4 和电磁铁 5 等组成。

左右电磁铁 5 断电时，阀芯 2 在两端弹簧 4 的作用下处于中间位置，这时 P、T、A、B 互不相通。左电磁铁通电时，铁芯通过左面的推杆 3 将阀芯 2 推向右端位置，这时，P、B 相通，A、T 相通。右电磁铁通电时，阀芯被推杆推向左端位置，P、A 相通，B、T 相通，实现换向。

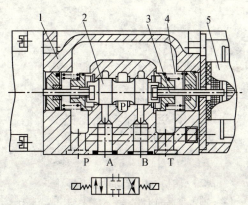

图 7-39　电磁换向阀

1——阀体；2——阀芯；3——推杆；4——弹簧；5——电磁铁

2. 压力控制阀

(1) 溢流阀

溢流阀在液压系统中，可使其压力保持调节压力不变，或防止系统中的压力超过额定值。溢流阀工作时只有系统中的压力大于或等于调定压力时才开启溢流。

① 直动式溢流阀工作原理

直动式溢流阀是由液压力和弹簧力直接作用在阀芯上相平衡而得名的，结构原理和图形符号如图 7-40 所示，它主要由阀体 1、阀芯 2、弹簧 3 和调节螺杆 4 组成。阀体上 P 口与系统相接，T 口接油箱。当系统中液流的压力为 p 时,则阀芯所受向上的力为系统的压力 p 与阀口面积 A 的乘积,即 pA,向下的力有弹簧力 S、阀芯重力 G 和摩擦力 F。当 $pA \leqslant S+F+G$ 时,阀芯不动,处于关闭状态,进液口 P 与回液口 T 不通。当系统中的压力 p 升高使 $pA > S+F+G$ 时,阀芯上移,P 口与 T 口接通,系统中的液流从 T 口流出实现溢流,于是压力降低,当压力降低到 $pA < S+G-F$ 时阀芯又关闭。螺杆 4 用于调节弹簧 3 的压缩量,从而调节阀的开启压力。

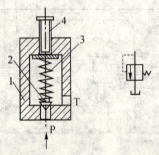

图 7-40　直动式溢流阀

1——阀座;2——阀芯;3——弹簧;4——调节螺杆

② 先导式溢流阀工作原理

先导式溢流阀由先导阀和主阀两部分组成。先导阀实际上是一个小流量的直动式逆流阀,用它控制动作压力,主阀控制溢流量。其结构原理如图 7-41 所示,锥形先导阀阀芯 1 在弹簧 9 的作用下压在阀座 2 上,转动调节轮 11 可以调节先导阀的开启压力。主阀阀芯 6 在弹簧 8 的作用下压在阀座 7 上,上端与先导阀阀体 3 相配合,中间圆柱面与主阀阀体相配合,并且开有阻尼小孔 5。阀体 4 上有 P、T 两口,分别接系统和油箱。系统中的工作液体从 P 口进入主阀下腔,又通过主阀阀芯 6 上的阻尼小孔 5 和先导阀阀体 3 上的孔进入先导阀前腔,作用在先导阀阀芯上。

当系统中工作液体的压力 p 与先导阀阀口面积的乘积小于先导阀弹簧 9 的调定弹力时，先导阀关闭，此时阀内无液流流动，主阀上下腔和先导阀前腔的压力均等于系统压力，主阀阀芯 6 所受液压力平衡，在弹簧 8 的作用下关闭，P、T 口隔开。

当系统中工作液体作用在先导阀阀芯 1 上的力大于弹簧 9 的调定弹力时，先导阀阀芯 1 打开，小部分液流从先导阀阀体 3 的中心孔、主阀阀芯 6 的中心孔、回液口 T 小量溢流，由于液体在流动时通过阻尼小孔 5 产生压力损失，使得主阀阀芯 6 上腔的压力减小，若主阀阀芯上下腔的压力差所造成的液压力大于主阀弹簧力、阀芯重力和开启时的摩擦力，主阀阀芯 6 便失去平衡上移开启，系统中大部分工作液体则由 T 口溢流，起到维持压力恒定或防止系统过载的作用。

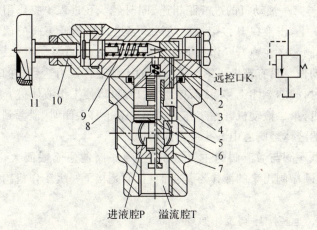

图 7-41　先导式溢流阀

1——先导阀阀芯;2——先导阀阀座;3——先导阀阀体;

4——阀体;5——阻尼孔,6——主阀阀芯;7——主阀阀座;

8——主阀弹簧,9——先导阀弹簧;10——调节螺钉;11——调节轮

由上分析可知，主阀的开启取决于先导阀，而先导阀开启压力

的大小决定于先导阀弹簧的调定弹力,所以先导阀弹簧是压力弹簧,主阀弹簧只起主阀阀芯复位作用,是平衡弹簧。

(2) 顺序阀

在有两个以上液动机的液压系统中,为使各个液动机按照预先确定的先后顺序依次动作,可以在液压系统中装设顺序阀。顺序阀是利用阀芯上所受液压力和弹簧力的大小比较,实现阀芯开启或关闭。顺序阀实际上是一个压力开关,它并不控制压力的大小。

顺序阀根据其控制阀芯动作液体的来源不同,可分为直控顺序阀和远控顺序阀两种。

① 直控顺序阀工作原理

直控顺序阀是直接利用顺序阀进口压力来控制阀芯的动作。

图 7-42(a)所示为直控顺序阀的结构原理和图形符号。进液口 A 与第一液动机的进液路相连,同时经 a 孔进入 I 腔作用在小活塞 7 上,出液口 B 接第二液动机。当进口压力低于阀的调定压力时,阀芯 3 在弹簧 5 作用下处于最下端,A、B 口不通,第二液动机不动作。只有当进入第一液动机的工作液体压力达到阀的调定压力时,阀芯 3 才上移,从而接通 A、B 两口,使工作液体进入第二液动机,第二液动机开始工作。当阀芯 3 下移关闭时,泄漏到阀芯底部的液体经阀芯中心孔流回油箱。

顺序阀与溢流阀的主要区别是:顺序阀的通流截面大,压降小,从顺序阀出来的液体不是接油箱,而是接下一级工作机构使之工作。

② 远控顺序阀工作原理

图 7-42(b)所示为远控顺序阀的结构原理和图形符号。它是将直控顺序阀的下盖 4 旋转 90° 或 180°,并将 K 口的螺堵去掉接控制液体,即可变成远控顺序阀。其工作原理与直控顺序阀相同。但控制液体压力的大小与工作液体压力的大小无关。

如将远控顺序阀的出口 B 接油箱,它就可以用作卸荷阀[图

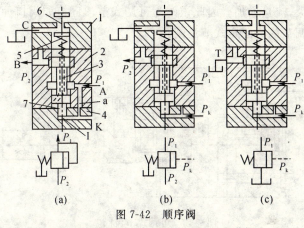

图 7-42 顺序阀

(a) 直控顺序阀;(b) 远控顺序阀;(c) 卸荷阀

1——上盖;2——阀体;3——阀芯;4——下盖;

5——弹簧;6——调压螺杆;7——小活塞

7-42(c)]。这时可以取消单独的泄漏管道,即将上盖 1 转一角度,使泄漏口在阀体内与回液口连通,并将外泄口 C 用螺堵堵上。当从 K 口进入的控制液体作用在小活塞 7 上的液压力大于弹簧力时,卸荷阀打开,使 A 口与油箱相通实现卸荷。

(3) 流量控制阀

流量控制阀中最常用的是节流阀,下面以节流阀工作原理来说明一下流量控制阀工作原理。

节流阀是比较简单的一种流量控制阀,形式较多,但都是靠改变阀口的面积大小来调节通过的流量,满足工作机构速度的要求。

图 7-43 所示为可调式节流阀的结构原理及图形符号,节流口的形式为轴向三角槽式。孔 A 为进液口,孔 B 为出液口,液流从孔 A 进入,经阀芯左端三角槽式节流口由孔 B 流出,起到节流的目的。转动手轮 3 推动顶杆 2,阀芯 1 压缩弹簧 4 左移,阀口减小,流量减小;反方向转动手轮 3,阀芯 1 在弹簧 4 的作用下右移,

阀口增大,流量增加。因此该阀为可调式节流阀。如阀口面积大小不可调节的为固定式节流阀。

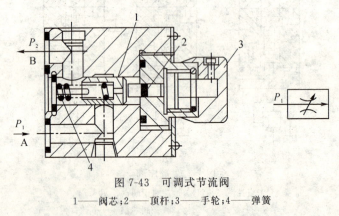

图 7-43　可调式节流阀

1——阀芯;2——顶杆;3——手轮;4——弹簧

第三节　电气防爆知识

　　电气设备正常运行或故障状态下可能出现的火花、电弧、热表面等,它们都具有一定的能量,可以成为点燃矿井瓦斯和煤尘的点火源。因此,煤矿井下使用防爆电气设备,对防止瓦斯、煤尘爆炸事故具有重要的意义。

　　一、防爆电气设备的原理、标志及适用条件

　　1. 隔爆型电气设备

　　(1) 隔爆型电气设备的隔爆原理、防爆标志及性能

　　隔爆型电气设备的原理是将正常工作或事故状态下可能产生火花的部分放在一个或分放在几个外壳中,这种外壳除了将其内部的火花、电弧与周围环境中的爆炸性气体隔开外,当进入壳内的爆炸性气体混合物被壳内的火花、电弧引爆时外壳不致被炸坏,也不致使爆炸物通过连接缝隙引爆周围环境中的爆炸性气体混合物。这种特殊的外壳叫隔爆外壳。具有隔爆外壳的电气设备叫隔

爆型电气设备。隔爆电气设备具有良好的耐爆性和隔爆性,其标志为"d"。

隔爆接合面的结构参数,主要指接合面的长度、间隙和加工精度,它是决定隔爆性能的重要参数。

① 隔爆接合面

指隔爆外壳不同部件相对应的表面配合在一起且火焰或燃烧生成物可能会从外壳内部传到外壳外部的部位。隔爆接合面常见的结构类型有以下四种:

a. 平面式。隔爆接合面相对表面为平面,用螺钉或其他方法将外壳的隔爆接合面固定住,分平面式和止口式两种。

b. 圆筒式。隔爆接合面相对表面为圆筒形,有固定不动的如电机端盖,也有相对转动的如电机轴与轴孔等。

c. 螺纹式。该结构是为了增加隔爆接合面长度,在检修时不经常拆卸的部分才采用此种结构。

d. 曲路式。该结构是为了增加隔爆接合面长度,使外壳内部可燃性混合物爆炸的高温生成物通过曲路通道向外喷出时的温度降低到安全范围以内。

② 隔爆结合面的长度(L)

也称火焰通路长度(螺纹接合面除外),是指从隔爆外壳内部通过隔爆接合面到隔爆外壳外部的最短通路长度,即一对隔爆接合面相吻的有效长度,而并非是单一隔爆面的结构长度。隔爆接合面长度是由隔爆空腔净容积的大小来决定的。

③ 隔爆接合面的间隙(W)

指其接合面的相对表面间的距离。由于不平度的关系,接合面上各处的间隙是不相等的。因此,应根据隔爆型电气设备的类别、级别、隔爆外壳的容积和隔爆接合面的长度规定其间隙的最大值(W)。对于圆筒形表面,该间隙为直径间隙(即两直径差)。

④ 隔爆接合面的粗糙程度(R_B)

隔爆接合面的粗糙度主要是影响其间隙的最大值,根据接合面的结构来确定粗糙度。GB 3836.2－2010 要求接合面表面平均粗糙度不超过 6.3 μm。

煤矿井下电气设备隔爆接合面结构参数见表 7-4。

表 7-4   I 类外壳隔爆结合面的最小宽度和最大间隙

接合面宽度 L/mm	与外壳容积 V/cm³	对应的最大间隙/mm
	$V \leqslant 100$	$V > 100$
平面接合面和止口接合面		
$6 \leqslant L < 12.5$	0.30	—
$12.5 \leqslant L < 25$	0.40	0.40
$L \geqslant 25$	0.50	0.50
操纵杆和轴		
$6 \leqslant L < 12.5$	0.30	—
$12.5 \leqslant L < 25$	0.40	0.40
$L \geqslant 25$	0.50	0.50
带滑动轴承的转轴		
$6 \leqslant L < 12.5$	0.30	—
$12.5 \leqslant L < 25$	0.40	0.40
$25 \leqslant L < 40$	0.50	0.50
$L \geqslant 40$	0.60	0.60
带滚动轴承的转轴		
$6 \leqslant L < 12.5$	0.45	—
$12.5 \leqslant L < 25$	0.60	0.6
$L \geqslant 25$	0.75	0.75

⑤ 螺纹隔爆结构参数

对螺纹隔爆结构参数,须符合下列要求:

a. 螺纹精度不低于 3 级,螺距不小于 0.7 mm。

b. 螺纹的最少啮合扣数为 5 扣;当容积大于 100 cm³ 时。最小啮合轴长度为 8 mm;当容积不大于 100 cm³ 时,最小啮合轴长度为 5 mm。

c. 螺纹隔爆接合面须有防止自行松脱的措施。

⑥ 叠片隔爆结构参数

对叠片隔爆结构参数,须符合下列要求:

a. 叠片应用耐腐蚀材料制成的通气部件组成,并须有防止偶然机械损伤的措施。

b. 叠片部件的片间间隙不大于 0.5 mm。叠片排气方向的长度不小于 50 mm;另一边的长度不大于 70 mm;厚度不小于 1.0 mm。

(2) 隔爆型电气设备的技术要求、特点及使用条件

① 在平面对平面的隔爆结构中,当法兰长度确定后,法兰厚度的设计选择要保证在爆炸压力的作用下,法兰的变形程度不能影响隔爆间隙的大小。

② 在加工法兰时,对法兰的隔爆面有严格的技术要求。对于圆筒面对圆筒面的隔爆结构,在设计和制造时,要保证其同心度,避免发生单边间隙过大或过小的现象。

③ 为了确保隔爆面间隙,隔爆面的防腐蚀措施也是十分重要的。一般采用磷化、电镀、涂防锈油等方法,但绝对不能涂油漆,因为油漆的漆膜在高温作用下分解,将会使隔爆间隙变大,影响隔爆性能。

④ 对于隔爆接合面所用的紧固件也必须有防锈和防松的措施。只有外壳零件紧固后,才能构成一个完整的隔爆外壳。

⑤ 隔爆电气设备的特点是防护能力强,防潮性好,具有隔爆和耐爆性能,所以适用于煤矿井下有爆炸危险的环境中使用。

2. 增安型电气设备

(1) 增安型电气设备的防爆原理、防爆标志及性能

增安型电气设备的防爆原理是对于那些在正常运行条件下不会产生电弧、火花和危险温度的矿用电气设备,为了提高其安全程

度,在设备的结构、制造工艺以及技术条件等方面采取一系列措施,从而避免了设备在运行和过载条件下产生火花、电弧和危险温度,实现了电气防爆。增安型电气设备是在电气设备原有的技术条件上,采取了一定的措施,提高其安全程度,但并不是说这种电气设备就比其他防爆形式的电气设备的防爆性能好。增安型电气设备的安全性能达到什么程度,不但取决于设备的自身结构形式,也取决于设备的使用环境和维护的情况。能制成增安型电气设备的仅是那些在正常运行中不产生电弧、火花和过热现象的电气设备,如变压器、电动机、照明灯具等电气设备。增安型电气设备的标志是"e"。

(2)增安型电气设备的技术要求、特点及使用条件

对增安型电气设备要做到接线方便,操作简单,保持连接件具有一定的压力。电气设备的电缆和导线的连接大部分是通过连接件进行连接的,连接件主要由导电螺杆、接线座等部件组成。为保证其安全性能,对连接件有如下要求:连接件不能有损伤电缆或导线的棱角毛刺,正常紧固时不能产生永久变形和自行转动。不允许用绝缘材料传递导体连接时所产生的接触压力。不能用铝质材料作连接件。

内部导线连接有防松螺栓连接、挤压连接(如压线钳)、硬焊连接和熔焊连接 4 种方式。电气间隙和爬电距离应符合表 7-5 要求。

表 7-5　　　　　　　　　电气间隙与爬电距离

额定电压/V	最小电气间隙/mm	最小爬电距离/mm			
		a	b	c	d
36	4	4	4	4	4
660	10	12	16	20	25
60	6	6	6	6	6

额定电压/V	最小电气间隙/mm	最小爬电距离/mm			
		a	b	c	d
1 140	18	24	28	35	45
127	6	6	7	8	10
3 000	36	45	60	75	90
220	6	6	8	10	12
6 000	60	85	110	135	160
380	8	8	10	12	15
10 000	100	125	150	180	240

　　增安型电气设备要制成有效的防护外壳,选择合适的电气间隙和爬电距离;提高绝缘材料的绝缘等级;限制设备的温度;电路和导线实现可靠的连接;有较好的防水、防外物能力;对有绝缘带电部件的外壳,其防护等级达到 IP44,对有裸露带电部件的外壳,其防护等级达到 IP54。增安型电气设备的防爆能力不如隔爆型电气设备。因此在瓦斯爆炸危险性较大的场所不准使用增安型电气设备。

　　3. 本质安全型电气设备

　　(1) 本质安全型电气设备的防爆原理、防爆标志及性能

　　本质安全电路就是在规定的试验条件下,正常工作或规定的故障状态下产生的电火花和热效应均不能点燃规定的爆炸性混合物的电路。全部采用本质安全电路的电气设备称为本质安全型电气设备。

　　本质安全型电气设备是通过限制电路的电气参数(如降低电压、减小电流等),进而限制放电能量实现电气防爆的。所以它不需要专门的隔爆外壳,这就大大缩小了设备的体积和重量,简化了设备的结构。本质安全型电气设备的标示为"i"。

（2）本质安全型电气设备的技术要求、特点及适用条件

本安型电气设备的外壳可用金属、塑料及合金制成。外壳的强度、防尘、防水、防外物能力符合国家规定。电气间隙和爬电距离符合表 7-6 的规定。对一般环境使用的设备，其防护等级不低于 IP20；对用于采掘工作面使用的设备，其防护等级不低于 IP54。

表 7-6　　　　　　　　　　电气间隙与爬电距离

1	额定电压峰值[①]/V		60	90	190	375	550	750	1 000	1 300	1 550
2	爬电距离/mm		3	4	8	10	15	18	25	36	40
3	绝缘涂层下的爬电距离/mm		1	1.3	2.6	3.3	5	6	8.3	12	13.3
4	相对泄痕指数[②]/V	ia	90					300			
		ib						175			
5	电气间隙/mm		3	4	6	6	6	8	10	14	16
6	胶封中的间距/mm		1	1.3	2	2	2	2.6	3.3	4.6	5.3

注：① 额定电压峰值指电路最高峰电压之和；

② 按 IEC112(1979)《固体绝缘材料在潮湿条件下，相对泄痕指数测定的推荐方法》测定。

本安型电气设备具有结构简单、体积小、重量轻、制造维修方便、安全、可靠等特点。目前本安型电气设备最大输出功率在 25 W 左右，仅用于控制、信号、通讯装置和监测仪表上。

4. 浇封型电气设备

浇封型电气设备的防爆原理是将电气设备有可能产生点燃爆炸性混合物的电弧、火花或高温的部分浇封在浇封剂中，避免这些电气部件与爆炸性混合物接触，从而使电气设备在正常运行或认可的过载和故障情况下均不能点燃周围的爆炸性混合物。浇封型电气设备有整台设备浇封的，也有部件浇封的。对于采取浇封防爆措施的浇封型部件不能单独在爆炸性环境中使用，必须与使用

该部件的防爆电气设备组合后才能在爆炸性环境中使用。常用的浇封型电气设备或浇封型部件主要有电池、蓄电池、熔断器、电压互感器、电机和变压器绕组、电缆接头等。浇封型电气设备的标志为"m"。

5. 气密型电气设备

气密型电气设备的防爆原理是将电气设备或电气部件置入经气密的外壳内。这种外壳能防止壳外可燃性气体进入壳内。气密型电气设备的标志为"h"。

6. 充砂型电气设备

充砂型电气设备的防爆原理是在电气设备的外壳内填充石英砂粒,将设备的导电部件或带电部分埋在石英砂防爆填料层之下,使之在规定的条件下,在壳内产生的电弧、传播的火焰、外壳壁或石英砂材料表面的温度都不能点燃周围爆炸性混合物。充砂型电气设备用于在使用时活动零件不直接与填料接触的、额定电压不超过 6 kV 的电气设备。充砂型电气设备的标志为"q"。

7. 正压型电气设备

正压型电气设备的防爆原理是将电气设备置入外壳内(壳内无可燃性气体释放源),将壳内充入保护性气体,并使壳内保护气体的压力高于周围爆炸性环境的压力,以阻止外部爆炸性混合物进入壳内,实现电气设备的防爆。正压型电气设备的标志为"p"。

8. 矿用一般型电气设备

对矿用一般型电气设备的基本要求是外壳坚固、封闭,能防止从外部直接触及带电部分;防滴、防溅、防潮性能好;有电缆引入装置,并能防止电缆扭转、拔脱和损伤;开关手柄和门盖之间有联锁装置等。防护等级一般不低于 IP54,外风冷式电机风扇进风口和出风口的防护等级不低于 IP20 和 IP10;用于无滴水和粉尘侵入的硐室中的设备,最高表面温度低于 200 ℃ 的起动电阻和整流机组的防护等级不低于 IP21;用外风扇冷却的设备和焊接用整流器的防护等级不得低于 IP43。矿用一般型电气设备表面温度不超过 85 ℃;操作手柄、手轮不高于 60 ℃;在结构上能防止人接触的部位不高于 150 ℃。

矿用一般型电气设备是一种煤矿井下用的非防爆型电气设备,它只能用于井下无瓦斯煤尘爆炸危险的场所。外壳的明显处有"KY"标志。

二、防爆电气设备的类型及要求

1. 矿用防爆电气设备的类型

矿用防爆电气设备是按照国家标准 GB 3836.1－2010 生产的专供煤矿井下使用的防爆电气设备,该标准规定防爆型电气设备分为Ⅰ类和Ⅱ类。

Ⅰ类:用于煤矿井下的电气设备,主要用于含有甲烷混合物的爆炸性环境。

Ⅱ类:用于工厂的防爆电气设备,主要用于含有除甲烷外的其他各种爆炸性混合物环境。

矿用防爆型电气设备,除了符合 GB 3836.1－2010 的规定外,还必须符合专用标准和有关标准的规定。根据不同的防爆要求可分为 10 种类型,其基本要求和标志符号见表 7-7。

表 7-7 矿用防爆电气设备一览表

序号	防爆类型	标志	基本要求
1	隔爆型	d	具有隔爆外壳的电气设备,其外壳既能承受内部爆炸性气体混合物引爆产生的爆炸压力,又能防止爆炸产物穿出隔爆间隙点燃外壳周围的爆炸性气体混合物
2	增安型	e	在正常运行条件下不会产生电弧、火花或可能点燃爆炸性混合物的高温的设备结构上,采取措施提高安全程度,以避免在正常和认可的过载条件下出现这些现象的电气设备

序号	防爆类型	标志	基本要求
3	本质安全型	i	在规定的试验条件下,在正常工作或规定的故障状态下产生的电火花和热效应均不能点燃规定的爆炸性混合物的电路,称为本质安全型电路。全部电路为本质安全型电路的电气设备即为本质安全型电气设备
4	正压型	p	具有正压外壳的电气设备,即外壳内充有保护性气体,并保持其压力高于周围爆炸性环境的压力,以阻止外部爆炸性混合物进入的防爆电气设备
5	充油型	o	全部或部分部件浸在油内,使设备不能点燃油面以上的或外壳以外的爆炸性混合物的电气设备
6	充砂型	q	外壳内部充填砂粒材料,使之在规定的条件下,壳内产生的电弧、传播的火焰、外壳壁或砂粒材料表面的过热温度,均不能点燃周围爆炸性混合物的电气设备
7	浇封型	m	将电气设备或其部件浇封在浇封剂中,使它在正常运行和认可的过载或认可的故障下不能点燃周围的爆炸性混合物的防爆电气设备
8	无火花型	n	在正常运行条件下,不会点燃周围爆炸性混合物,且一般不会发生有点燃作用故障的电气设备
9	气密性	h	具有气密外壳的电气设备
10	特殊型	s	异于现有防爆型式,由主管部门制定暂行规定,经国家认可的检验机构检验证明,具有防爆性能的电气设备,该型防爆电气设备须报国家技术监督局备案

2. 矿用防爆电气设备的通用要求

对矿用防爆型电气设备的通用要求主要包括:

(1) 电气设备的允许最高表面温度:

表面可能堆积粉尘时为±150 ℃。

采取防尘堆积措施时为±450 ℃。

(2) 电气设备与电缆的连接应采用防爆电缆接线盒。电缆的引入引出必须采用密封式电缆引入装置,并应具有防松动、防拔脱措施。

（3）对不同的额定电压和绝缘材料,电气间隙和爬电距离,都有相应的较高的要求。

（4）具有电气和机械闭锁装置,有可靠的接地及防止螺钉松动的装置。

（5）在设备外壳的明显处,均须设清晰永久性凸纹标志"Ex",并应有铭牌。

（6）防爆电气设备,必须经国家指定的防爆试验鉴定单位经过严格的试验鉴定,取得防爆合格证后,方可生产。

复习思考题

1. 机械制图中标注尺寸的基本原则有哪些?

2. 画剖视图应注意哪些事项?

3. 试述外螺纹的规定画法。

4. 试述内螺纹的规定画法。

5. 试述外花键的画法。

6. 试述内花键的画法。

7. 试述螺旋压缩弹簧的画法。

8. 一张完整的零件图必须具备哪些内容?

9. 试述看零件图的方法和步骤。

10. 表面粗糙度对零件使用性能的影响有哪些?

11. 什么是定轴轮系? 什么是周转轮系?

12. 容积式液压泵应具备哪些基本条件?

13. 液压泵和液压马达之间存在哪些差别?

14. 隔爆接合面常见的结构类型有哪些?

第八章 专业知识

第一节 润滑油脂

一、润滑油

1. 润滑油作用

润滑油是用在各种类型机械上以减少摩擦,保护机械及加工件的液体润滑剂,主要起润滑、冷却、防锈、清洁、密封和缓冲等作用。润滑油占全部润滑材料的85%。对润滑油总的要求是:

(1) 减摩抗磨,降低摩擦阻力以节约能源,减少磨损以延长机械寿命,提高经济效益;

(2) 冷却,要求随时将摩擦热排出机外;

(3) 密封,要求防泄漏、防尘、防窜气;

(4) 抗腐蚀防锈,要求保护摩擦表面不受油变质或外来侵蚀;

(5) 清净冲洗,要求把摩擦面积垢清洗排除;

(6) 应力分散缓冲,分散负荷和缓和冲击及减震;

(7) 动能传递,液压系统和遥控马达及摩擦无级变速等。

2. 润滑油的理化性能

润滑油是一种技术密集型产品,是复杂的碳氢化合物的混合物,而其真正使用性能又是复杂的物理或化学变化过程的综合效应。每一类润滑油脂都有其共同的一般理化性能,以表明该产品的内在质量。对润滑油来说,这些一般理化性能如下:

(1) 外观(色度)

油品的颜色,往往可以反映其精制程度和稳定性。对于基础油来说,一般精制程度越高,其烃的氧化物和硫化物脱除得越干净,颜色也就越浅。但是,即使精制的条件相同,不同油源和基属的原油所生产的基础油,其颜色和透明度也可能是不相同的。

对于新的成品润滑油,由于添加剂的使用,颜色作为判断基础油精制程度高低的指标已失去了它原来的意义。

(2)密度

密度是润滑油最简单、最常用的物理性能指标。润滑油的密度随其组成中含碳、氧、硫的数量的增加而增大,因而在同样粘度或同样相对分子质量的情况下,含芳烃多的,含胶质和沥青质多的润滑油密度最大,含环烷烃多的居中,含烷烃多的最小。

(3)黏度

黏度反映油品的内摩擦力,是表示油品油性和流动性的一项指标。在未加任何功能添加剂的前提下,黏度越大,油膜强度越高,流动性越差。

(4)黏度指数

黏度指数表示油品黏度随温度变化的程度。黏度指数越高,表示油品黏度受温度的影响越小,其黏温性能越好,反之越差。

(5)闪点

闪点是表示油品蒸发性的一项指标。油品的馏分越轻,蒸发性越大,其闪点也越低。反之,油品的馏分越重,蒸发性越小,其闪点也越高。同时,闪点又是表示石油产品着火危险性的指标。油品的危险等级是根据闪点划分的,闪点在 45 ℃ 以下为易燃品,45℃ 以上为可燃品,在油品的储运过程中严禁将油品加热到它的闪点温度。在黏度相同的情况下,闪点越高越好。因此,用户在选用润滑油时应根据使用温度和润滑油的工作条件进行选择。一般认为,闪点比使用温度高 20～30 ℃,即可安全使用。

(6)凝点和倾点

凝点是指在规定的冷却条件下油品停止流动的最高温度。油品的凝固和纯化合物的凝固有很大的不同。油品并没有明确的凝固温度,所谓"凝固"只是作为整体来看失去了流动性,并不是所有的组分都变成了固体。

润滑油的凝点是表示润滑油低温流动性的一个重要质量指标。对于生产、运输和使用都有重要意义。凝点高的润滑油不能在低温下使用。相反,在气温较高的地区则没有必要使用凝点低的润滑油。因为润滑油的凝点越低,其生产成本越高,造成不必要的浪费。一般说来,润滑油的凝点应比使用环境的最低温度低 5~7 ℃。但是特别还要提及的是,在选用低温的润滑油时,应结合油品的凝点、低温黏度及黏温特性全面考虑。因为低凝点的油品,其低温黏度和黏温特性亦有可能不符合要求。

凝点和倾点都是油品低温流动性的指标,两者无原则的差别,只是测定方法稍有不同。同一油品的凝点和倾点并不完全相等,一般倾点都高于凝点 2~3 ℃,但也有例外。

(7) 酸值、碱值和中和值

酸值是表示润滑油中含有酸性物质的指标,单位是 mgKOH/g。酸值分强酸值和弱酸值两种,两者合并即为总酸值(简称 TAN)。我们通常所说的"酸值",实际上是指"总酸值(TAN)"。

碱值是表示润滑油中碱性物质含量的指标,单位是 mgKOH/g。

碱值亦分强碱值和弱碱值两种,两者合并即为总碱值(简称 TBN)。我们通常所说的"碱值"实际上是指"总碱值(TBN)"。

中和值实际上包括了总酸值和总碱值。但是,除了另有注明,一般所说的"中和值",实际上仅是指"总酸值",其单位也是 mgKOH/g。

(8) 水分

水分是指润滑油中含水量的百分数,通常是重量百分数。润滑油中水分的存在,会破坏润滑油形成的油膜,使润滑效果变差,加速有机酸对金属的腐蚀作用,锈蚀设备,使油品容易产生沉渣。总之,润滑油中水分越少越好。

(9)机械杂质

机械杂质是指存在于润滑油中不溶于汽油、乙醇和苯等溶剂的沉淀物或胶状悬浮物。这些杂质大部分是砂石和铁屑之类,以及由添加剂带来的一些难溶于溶剂的有机金属盐。通常,润滑油基础油的机械杂质都控制在 0.005% 以下(机械杂质在 0.005% 以下被认为是无)。

(10)灰分和硫酸灰分

灰分是指在规定条件下,灼烧后剩下的不燃烧物质。灰分的组成一般认为是一些金属元素及其盐类。灰分对不同的油品具有不同的概念,对基础油或不加添加剂的油品来说,灰分可用于判断油品的精制深度。对于加有金属盐类添加剂的油品(新油),灰分就成为定量控制添加剂加入量的手段。国外采用硫酸灰分代替灰分。其方法是:在油样燃烧后灼烧灰化之前加入少量浓硫酸,使添加剂的金属元素转化为硫酸盐。

(11)残炭

油品在规定的实验条件下,受热蒸发和燃烧后形成的焦黑色残留物称为残炭。残炭是润滑油基础油的重要质量指标,是为判断润滑油的性质和精制深度而规定的项目。润滑油基础油中,残炭的多少,不仅与其化学组成有关,而且也与油品的精制深度有关,润滑油中形成残炭的主要物质是:油中的胶质、沥青质及多环芳烃。这些物质在空气不足的条件下,受强热分解、缩合而形成残炭。油品的精制深度越深,其残炭值越小。一般讲,空白基础油的残炭值越小越好。

现在,许多油品都含有金属、硫、磷、氮元素的添加剂,它们的残炭值很高,因此含添加剂油的残炭已失去残炭测定的本来意义。

机械杂质、水分、灰分和残炭都是反映油品纯洁性的质量指标,反映了润滑油基础油精制的程度。

3. 特殊理化性能

除了上述一般理化性能之外,每一种润滑油品还应具有表征其使用特性的特殊理化性质。越是质量要求高,或是专用性强的油品,其特殊理化性能就越突出。反映这些特殊理化性能的试验方法简要介绍如下:

(1) 氧化安定性

氧化安定性表明润滑油的抗老化性能,一些使用寿命较长的工业润滑油都有此项指标要求,因而成为这些种类油品要求的一个特殊性能。测定油品氧化安定性的方法很多,基本上都是一定量的油品在有空气(或氧气)及金属催化剂的存在下,在一定温度下氧化一定时间,然后测定油品的酸值、黏度变化及沉淀物的生成情况。一切润滑油都依其化学组成和所处外界条件的不同,而具有不同的自动氧化倾向。随使用过程而发生氧化作用,因而逐渐生成一些醛、酮、酸类和胶质、沥青质等物质,氧化安定性则是抑制上述不利于油品使用的物质生成的性能。

(2) 热安定性

热安定性表示油品的耐高温能力,也就是润滑油对热分解的抵抗能力,即热分解温度。一些高质量的抗磨液压油、压缩机油等都提出了热安定性的要求。油品的热安定性主要取决于基础油的组成,很多分解温度较低的添加剂往往对油品安定性有不利影响;抗氧剂也不能明显地改善油品的热安定性。

(3) 油性和极压性

油性是润滑油中的极性物在摩擦部位金属表面上形成坚固的理化吸附膜,从而起到耐高负荷和抗摩擦磨损的作用,而极压性则是润滑油的极性物在摩擦部位金属表面上,受高温、高负荷发生摩擦化学作用分解,并和表面金属发生摩擦化学反应,形成低熔点的软质(或称具可塑性的)极压膜,从而起到耐冲击、耐高负荷高温的润滑作用。

(4)腐蚀和锈蚀

由于油品的氧化或添加剂的作用,常常会造成钢和其他有色金属的腐蚀。腐蚀试验一般是将紫铜条放入油中,在 100 ℃下放置 3 h,然后观察铜的变化;而锈蚀试验则是在水和水汽作用下,钢表面会产生锈蚀,测定防锈性是将 30 mL 蒸馏水或人工海水加入到 300 mL 试油中,再将钢棒放置其内,在 54 ℃下搅拌 24 h,然后观察钢棒有无锈蚀。油品应该具有抗金属腐蚀和防锈蚀作用,在工业润滑油标准中,这两个项目通常都是必测项目。

(5)抗泡性

润滑油在运转过程中,由于有空气存在,常会产生泡沫,尤其是当油品中含有具有表面活性的添加剂时,则更容易产生泡沫,而且泡沫还不易消失。润滑油使用中产生泡沫会使油膜破坏,使摩擦面发生烧结或增加磨损,并促进润滑油氧化变质,还会使润滑系统气阻,影响润滑油循环。因此抗泡性是润滑油等的重要质量指标。

(6)水解安定性

水解安定性表征油品在水和金属(主要是铜)作用下的稳定性,当油品酸值较高,或含有遇水易分解成酸性物质的添加剂时,常会使此项指标不合格。它的测定方法是将试油加入一定量的水之后,在铜片和一定温度下混合搅动一定时间,然后测水层酸值和铜片的失重。

(7)抗乳化性

工业润滑油在使用中常常不可避免地要混入一些冷却水,如果润滑油的抗乳化性不好,它将与混入的水形成乳化液,使水不易从循环油箱的底部放出,从而可能造成润滑不良。因此抗乳化性是工业润滑油的一项很重要的理化性能。一般油品是将 40 mL

试油与 40 mL 蒸馏水在一定温度下剧烈搅拌一定时间,然后观察油层—水层—乳化层分离成 40－37－3 mL 的时间;工业齿轮油是将试油与水混合,在一定温度和 6 000 r/min 下搅拌 5 min,放置 5 h,再测油、水、乳化层的毫升数。

(8) 空气释放值

液压油标准中有此要求,因为在液压系统中,如果溶于油品中的空气不能及时释放出来,那么它将影响液压传递的精确性和灵敏性,严重时就不能满足液压系统的使用要求。测定此性能的方法与抗泡性类似,不过它是测定溶于油品内部的空气(雾沫)释放出来的时间。

(9) 橡胶密封性

在液压系统中以橡胶作密封件者居多,在机械中的油品不可避免地要与一些密封件接触,橡胶密封性不好的油品可使橡胶溶胀、收缩、硬化、龟裂,影响其密封性,因此要求油品与橡胶有较好的适应性。液压油标准中要求橡胶密封性指数,它是以一定尺寸的橡胶圈浸油一定时间后的变化来衡量。

(10) 剪切安定性

加入增粘剂的油品在使用过程中,由于机械剪切的作用,油品中的高分子聚合物被剪断,使油品黏度下降,影响正常润滑。因此剪切安定性是这类油品必测的特殊理化性能。测定剪切安定性的方法很多,有超声波剪切法、喷嘴剪切法、威克斯泵剪切法、FZG齿轮机剪切法,这些方法最终都是测定油品的黏度下降率。

(11) 溶解能力

溶解能力通常用苯胺点来表示。不同级别的油对复合添加剂的溶解极限苯胺点是不同的,低灰分油的极限值比过碱性油要大,单级油的极限值比多级油要大。

(12) 挥发性

基础油的挥发性与油耗、黏度稳定性、氧化安定性有关。这些性质对多级油和节能油尤其重要。

（13）防锈性能

这是专指防锈油脂所应具有的特殊理化性能，它的试验方法包括潮湿试验、盐雾试验、叠片试验、水置换性试验，此外还有百叶箱试验、长期储存试验等。

（14）电气性能

电气性能是绝缘油的特有性能，主要有介质损失角、介电常数、击穿电压、脉冲电压等。基础油的精制深度、杂质、水分等均对油品的电气性能有较大的影响。

（15）润滑脂的特殊理化性能

润滑脂除一般理化性能外，专门用途的脂还有其特殊的理化性能。如防水性好的润滑脂要求进行水淋试验；低温脂要测低温转矩；多效润滑脂要测极压抗磨性和防锈性；长寿脂要进行轴承寿命试验等。这些性能的测定也有相应的试验方法。

（16）其他特殊理化性能

每种油品除一般性能外，都应有自己独特的特殊性能。例如，淬火油要测定冷却速度；乳化油要测定乳化稳定性；液压导轨油要测防爬系数；喷雾润滑油要测油雾弥漫性；冷冻机油要测凝絮点；低温齿轮油要测成沟点等。这些特性都需要基础油特殊的化学组成，或者加入某些特殊的添加剂来加以保证。

4. 润滑油使用过程的管理

（1）润滑油的选用

润滑油的选用是润滑油使用的首要环节，是保证设备合理润滑和充分发挥润滑油性能的关键。选用润滑油应综合考虑以下三方面的要素：

① 机械设备实际使用时的工作条件（即工况）；

② 机械设备制造厂商说明书的指定或推荐；

③ 润滑油制造厂商的规定或推荐。

（2）润滑油性能指标的选定

① 黏度

黏度是各种润滑油分类分级的指标，对质量鉴别和确定有决定性意义。设备用润滑油黏度的选定依设计或计算数据查有关图表来确定。

② 倾点

倾点是间接表示润滑油贮运和使用时低温流动性的指标。经验证明一般润滑油的使用温度必须比倾点高 5～10 ℃。

③ 闪点

闪点主要是润滑油贮运及使用时安全的指标，同时也作为生产时控制润滑油馏分和挥发性的指标。润滑油闪点指标规定的原则是按安全规定留 1/2 安全系数，即比实际使用温度高 1/2 。如内燃机油底壳油温最高不超过 120 ℃，因而规定内燃机油闪点最低 180 ℃。

④ 性能指标的选定

性能指标比较多，不同品种差距悬殊，应综合设备的工况、制造厂要求和油品说明及介绍合理确定，努力做到既满足润滑技术要求又经济合理。

（3）润滑油的代用

不同种类的润滑油各有其使用性能的特殊性或差别。因此，要求正确合理选用润滑油，避免代用，更不允许乱代用。润滑油代用应遵循以下原则：

① 尽量用同一类油品或性能相近的油品代用。

② 黏度要相当，代用油品的黏度不能超过原用油品的 ±15％。应优先考虑用黏度稍大的油品进行代用。

③ 质量以高代低。

④ 选用代用油时还应注意考虑设备的环境与工作温度。

（4）润滑油的混用

不同种类牌号、不同生产厂家、新旧油应尽量避免混用。下列油品绝对禁止混用。

① 军用特种油、专用油料不能与别的油品混用。

② 有抗乳化性能要求的油品不得与无抗乳化要求的油品相混。

③ 抗氨汽轮机油不得与其他汽轮机油相混。

④ 含 Zn 抗磨液压油不能与抗银液压油相混。

⑤ 齿轮油不能与蜗轮蜗杆油相混。

下列情况可以混用：

① 同一厂家同类质量基本相近产品。

② 同一厂家同种不同牌号产品。

③ 不同类的油品，如果知道对混的两组分均不含添加剂。

④ 不同类的油品经混用试验无异常现象及明显性能改变的。

（5）润滑油污染的控制

润滑事故除因润滑油选用或使用不当外，主要由于污染所致。污染度的控制对液压油、汽轮机油、静压油膜轴承油和高速轴承油的抗磨损性能十分重要。污染润滑油的物质有尘埃、杂质和水分。控制污染的主要措施：

① 贮运润滑油品的容器必须清洁、密闭，且不与铜、锡等易于促进润滑油氧化变质的金属接触。

② 油品加入设备前要进行沉降过滤处理，保证清净度达到五级以上。

③ 加油容器不可露置在大气中，尤其装油容器不可无盖。

④ 贮存润滑油的油罐要定期清洗，及时排污。

⑤ 油罐或油箱上设空气过滤呼吸器，在加油口设 100 目以上的滤器和防尘帽，搞好各部密封，在润滑系统适当部位设过滤器及排污阀。

二、润滑脂

润滑脂即我们常说的机用黄油,是将稠化剂分散于液体润滑剂中所组成的一种稳定的固体或半固体产品,其中可以加入旨在改善润滑脂某种特性的添加剂及填料。润滑脂在常温下可附着于垂直表面不流失,并能在敞开或密封不良的摩擦部位工作,具有其他润滑剂所不可替代的特点。

润滑脂与润滑油相比具有以下优点:

(1)与具有可比黏度的润滑油相比,润滑脂具有更高的承载能力和更好的阻尼减震能力。

(2)由于稠化剂结构体系的吸收作用,润滑脂具有较低的蒸发速度。因此在缺油脂润滑状态下,特别是在高温和长周期运行中,润滑脂具有更好的特性。

(3)由于稠化剂结构的毛细管作用,与可比黏度的润滑油相比,润滑脂的基础油爬行倾向小。

(4)润滑脂能形成具有一定密封作用的脂圈,可防止固体或流体污染物的侵入,有利于在潮湿和多尘环境中使用。

(5)润滑脂能牢固地黏附在被润滑表面上,即使在倾斜甚至垂直表面上也不流失。在外力作用下,它产生形变,能够像油一样流动;一旦去掉外力,它又恢复到原始状态,停止流动。因此,润滑脂能在敞开的或密封不良的摩擦部件上工作。

(6)用润滑脂可简化设备的设计与维护,可以省掉油润滑系统中常常需要的油泵、冷却器、滤油器等,从而节省了设备费用。

(7)由于润滑脂粘附性好,不易流失,所以在停机后再启动仍可保持满意的润滑状态。

(8)用润滑脂通常只需要将少量润滑脂涂于被润滑表面,因而可大大节约油品的需求量。这对于能源紧缺的当今无疑是意义重大的。

正是由于润滑脂具有以上的优点,所以润滑脂和脂润滑越来越受到人们的重视。全世界的滚动轴承约有 80% 采用脂润滑,滑动轴承也有 20% 用脂润滑,就连一向用油润滑的齿轮箱,目前也有许多向着脂代油的方向发展。

润滑脂也有缺点,主要是冷却散热性能差,内摩擦阻力较大,供脂换脂不如油方便,因而其应用受到一定限制。

1. 基本组成

润滑脂主要是由稠化剂、基础油、添加剂三部分组成。一般润滑脂中稠化剂含量约为 10%～20%,基础油含量约为 75%～90%,添加剂及填料的含量在 5% 以下。

2. 润滑脂的主要理化指标

(1) 外观:包括颜色、光亮、透明度、纤维数、均匀性、气味、乳化性、光滑感和软硬度等情况。外观在使用上的意义:① 通过外观可以概括地推测润滑脂的质量情况,如均匀性、软硬度、有无皂块、有无机械杂质等。② 初步鉴定润滑脂品种。如钙基、锂基润滑脂是细纤维膏状,钠基润滑脂是长纤维结构。③ 可以了解润滑脂的粘附性和防护性。如凡士林和烃基润滑脂,具有较强黏稠性、拉丝性和附着力。④ 还可以了解润滑脂机械安定性,即通过用手指捻压,观察是否容易变稀。

(2) 滴点:又叫滴落点。在规定的条件下加热,润滑脂随温度升高而变软,从脂杯中滴下第一滴的温度称滴点。滴点在使用上的意义:① 滴点可以确定润滑脂使用时允许的最高温度。一般来讲,润滑脂应在低于滴点 20～30 ℃ 温度下工作。② 根据测定的滴点再配合外观指标鉴别,大致可以判断润滑脂的品种。如钙基润滑脂的滴点大约为 70～100 ℃;钙钠基润滑脂的滴点大约为 120～150 ℃;钠基润滑脂的滴点大约为 130～160 ℃;滴点高于 200 ℃,大多为合成润滑脂。

(3) 锥入度:锥入度是衡量润滑脂的稠度(即软硬程度)的指标。其测定方法是将润滑脂保持在一定温度,以规定重量的标准圆锥体,在 5 s 内沉入润滑脂的深度来表示。单位为 1/10 mm。锥入度在使用上的意义:① 表示润滑脂的稠度。锥入度大,则稠度小;锥入度小,则稠度大。在一定程度上表示润滑脂使用时,所承受负荷的大小,锥入度小的润滑脂承受负荷较大。② 表示流动性能。锥入度大的润滑脂软,反之则硬。锥入度过大易流失,过小流动性差。锥入度过小的润滑脂,不适宜用于高转速的运动副,也不适宜用于管道压力送脂润滑装置。③ 锥入度可以表示润滑脂的塑性强度,从而初步了解它的抗挤压、抗剪切的能力,便于合理使用。④ 润滑脂的牌号,是根据锥入度的大小来划分的,所以知其牌号则可知其锥入度的范围,知其锥入度则可知其牌号。

(4) 水分:水分是指润滑脂含水的质量分数。即在产品规格上是用来控制含水分的百分率。水分在使用上的意义:① 水分在润滑脂中存在有两种形式。一种是结构水,形成水合物结晶,这种水是润滑脂的稳定剂,是不可缺少的成分,是在润滑脂中允许存在的。另一种是游离水,被吸附或夹杂在润滑脂中,对润滑脂是有害的,会降低润滑脂的润滑性、机械安定性和化学安定性。如游离水过多,会对机件产生腐蚀作用。② 钙基润滑脂含有结构水质量分数为 1.5%~3%。这种含结构水的润滑脂,一般使用温度不超过 70~80 ℃。否则会失去水分,破坏脂的结构,引起油皂分离,失去润滑作用。除上述指标外,还有水分、分油量、游离酸和游离碱、还原性、氧化安定性、腐蚀性、机械安定性、润滑性等理化指标。

3. 润滑脂的选用

(1) 皂基润滑脂

皂基润滑脂占润滑脂产量的 90% 左右,使用最广泛。最常使用的有钙基、钠基、锂基、钙钠基、复合钙基等润滑脂。复合铝基、复合锂基润滑脂也占有一定的比例,这两种脂是有发展前景的品种。

① 钙基润滑脂。是由天然脂肪或合成脂肪酸用氢氧化钙反

应生成的钙皂稠化中等黏度石油润滑油制成。滴点在 75～100 ℃ 之间,其使用温度不能超过 60 ℃,如超过这一温度,润滑脂会变软甚至结构破坏不能保证润滑。具有良好的抗水性,遇水不易乳化变质,适于潮湿环境或与水接触的各种机械部件的润滑。具有较短的纤维结构,有良好的剪断安定性和触变安定性,因此具有良好的润滑性能和防护性能。

② 钠基润滑脂。是由天然或合成脂肪酸钠皂稠化中等黏度石油润滑油制成。具有较长纤维结构和良好的拉丝性,可以使用在振动较大、温度较高的滚动或滑动轴承上,尤其适用于低速、高负荷机械的润滑。因其滴点较高,可在 80% 或高于此温度下较长时间内工作。钠基润滑脂可以吸收水蒸气,延缓了水蒸气向金属表面的渗透。因此它有一定的防护性。

③ 钙钠基润滑脂。具有钙基和钠基润滑脂的特点。有钙基脂的抗水性,又有钠基脂的耐温性,滴点在 120 ℃ 左右,使用温度范围为 90～100 ℃。具有良好的机械安全性和泵输送性,可用于不太潮湿条件下的滚动轴承上。最常应用的是轴承脂和压延机润滑脂,可用于润滑中等负荷的电机,鼓风机、汽车底盘、轮毂等部位的滚动轴承。

④ 锂基润滑脂。是由天然脂肪酸(硬脂酸或 12-羟基硬脂酸)锂皂稠化石油润滑油或合成润滑油制成。由合成脂肪酸锂皂稠化石油润滑油制成的,称为合成锂基润滑脂。因锂基润滑脂具有多种优良性能,被广泛地用于飞机、汽车、机床和各种机械设备的轴承润滑。滴点高于 180 ℃,能长期在 120 ℃ 左右环境下使用。具有良好的机械安定性、化学安定性和低温性,可用在高转速的机械轴承上。具有优良的抗水性,可使用在潮湿和与水接触的机械部件上。锂皂稠化能力较强,在润滑脂中添加极压、防锈等添加剂后,制成多效长寿命润滑脂,具有广泛用途。

⑤ 复合钙基润滑脂。用脂肪酸钙皂和低分子酸钙盐制成的

复合钙皂稠化中等黏度石油润滑油或合成润滑油制成。耐温性好,润滑脂滴点高于 180 ℃,使用温度可在 150 ℃左右。具有良好的抗水性,机械安定性和胶体安定性。具有较好的极压性,适用于较高温度和负荷较大的机械轴承润滑。复合钙基润滑脂表面易吸水硬化,影响它的使用性能。

⑥ 复合铝基润滑脂。是山硬脂酸和低分子有机酸(如苯甲酸)的复合铝皂稠化不同黏度石油润滑油制成,固有良好的各种特性,适用于各种电机、交通运输、钢铁企业及其他各种工业机械设备的润滑。只有短的纤维结构,所以有良好的机械安定性和泵送性,因其流动性好,适用于集中润滑系统。具有良好的抗水性,可以用于较潮湿或有水存在条件下的机械润滑。

⑦ 复合锂基润滑脂。是由脂肪酸锂皂和低分子酸锂盐(如壬二酸,癸二酸,水杨酸和硼酸盐等)两种或多种化合物共结晶,稠化不同黏度石油润滑油制成,广泛应用于轧钢厂炉前辊道轴承,汽车轮轴承、重型机械、各种高阻抗磨轴承以及齿轮、涡轮、蜗杆等润滑。具有高的滴点,具有耐高温性;复合皂的纤维结构强度高,在高温条件下具有良好的机械安定性,有长的使用寿命;有良好的抗水淋特性,适于潮湿环境工作机械的润滑,如轧钢机械等。

⑧ 复合磺酸钙基润滑脂,美国 SOLTEX 公司率先开发出的高金属含量的新型润滑脂,具有强抗腐蚀性、极压耐磨性能和长的使用寿命,复合磺酸钙基润滑脂不需要加入添加剂即可达到锂基脂的效果,是最有发展前途的润滑脂品种之一。

(2) 无机润滑脂

主要有膨润土润滑脂及硅胶润滑脂两类。表面改质的硅胶稠化甲基硅油制成的润滑脂,可用于电气绝缘及真空密封。膨润土润滑脂是由表面活性剂处理后的有机膨润土稠化不同黏度的石油润滑油或合成润滑油制成,适用于轮轴承及高温部位轴承的润滑。

(3) 有机润滑脂

各种有机化合物稠化石油润滑油或合成润滑油,各具有不同的特性,这些润滑脂大都作特殊用途。如阴丹士林、酞菁铜稠化合成润滑油制成高温润滑脂可用于 200～250 ℃工况;含氟稠化剂如聚四氟乙烯稠化氟碳化合物或全氟醚制成的润滑脂,可耐强氧化剂,作为特殊部件的润滑。又如聚脲润滑脂可用于抗辐射条件下的轴承润滑等。

聚脲润滑脂是由聚脲稠化剂稠化石油润滑油或合成润滑油制成,耐高温性能好,在 25～225 ℃宽温范围内脂的稠度变化不大,又由于稠化剂分子中不含金属离子,消除了高温下金属对润滑油的催化作用,所以氧化安定性好;脲基脂在 149 ℃,10 000 r/min 条件下,轴承运转寿命超过 4 000 h。聚脲脂是近十年来迅速发展的一种广泛用途的产品,用于钢铁工业高洗部位的润滑,用于食品工业和电力、电子工业,以及长寿命的密封轴承的润滑。

4. 润滑脂储存注意事项

润滑脂是一个胶体,在使用和储存中脂的结构将会受各种外界因素的影响而变化。在库房存储时,温度不宜高于 35 ℃,包装容器应密封,不能漏入水分和外来杂质。当开桶取样品或产品后,不要在包装桶内留下孔洞状,应将取样品后的脂表面抹平,防止出现凹坑,否则基础油将被自然重力压挤而渗入取样留下的凹坑,而影响产品的质量。

(1)加入量要适宜

加脂量过大,会使摩擦力矩增大,温度升高,耗脂量增大;而加脂量过少,则不能获得可靠润滑而发生干摩擦。

(2)禁止不同品牌的润滑脂混用

由于润滑脂所使用的稠化剂、基础油以及添加剂都有所区别,混合使用后会引起胶体结构的变化,使得分油增大,稠度变化,机械安定性等都要受影响。

(3)注意换脂周期以及使用过程管理

注意定期加注和更换润滑脂,在加换新脂时,应将废润滑脂挤出,直到在排脂口见到新润滑脂时为止。加脂过程务必保持清洁,防止机械杂质、尘埃和砂粒的混入。

第二节 综采工作面"三机"的选型原则

综采工作面的"三机"是指采煤机、液压支架、刮板输送机,是综采工作面的主要设备。其选型首先必须考虑配套关系,选型正确先进、配套关系合理是提高综采工作面生产能力、实现高产高效的必要条件。

1. 采煤机的选型原则

(1) 采煤机能适合煤层地质条件,其主要参数(采高、截深、功率、牵引方式)的选取要合理,并有较大的适用范围。

(2) 采煤机应满足工作面开采生产能力的要求,其生产能力要大于工作面设计能力。

(3) 采煤机的技术性能良好,工作可靠,具有较完善的各种保护功能,便于使用和维护。

采煤机的实际生产能力、采高、截深、截割速度、牵引速度、牵引力和功率等参数在选型时必须确定。

实际生产能力主要取决于采高、截深、牵引速度以及工作时间利用系数。采高由滚筒直径、调高形式和摇臂摆角等决定。滚筒直径是滚筒采煤机采高的主要调节变量,每种采煤机都有几种滚筒直径供选择,滚筒直径应满足最大采高及卧底量的要求。截深的选取与煤层厚度、煤质软硬、顶板岩性以及移架步距有关。截割速度是指滚筒截齿齿尖的圆周切线速度,由截割部传动比、滚筒转速和滚筒直径确定,对采煤机的功率消耗、装煤效果、煤的块度和煤尘大小等有直接影响。牵引速度的初选是通过滚筒最大切削厚度和液压支架移架追机速度验算确定。牵引力是由外载荷决定的,其影响因素较多,如煤质、采高、牵引速度、工作面倾角、机身自重及导向机构的结构和摩擦系数等,没有准确的计算公式,一般取采煤机电机功率消耗的 10%～25%。滚筒采煤机电机功率常用单齿比能耗法或类比法计算,然后参照生产任务及煤层硬度等因素确定。

2. 液压支架的选型原则

(1) 液压支架的选型就是要确定支架类型(支撑式、掩护式、支撑掩护式)、支护阻力(初撑力和额定工作阻力)、支护强度与底板比压、支架的结构参数(立柱数目、最大最小高度、顶梁和底座的尺寸及相对位置等)及阀组性能和操作方式等。

(2) 选型依据是矿井采区、综采工作面地质说明书。在选型之前,必须将所采工作面的煤层、顶底板及采区的地质条件全部查清。然后依据不同类级顶板选取架型。最后依据选型内容结合国内现有液压支架的主要技术性能直接选定架型及其参数所对应的支架型号。

3. 刮板输送机的选型原则

(1) 刮板输送机的输送能力应大于采煤机的最大生产能力,一般取 1.2 倍。

(2) 要根据刮板链的质量情况确定链条数目,结合煤质硬度选择链子结构形式。

(3) 应优先选用双电机双机头驱动方式。

(4) 应优先选用短机头和短机尾。

(5) 应满足采煤机的配合要求,如在机头机尾安装张紧、防滑装置,靠煤壁一侧设铲煤板,靠采空区一侧附设电缆槽等。在选型时要确定的刮板输送机的参数主要包括输送能力、电机功率和刮板链强度等。输送能力要大于采煤机生产能力并有一定备用能力。电机功率主要根据工作面倾角、铺设长度及输送量的大小等条件确定。刮板链的强度应按恶劣工况和满载工况进行验算。

上述"三机"的选型原则及配套关系的分析可以看到,其选型工作是一项复杂的系统工程,涉及地质学、岩石力学、采矿学、机电和机制等多门学科,同时又是提高综采工作面矿井效率和效益的前提所在。目前的选型设计还是以经验类比法为主,虽然基本上能够满足生产需要,但在某些环节上还存在着严重的不合理现象。高产高效综采工作面的三机选型应从实际出发,因地制宜,具备什么档次的开采条件,就选用相应档次的配套设备。新建矿和旧矿井的改造还应区别对待,现有设备的充分利用也是不可忽视的问题。综采发展的原则不是要增加综采工作面数量,而是应该提高综采工作面单产,减少辅助作业环节,提高集中生产化的程度。

复习思考题

1. 对润滑油总的要求是什么?
2. 润滑油的理化性能有哪些?
3. 选用润滑油应综合考虑哪些要素?
4. 润滑油代用应遵循哪些原则?
5. 什么情况下润滑油可以混用?
6. 如何控制润滑油的污染?
7. 润滑脂的主要理化指标有哪些?
8. 润滑脂储存注意事项有哪些?
9. 润滑脂使用注意事项有哪些?

第九章　综采机械设备的防滑、防倒

一、采煤机

规程规定当工作面倾角大于 15°时采煤机必须采取防滑措施。在倾角较大的工作面采煤机组的防滑一般采用如下措施：

（1）加强机组的检修维护，保持机组工作防滑和事故防滑功能的灵敏可靠，防止机组失控下滑。

（2）严格控制机组牵引速度，一般空刀不超过 4 m/min，重载不超过 2.5 m/min，正常情况下严禁用急停按钮停车，防止由于惯性损坏机组制动系统。

（3）机组抱闸要保持完好，并进行周检。

（4）采煤机采用先进的交流四象限变频调速，下行割煤时下滑速度大于牵引速度时，采煤机产生发电制动，限制了采煤机下滑。

（5）采煤机停机时尽可能停在下滚筒切入煤墙处，上滚筒落到最低点。

二、采煤机拖移电缆及水管的防滑措施

生产过程中，当采煤机由机尾下行割煤时，由于电缆和水管的自重，在电缆槽内发生"飞车"现象，电缆水管极易窜入运行中的刮板输送机内或采煤机滚筒下，造成电缆水管严重损坏，为避免这种现象，采用改变电缆水管的布置方式。一般采取措施为：

（1）在变向处电缆用钢丝绳及绳卡锁在电缆槽上；

（2）电缆夹绑上摩擦阻力较大的保护层，以增加摩擦阻力；

（3）支架工看好分工范围内的电缆，发现电缆下滑脱槽及时

停机处理。

三、对排头支架的防滑防倒控制

（1）将机头三架连锁，作为整个工作面设备防滑防倒的锚固点。机头 $1^{\#}$、$2^{\#}$、$3^{\#}$ 排头支架顶梁用千斤顶铰接，调正升紧后作为上部支架的基础，保证排头支架不倾倒，可以保证整个工作面支架不倾倒，如图 9-1。

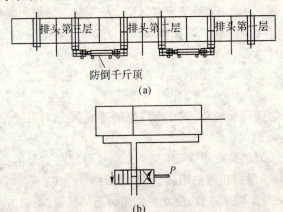

图 9-1　排头支架的防滑防倒控制示意图

（a）机头三架防倒装置示意图；（b）机头三架防倒装置液压原理图

（2）端头架移架按照 $2^{\#}$、$1^{\#}$、$3^{\#}$ 顺序拉架，$1^{\#}$ 架外帮用单体柱及时扶架，使工作面下部自由端走正。

（3）$1^{\#}$ 架外帮沿走向抬棚紧贴支架下帮，保证支架沿梁前移，阻止支架下滑歪倒。

（4）加强工作面第一架位置监控，工作面从初采开始，运输巷经常保持明显的参考测量红线，由验收员每班及时掌握第一架的位置，并记录汇总分析，以便掌握工作面支架的移动趋势，发现问题及时处理。

四、对工作面中部支架的防滑防倒控制

（1）工作面支架侧护板每 3 架必须留有 150 mm 的间隙，移

架必须注意调整支架的中心距,防止挤、咬、倒架现象。

(2)中部每次移架,支架工必须先看支架与运输机的位置是否垂直,利用侧护板和单体柱及时调整支架位置。

(3)所有支架必须升紧,升架操作手把要保持2~3个升架循环,防止由于支架下滑引起的倾倒。

(4)控制采高,坚持带压拉架,确保支架接顶严密。

(5)保证工作面"三平两直",使支架顶梁与顶板面接触。

(6)拉架顺序从机尾往机头拉架,拉架时其下侧相邻支架顶梁侧护板千斤顶升紧。

(7)严格按支架操作"细、匀、净、快、够、正、严、紧、平"九字要诀拉架。

(8)加强顶板管理,防止出现端面冒顶事故,导致支架接顶状态不好造成倒架。

(9)严禁超高使用支架,若工作面采高超过支架的支护高度时,应及时采取留顶煤的措施,确保支架接顶严实。

(10)减少调采次数,防止因调采引起的挤架、咬架事故发生。

五、工作面刮板运输机的防滑措施

(1)采用防滑千斤顶

综采工作面设备的防滑主要是防止刮板输送机下滑,只要刮板输送机不下滑,支架一般就不会下滑。利用支架的相对稳定性,通过安装防滑装置,来控制刮板输送机的下滑。具体方法是:从机头第5架支架开始,每间隔5架在支架底座前端与刮板输送机推移侧耳之间安装一套防滑装置。每套防滑装置主要由千斤顶、圆环链(92-ϕ26型)、固定座、调链卡、连接头、液压控制系统等组成。防滑装置示意图及液压系统原理如图9-2。

除移动固定防滑装置的支架外,防滑设施要经常保持拉紧状态。为保证操作的安全性,在链条的两端分别与运输机和支架底座用 ϕ15.5 mm 的钢丝绳固定牢靠,钢丝绳毛头用皮带缠住,防止

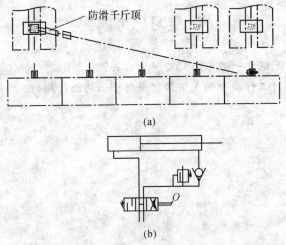

图 9-2　防滑装置示意图及液压系统原理图

（a）防刮板输送机下滑装置示意图；（b）防刮板输送机下滑装置液压原理图

绳头伤人和电缆扎伤，并合理调整单向锁的安全阀阀值，杜绝链条断裂甩伤人员。

（2）创新采煤工艺

① 采煤机单向割煤，增加装煤工序，下行割煤，上行装煤，往返进一刀的采煤工艺，其回采工艺流程为：下行割煤→拉架→返空刀装煤→上行推溜。推运输机时，先推较低位置的机头，然后依次向上推溜，可避免运输机由机尾向下推移时的下滑推力，使防滑装置始终处于张紧状态，有效地防止了运输机下滑。

② 采用伪斜（伪仰）开采工作面煤壁与运输巷保持一个钝角（根据工作面倾角而变），保证运输巷超前，超前量保持在 10～15 m 为宜，并根据工作面倾角变化随时调整，一方面可以减少工作面坡度，另外在推移运输机时，可给运输机一个向上的作用力，使得运输机的下滑量与推移运输机产生的上窜量相互抵消。

复习思考题

1. 采煤机一般采取哪些防滑措施？
2. 对工作面中部支架的防滑防倒如何进行控制？

第四部分
中级综采维修钳工技能要求

第十章　钳工基本操作技能

第一节　划　线

一、划线的概念

在毛坯或工件上,用划线工具划出待加工部位的轮廓线或作为基准的点、线,称为划线。划线分为平面划线和立体划线两种。

二、划线的作用

(1)确定工件的加工余量,使加工有明显的尺寸界限。

(2)为便于复杂工件在机床上的装夹,可按划线找正定位。

(3)能及时发现和处理不合格的毛坯。

(4)当毛坯误差不大时,可通过借料划线的方法进行补救。

三、划线工具的种类及使用要点

1. 划针

(1)针尖磨成 $15°\sim20°$ 的夹角,被淬硬的碳素工具钢的针尖刃磨时应及时浸水冷却,防止退火变软。

(2)划线时,针尖要紧靠导向面的边缘。

(3)划线时,划针与划线方向呈倾斜 $45°\sim75°$ 夹角,上部向外倾斜 $15°\sim20°$。

2. 划线盘和游标高度尺

(1)划线盘的划针伸出夹紧位置以外不宜太长,应接近水平位置夹紧划针,保持较好的刚性,防止松动。

(2)划线盘和游标高度尺底面与平台接触面都应保持清洁,

以减小阻力,拖动底座时应紧贴平台工作面,不能摆动、跳动。

（3）游标高度尺是精密划线工具,不得用于粗糙毛坯的划线。用完后应擦拭干净,涂油装盒保管。

3. 划规

（1）划规使用时应施较大的压力于旋转中心一脚,而施较小的压力于另一脚在零件表面划线。

（2）划线时划规的两脚尖要保持在同一平面上。

4. 样冲

（1）样冲尖磨成 $45°\sim 60°$ 夹角,磨时防止过热退火。

（2）打样冲时冲尖对准线条正中。

（3）样冲眼间距视划线长短曲直而定,线条长而直则间距可大些,短而曲则间距可小些,交叉、转折处必须打上样冲眼。样冲眼的深浅要视零件表面粗糙程度而定,表面光滑或薄壁零件样冲眼打得浅些,粗糙表面上打得深些,精加工表面禁止打样冲眼。

5. 划线平台

（1）平台工作表面应保持清洁。

（2）工件和工具在平台上都要轻拿轻放。

（3）用后要擦拭干净,并涂上机油防锈。

6. 钢直尺

钢直尺是一种简单的测量工具和划线的导向工具。

7. 90°角尺

90°角尺在钳工制作中应用广泛。它可作为划平行线、垂直线的导向工具,还可用来找正工件在划线平板上的垂直位置。

8. 万能角度尺

万能角度尺除测量角度、锥度之外,还可作为划线工具,用来划角度线。

9. 支撑夹持工件的工具

划线时支撑、夹持工件的常用工具有垫铁、V 形架、角铁、方箱和千斤顶。

四、划线前的准备与划线基准

划线前,首先要看懂图样和工艺要求,明确划线任务,检验毛坯和工件是否合格,然后对划线部位进行清理、涂色,确定划线基准,选择划线工具进行划线。

1. 划线前的准备

划线前的准备包括对工件或毛坯进行清理、涂色及在工件孔中装中心塞块等。常用涂色的涂料有石灰水和酒精色溶液。石灰水用于铸件毛坯的涂色,为增加石灰水的吸附力,可加入适当的牛皮胶水。酒精色溶液由 2%～4%的龙胆紫、3%～5%虫胶和 91%～95%的酒精配制而成,主要用于已加工表面的涂色。

2. 划线基准的选择

在划线时选择工件上的某个点、线、面作为依据,用它来确定工件的各部分尺寸、几何形状及工件上各要素的相对位置,此依据称作划线基准。

在零件图样上,用来确定其他点、线、面位置的基准,称为设计基准。划线应从划线基准开始。选择划线基准的基本原则是尽可能使划线基准和设计基准重合,这样能够直接量取划线尺寸,简化尺寸换算过程。

划线基准一般根据以下 3 种类型选择:

(1) 以两个互相垂直的平面(或直线)为基准。

(2) 以两条互相垂直的中心线为基准。

(3) 以一个平面和一条中心线为基准。

3. 零件或毛坯的找正

找正是利用划线工具将零件或毛坯上有关表面与基准面调整到合适的位置。零件的找正是依照零件选择划线基准的要求进行的,零件的划线基准又是通过找正的途径来最后确定它在零件上的准确位置。

4. 零件的借料

借料就是通过试划和调整,使各加工表面的余量互相借用,合理分配,从而保证各加工表面都有足够的加工余量,而使误差和缺陷在加工后排除借料划线时,应首先测量出毛坯的误差程度,确定借料的方向和大小,然后从基准开始逐一划线。若发现某一加工面的余量不足时,应再次借料,重新划线,直至各加工表面都有允许的最小加工余量为止。

5. 平面划线步骤

(1) 看清、看懂图样,详细了解工件上需要划线的部位,明确工件及其划线有关部分的作用和要求,了解有关的加工工艺。

(2) 选定划线基准。

(3) 初步检查毛坯的误差情况,给毛坯涂色。

(4) 正确安放工件和选用划线工具。

(5) 划线。

(6) 详细对照图样检查划线的准确性。

(7) 在线条上打出样冲眼。

6. 立体划线步骤

(1) 看清图样,详细了解零件加工工艺过程,并确定需要划线的部位。明确零件及其划线的有关部分的作用和要求,判定零件划线的次数和每次划线的位置范围。

(2) 选定划线基准,确定装夹位置和装夹方法。

(3) 检查毛坯误差情况,并确定是否需要借料,如需借料,则应初步确定借料的方向与距离,然后在划线部位涂上涂料。

(4) 找正。

(5) 划线。

(6) 详细检查划线的准确性以及是否有漏划线条。

(7) 在划好的线条上打出样冲眼。

第二节　平面加工

一、錾削

用锤子打击錾子对金属工件进行切削加工的方法称为錾削。

1. 錾子

錾子是錾削工件的工具,用碳素工具钢(T7A 或 T8A)锻打成形后再进行刃磨和热处理而成。钳工常用的錾子主要有阔錾、狭錾(尖錾)、油槽錾和扁冲錾 4 种,如图 10-1 所示。阔錾用于錾切平面、切割和去毛刺,狭錾用于开槽,油槽錾用于錾切润滑油槽,扁冲錾用于打通两个钻孔之间的间隔。

2. 錾削的几何角度

图 10-2 所示为錾削时的几何角度。錾子切削部分由前刀面、后刀面和切削刃组成。

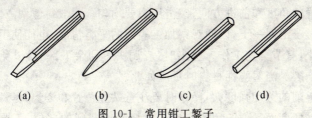

(a)　　　　　(b)　　　　　(c)　　　　　(d)

图 10-1　常用钳工錾子

(a) 阔錾;(b) 狭錾(尖錾);(c) 油槽錾;(d) 扁冲錾

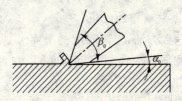

图 10-2　錾削角度

(1) 楔角(β_0)。前刀面和后刀面之间的夹角称为楔角。楔角由刃磨形成,其大小取决于切削部分的强度及切削阻力的大小。楔角大时,刃部强度较高,但切削阻力也大。因此,在满足强度的前提下应尽量选较小的楔角。

(2)后角(α_0)。后刀面与切削平面的夹角称为后角。后角的大小决定于錾子被掌握的方向,其作用是减小后刀面与切削平面的摩擦。后角太大,切削深度大,切削困难;后 β 角太小,易造成錾子从工件表面滑过。錾削时一般选 $5°\sim8°$ 比较适合。

(3)前角(γ_0)。前刀面和基面的夹角称为前角。前角对切削力、切削变形都有影响,前角大,切削省力,切削变形小。由于 γ_0 $=90°-(\beta_0+\alpha_0)$,所以当楔角与后角确定之后,前角的大小也就确定下来了。

3. 錾削方法

錾削可分为起錾、錾切、錾出 3 个步骤,如图 10-3 所示。起錾时,錾子要握平或将錾头略向下倾斜以便切入。錾切时,錾子要保持正确的角度和前进方向,锤击用力要均匀。一般每錾两三次后,可将錾子退回一下,以便观察加工表面的平整情况,也能使手臂肌肉放松,有节奏地工作。錾出时,应调头錾切余下部分,以免工件边缘崩裂。当錾脆性材料时更应如此。

錾削的劳动强度大,操作时要注意站立位置和姿势,尽量使全身不易疲劳而又便于用力。锤击时要看着錾削的部位,不要看着锤击的部位,否则工件表面不易錾平,而且手锤容易打到手上。

4. 錾削平面及一般槽的方法

錾削平面的一般方法:錾削较大的平面时,先用狭錾开槽,然后再用扁錾至平宽度约为扁錾刃口宽度的 3/4,扁錾刃口应与槽的方向成 45°角,如图 10-4 所示。

錾削直槽的方法如下:

(1)根据图纸要求划出加工线条。

(2)根据直槽宽度修磨好狭錾。

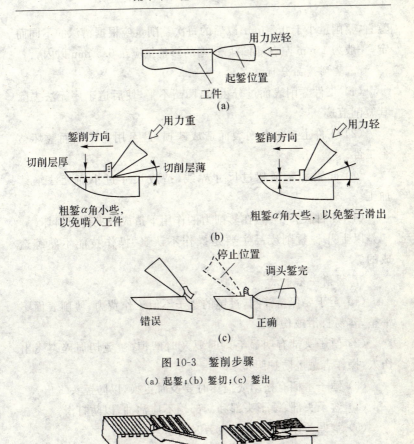

图 10-3 錾削步骤

(a) 起錾；(b) 錾切；(c) 錾出

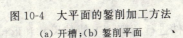

(a) (b)

图 10-4 大平面的錾削加工方法

(a) 开槽；(b) 錾削平面

（3）采用正面起錾，即对准划线槽錾出一个小斜面，再逐步进行錾削。

（4）錾削量的确定：开始第一遍的錾削要根据线条将槽的方向

錾直,錾削量小于 0.5 mm;以后的每次錾削量应根据槽深的不同而定,一般为 1 mm 左右,而最后一遍的修整量应在 0.5 mm 以内。

5. 錾削废品分析

(1)工件錾削表面过分粗糙,凹凸不平,使后道工序无法去除其錾削痕迹。

(2)工件上棱角有崩裂而造成缺损,甚至用力不当而錾坏整个工件。

(3)起錾和錾削超过尺寸界线,造成尺寸过小而无法继续加工。

(4)工件夹持不当,在錾削力的作用下造成被夹持面损坏。

以上几种錾削废品主要是操作不认真、操作技能不熟练造成的。

6. 錾削安全技术

(1)至于要保持锋利,过钝的錾子不但工作费力、錾削表面不平整,容易打滑或伤手。

(2)錾子头部有明显毛刺时要及时磨掉,避免切屑碎裂飞出伤人,操作者戴上防护眼镜。

(3)锤子木柄有松动或损坏时要及时更换,以防锤头飞出。

(4)錾子头部、锤子头部和柄部均不应沾油,以防打滑。

(5)掌握动作要领,錾削疲劳时要适当休息。

(6)工件必须夹持稳固、伸出钳口高度 10~15 mm,且工件下要加垫木。

二、锉削

用锉刀对工件进行切削加工使其尺寸和形位公差等达到图样要求的操作方法称为挫削。

1. 锉刀的种类和选用

锉刀的分类方法很多,按齿纹齿距大小可分为粗齿锉、中齿锉、细齿锉和油光锉等。按用途不同可分为普通锉、特种锉和整形锉(什锦锉)等。

普通锉按其断面形状的不同又分为平锉(板锉)、方锉、三角锉、半圆锉和圆锉等。特种锉是加工特殊表面用的,其断面形状如图 10-5 所示。整形挫尺寸很小,形状很多,通常是 10 把一组。

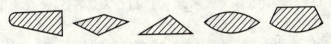

图 10-5　特种锉的断面形状

锉刀的选择包括选取锉刀的粗细齿和锉刀的大小及形状。锉刀粗细齿的选择取决于加工工件余量的大小、加工精度的高低和工件材料的性能。一般粗齿锉刀用于加工软金属,加工余量在 0.5～1 mm,精度和粗糙度要求低的工件;细齿锉刀用于加工硬材料,加工余量小,精度和表面积糙度要求高的工件。锉刀的大小尺寸和形状的选择取决于加工工件的大小及加工面的形状。

2. 平面及曲面锉削方法

(1)平面锉削方法。平面锉削是锉削中最基本的一种。常用顺向锉、交叉锉和推锉 3 种操作方法。顺向锉是锉刀始终沿工件夹持的方向锉削,一般用于最后的锉平或锉光。交叉锉是锉刀运动方向与工件夹持的方向成 30～40°角,且锉纹交叉。交叉挫切削效率高,锉刀也容易掌握。如工件余量较多时,先用交叉锉锉好。推锉的锉刀运动方向与工件夹持的方向相垂直。当工件表面已锉平、余量很小时,为了提高工件表面粗糙度和修正尺寸,用推锉较好,尤其适用于较窄表面的加工。

(2)曲面锉削方法。最基本的曲面是单一的外圆弧面及内圆弧面。掌握内外圆弧面的锉削方法和技能是掌握各种曲面锉削的基础。锉削外圆弧面时,锉刀将同时完成前进运动和绕工件圆弧中心的转动,其方法有顺着圆弧面锉和对着圆弧面锉;锉削内圆弧面时,锉刀随圆弧面向左或向右移动并绕锉刀中心线转动。

3. 锉削废品分析

（1）划线不准确或锉削过程中的检查测量有误，造成尺寸精度不合格。

（2）一次锉削量过大而没有及时测量，造成锉过了尺寸界线。

（3）锉削的技术要领掌握不好，粗心大意，只顾锉削，不顾已加工好的面。

（4）选用锉刀不当，造成加工面粗糙度超差。

（5）没有及时清理加工面上和锉刀齿纹上的铁屑，造成加工面划伤。

（6）工件的装夹部位或夹持力不正确造成工件变形。

4. 锉削安全技术

（1）不使用无柄或裂柄锉。

（2）不允许用嘴吹锉屑，避免铁屑进入眼内。

（3）锉刀放置不允许露出钳台外，避免砸伤腿脚。

（4）锉削时要防止锉刀从锉柄中滑脱出而伤人。

（5）不允许用锉刀撬、击物体，防止锉刀折断、碎裂伤人。

三、锯削

用手锯对材料或工件进行切断或切槽的操作称为锯削。

1. 锯条的选用

锯条根据锯齿的齿距大小可分为细齿（1.1 mm）、中齿（1.4 mm）和粗齿（1.8 mm）3 种，使用时应根据所锯材料的软硬和厚薄来选用。锯削软材料（如紫铜、青铜、铝、铸铁、低碳钢和中碳钢等）且较厚材料时应选用粗齿锯条；锯削硬材料或薄的材料（如工具钢、合金钢、各种管子、薄板材料或角铁等）时应选用细齿锯条。一般来说，锯削薄材料时在锯削截面上至少应有 3 个齿距同时参加锯削，这样才能避免锯齿被钩住和崩裂。

2. 锯割方法

锯割时要掌握好起锯、锯割压力、速度和往复长度等。起锯时,锯条应与工件表面倾斜成 $10°\sim15°$ 的起锯角,如起锯角太大,锯齿容易崩裂,起锯角太小,锯齿容易切入。为防止锯条滑动,可用左手拇指靠住锯条。锯割时,可采用小幅度的上下摆动式运动。前进时,右手前推,左手施压,用力要均匀,返回时,锯条从工件加工面上轻轻滑过,往复速度一般为 40 次/min。在锯割的开始和终了,锯割的压力和速度都应减少。

锯条应全长工作,以免中间部分迅速磨钝。锯缝如果歪斜,不可强行纠正,应将工件翻过 $90°$ 重新起锯。锯割硬材料时,压力应大些,速度慢些。为了提高锯条使用寿命,锯割钢料时,可以加些乳化液、机油等作为切削液。

各种材料的锯割方法如下:

(1) 薄板料的锯割。锯割时应从宽面上锯下去并用两块木块夹持,当只有在板料的狭面上锯下时连木块一起锯下。

(2) 管子的锯割。锯割圆管时不可以从上到下一次锯断,应当在刚锯透管壁时,将圆管向着推锯的方向转过一个角度,锯条仍从原锯缝锯下去,不断转动,直到锯断为止。

(3) 深缝锯割。当锯缝深度超过锯弓的高度时,应将锯条转过 $90°$ 重新装夹,使锯弓转到工件旁边,当锯弓横下来,其高度仍不够时,也可以把锯条装夹成锯齿朝着弓背进行锯削。

3. 锯削常见缺陷及原因分析

锯削常出现锯条损坏和工件报废等缺陷,其原因分析见表 10-1。

4. 锯削安全技术

要防止锯条折断后弹出伤人。零件装夹牢固,在零件即将被锯断时,要防止断料掉下来砸脚,同时防止用力过猛,将手撞到零件或台虎钳上受伤。

表 10-1　　　　　　　锯削常见缺陷及原因分析

缺陷形式	原因分析
据条折断	① 锯条选用不当或起锯角度不当； ② 锯条装夹过紧或过松； ③ 零件未夹紧； ④ 锯削压力太大或推锯过猛； ⑤ 换上的新锯条在原锯缝中受卡； ⑥ 锯缝歪斜后强行矫正； ⑦ 零件锯断时锯条撞击其他硬物
锯齿崩裂	① 锯条选择不对； ② 锯条装夹过紧； ③ 起锯角度太大； ④ 锯削中遇到材料组织缺陷，如杂质、砂眼等； ⑤ 锯薄壁零件采用方法不当
锯缝歪斜	① 零件装夹不正； ② 锯条装夹过松； ③ 锯削时双操作不协调，推力、压力和方向掌握不好

四、刮削

用刮刀刮去工件表面金属薄层的加工方法称为刮削。刮削分为平面刮削和曲面刮削两种。

1. 常用刮刀的种类

刮刀有平面刮刀和曲面刮刀两种。

(1) 平面刮刀。平面刮刀用于平面刮削和平面上刮花。刮刀一般采用 T12A 或弹性较好的 GCr15 滚动轴承钢制成，并经热处理淬硬。当刮削硬度较高的工件时，又可以用高速钢或硬质合金作为刀头。常用的平面刮刀有直头和弯头两种。

(2) 曲面刮刀。曲面刮刀主要用来刮削曲面，其种类有三角刮刀、柳叶刮刀、蛇形刮刀。

2. 显示剂的种类及使用要点

(1) 显示剂的种类

① 红丹粉。红丹粉有铅丹和铁丹两种,分别是由氧化铅和氧化铁加机油调和而成。前者呈桔红色、后者呈桔黄色,主要用于刮削表面为铸铁或钢件的涂色。

② 蓝油。蓝油是用蓝粉和蓖麻油调和而成的,主要用于精密工件、有色金属及合金在刮削时的涂色。

(2) 显示剂使用要点

显示剂使用方法是否正确,对刮削质量和刮削效率影响很大。其方法是:粗刮时,显示剂调和稀些,涂刷在标准工具表面,涂得厚些,显示点较暗淡,大且少,切屑不易黏附在刮刀上;精刮时,显示剂调和干些,涂抹在零件表面,涂得薄而均匀,显示点细小清晰,便于提高刮削精度。

3. 刮削方法

(1) 粗刮,指对误差部位进行较大切削量的刮削,基本消除刮削面宏观误差和机械加工痕迹即可。刮削时,使用粗刮刀连续推铲,刀迹长而成片,每刮一遍后,第二遍与第一遍呈 $30°\sim45°$ 交叉进行,刮削后的研点达到每 25 mm×25 mm 内有 2~3 个研点时即可。

(2) 细刮。细刮指使用细刮刀进行短刮,刮点要准,用力均匀,轻重合适,第一遍按同一方向刮削,第二遍要交叉刮削,使刀迹呈 $45°\sim60°$ 的网纹状。随研点增多,刀迹逐渐缩短缩窄,把粗刮留下的大块研点分割至每 25 mm×25 mm 内有 12~15 个研点时即可。

(3) 精刮。精刮指使用精刮刀进行点刮,刀迹长约 5 mm。精刮时,找点要准,落刀要轻,起刀要快。在每个研点上只刮一刀,不能重复,刮削方向要按交叉原则进行。最大最亮的研点全部刮去,中等研点只刮去顶点一小片,小研点留着不刮。当研点逐渐增多到每 25 mm×25 mm 内有 20 个研点以上时,就要在最后的几遍刮削中,让刀迹的大小交叉一致,排列整齐美观,以结束精刮。

(4)刮花纹。刮花纹是用刮刀在刮削面上刮出装饰性花纹使其整齐美观,并使刮削表面有良好的贮油润滑作用。

(5)曲面刮削。曲面刮削主要是对套、轴瓦等零件的内圆柱面、内圆锥面和球面的刮削。刮削时,要选用合适的曲面刮刀,控制好刀刃与曲面接触角度和压力,刮刀在曲面内做前推或后拉的螺旋运动,刀迹应与孔轴中心线成 45°交角,第二遍刀迹垂直交叉。合研时,可选标准轴(工艺轴)或零件轴作标准工具进行配研,显示剂涂在轴上。粗刮时略涂厚些,轴转动角度稍大,精刮时显示剂涂得薄而均匀,轴转动角度要小于 60°,防止刮点失真和产生圆度误差。刮点分布一般两端稍硬(通常每 25 mm×25 mm 内有 10~15 个研点)、中间略软(通常每 25 mm×25 mm 有 6~8 个研点),有油槽的轴套要将油槽两边刮软些,便于建立油膜,油槽两端刮点均匀密布,防止漏油。

4. 刮削常见缺陷及原因分析

刮削常见缺陷及原因分析见表 10-2。

表 10-2   **刮削常见缺陷及原因分析**

缺陷形式	特征	原因分析
深凹痕	刀迹太深,局部显点稀少	① 粗刮时用力不均匀,局部落刀太重; ② 多次刀痕重叠; ③ 刀刃圆弧过小
梗痕	刀迹单面产生刻痕	刮削时用力不均匀,使刃口单面切削
撕痕	刮削面上呈粗糙刮痕	① 刀刃不光洁,不锋利; ② 刀刃有缺口或裂纹
落刀或起刀痕	在刀迹的起始或终了处产生深的刀痕	落刀时,左手压力和动作速度较大及起刀不及时
振痕	刮削面上呈有规则的波纹	多次同向切削,刀迹没有交叉

缺陷形式	特征	原因分析
划道	刮削面上划有深浅不一的直线	显示剂不清洁,或研点时有砂粒、铁屑等杂物
切削面精度不高	研点变化不规律	① 研点时压力不均匀,工作外露太多面出现假点; ② 研具不正确; ③ 研点时放置不平稳

5. 刮削安全技术

(1) 刮削前,工件的锐边应倒角,防止伤手。

(2) 刮削中因操作者高度不够需要在脚下垫踏板时,踏板要安放平稳,以防跌倒受伤。

(3) 刮削时,刮刀柄应安装可靠,防止木柄破裂使刀柄端穿过木柄伤人。

(4) 工件要装夹牢固,大型工件要安放平稳,搬动时要注意安全。

(5) 刮削至工件边缘时,不可用力过猛,以免失控,发生事故。

(6) 刮刀用后,刀头要用布包好,妥善放置。

第三节　孔　加　工

孔加工是钳工的重要操作技能之一。孔加工的方法主要有两类:一类是在实体工件上加工出孔,即用麻花钻、中心钻等进行钻孔;另一类是对已有的孔进行再加工,即用扩孔钻、锪孔钻和铰刀进行扩孔、锪孔和铰孔等。

一、钻孔

1. 麻花钻

(1) 麻花钻的组成。麻花钻由柄部、颈部和工作部分组成。

柄部是麻花钻的夹持部分,钻孔时用来传递转矩和轴向力。颈部在磨削麻花钻时作退刀槽使用,钻头的规格、材料及商标常打印在颈部。工作部分由切削部分和导向部分组成,切削部分主要起切削工件的作用,导向部分的作用不仅是保证钻头钻孔时的正确方向、修光孔壁,同时还是切削部分的后备。

（2）麻花钻工作部分的几何形状,如图 10-6 所示。

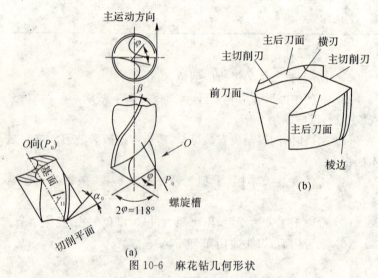

图 10-6　麻花钻几何形状
（a）麻花钻的角度；（b）麻花钻各部分的名称

① 螺旋槽。钻头有两条螺旋槽,它的作用是构成切削刃,利于排屑使切削孔畅通。螺旋槽面又叫前刀面。螺旋角是钻头最外缘螺旋成的切线与钻头轴所成的夹角。标准麻花钻的螺旋角在 $18°\sim30°$ 之间。

② 主后刀面。主后刀面指钻头顶部的螺旋圆锥面。

（3）顶角（2φ）。钻头两主切削刃在其平行平面内投影的夹角。顶角大,主切削刃短,定心差,钻出的孔径易扩大。但顶角大时前角也大,切削比较轻快。标准麻花钻的顶角为 $118°$,顶角为

118°时主切削刃是直线,大于 118°时主切削刃是凹形曲线,小于 118°时呈凸形曲线。

(4) 前角(γ_0)。前角是前刀面和基面的夹角。前角大小与螺旋角、顶角和钻心直径有关,而影响最大的是螺旋角。螺旋角越大,前角也就越大。前角大小是变化的,其外缘处最大自外缘向中心渐小,在钻心至 $D/3$ 范围内为负值,接近横刃处的前角约为 $-30°$。

(5) 后角(α_0)。后角是主后刀面与切削平面之间的夹角。后角也是变化的,其外缘处最小,越接近钻心后角越大。

(6) 横刃。钻头两主切削刃的连线称为横刃。横刃太长,轴向力增大,横刃太短,又会影响钻头的强度。

(7) 横刃斜角(ψ)。在垂直于钻头轴线的端面投影中,横刃与主切削刃所夹的锐角,称为横刃斜角。它的大小主要由后角决定,后角大,横刃斜角小,横刃变长。标准麻花钻的横刃斜角一般为 55°。

(8) 棱边。棱边有修光孔壁和作切削部分的后备的作用。为减少与孔壁的摩擦,在麻花钻上制作了两条略带倒锥的棱边。

2. 钻削用量

钻削用量包括切削深度、进给量和切削速度。

(1) 切削深度(a_p)。待加工表面到已加工表面之间的垂直距离即为切削深度。钻削时切削深度等于钻头直径的一半。

(2) 进给量(f)。主轴旋转一周,钻头沿主轴轴线移动的距离即为进给量,其单位是 mm/r。

(3) 切削速度(v)。钻孔时,钻头最外缘处的线速度即为切削速度。切削速度的计算公式为

$$v = \pi nd / 1\ 000$$

式中　v——钻床主轴转速,r/min;

d——钻头直径,mm。

3. 划线钻孔方法

(1) 钻孔前,工件要划线定心。在工件孔的位置划出孔径圆

和检验圆,并在孔径圆上和中心冲出小坑。根据工件孔径大小和精度要求选择合适的钻头,检查钻头两切削刃是否锋利和对称,如不合要求应认真修磨。根据工件的大小,选择合适的装夹方法。一般可用于虎钳、平口钳、分度钳装夹工件。在圆柱面上钻孔应放在 V 形铁上进行。较大的工件可用压板螺钉直接装夹在机床工作台上。

(2)钻孔时,先对标准冲眼试钻一浅坑,如有偏位,可用样冲重新冲孔纠正,也可用凿子凿几条槽来加以校正。钻孔进给速度要均匀。快钻通时,进给量要减小。钻韧性材料须加切削液。钻深孔时,钻头需经常退出,以利排屑和冷却。钻削孔径大于 30 mm 孔时,应分两次钻,先钻 0.4～0.6 倍孔径的小孔,第二次再钻至所要的尺寸。精度要求高的孔,要留出加工余量,以便精加工。

4. 钻孔时的安全知识

(1)操作钻床时不可戴手套,袖口必须扎紧,女性必须带工作帽。

(2)工件必须夹紧,特别在小工件上钻较大直径孔时装夹必须牢固,要尽量减小进给力。

(3)开动钻床前,应检查是否有钻夹头钥匙或斜铁插在钻轴上。

(4)钻孔时不可用手、棉纱头或用嘴吹来清除切屑,必须用毛刷清除切屑时,要用钩子钩断后除去。

(5)操作者的头部不准与旋转着的主轴靠得太近,停车时应让主轴自然停止,不可用手刹住,也不能反转制动。

(6)严禁在开车状态下装拆工件,检验工件和变换主轴转速必须在停车状态下进行。

(7)清洁钻床或加注润滑油时,必须切断电源。

5. 钻孔常见缺陷及原因分析

钻孔常见缺陷及原因分析见表 10-3。

表 10-3　　　　　　　　**钻孔常见缺陷及原因分析**

缺陷形式	原因分析
孔大于规定尺寸	① 钻头两切削刃长度不等,高低不一致; ② 钻床主轴径向偏摆或工作台未锁紧,有松动; ③ 钻头本身弯曲或装夹不好,使钻头有过大的径向跳动
孔壁粗糙	① 钻头不锋利; ② 进给量太大; ③ 切削液选用不当或供应不足; ④ 钻头过短,排屑槽堵塞
孔位偏移	① 工作划线不正确; ② 钻头横刃太长定心不准,起钻过偏而没有校正
孔歪斜	① 工作上与孔垂直的平面与主轴不垂直或钻床主轴与台面不垂直; ② 工件安装时,安装接触面上的切屑未清除干净; ③ 工件装夹不牢,钻孔时产生歪斜,或工件有砂眼; ④ 进给量过大使钻头产生弯曲变形
钻孔呈多角形	① 钻头后角太大; ② 钻头两主切削刃长短不一,角度不对称
钻头工作部分折断	① 钻头用钝仍继续钻孔; ② 钻孔时未经常退钻排屑,使切屑在钻头螺旋槽内阻塞; ③ 孔将钻通时没有减小进给量; ④ 进给量过大; ⑤ 工件未夹紧,钻孔时产生松动; ⑥ 在钻黄铜一类软金属时,钻头后角太大,前角又没有修磨小而造成扎刀
切削刃迅速磨损或碎裂	① 切削速度太高; ② 没有根据工件材料硬度来刃磨钻头角度; ③ 工件表面或内部硬度高或有砂眼; ④ 进给量过大; ⑤ 切削液不足

二、扩孔

用扩孔工具将工件原来的孔径扩大的加工方法称为扩孔。

扩孔时为了保证扩大的孔与先钻的小孔同轴,应当保证在小孔加工完、工件不发生位移的情况下进行扩孔。扩孔时的切削速度低于钻小孔的切削速度,而且扩孔开始时进给量应缓慢,因开始扩孔时切削阻力很小,容易扎刀,待扩大孔的圆周形成后,经检测无差错再转入正常扩孔。

常用的扩孔方法有用麻花钻扩孔和用扩孔钻扩孔。

1. 用麻花钻扩孔

用麻花钻扩孔时,由于钻头横刃不参加切削,轴向力小,进给省力。但因钻头外缘处前角较大,易把钻头从钻头套中拉下来,所以应把麻花钻外缘处前角磨得小一些,并适当控制进给量。

2. 用扩孔钻扩孔

扩孔钻有高速钢扩孔钻和硬质合金扩孔钻两种。扩孔钻的主要特点是:

(1) 齿数较多(一般 3~4 个齿),导向性好,切削平稳。

(2) 切削刃不必由外缘一直到中心,没有横刃,可避免横刃对切削的不良影响。

(3) 钻心粗,刚性好,可选择较大切削用量。

三、锪孔

用锪钻在孔表面锪出一定形状的孔的加工方法称为锪孔。

锪锥形埋头孔时,按图样锥角要求选用锥形锪孔钻。锪深一般控制在埋头螺钉装入后低于工件表面的 0.5 mm。

锪柱形埋头孔时孔底面要平整并与底孔轴垂直,

锪孔时的切削速度一般是钻孔速度的 1/2~1/3,精锪时甚至可以利用停车后主轴的惯性来锪孔。

四、铰孔

用铰刀从零件孔壁上切除微量金属层,以提高其尺寸精度和降低表面粗糙度的方法称铰孔。铰削内孔精度 IT9～IT7,表面粗糙度值可达 $Ra1.6\ \mu m$。

1. 铰刀

铰刀由柄部、颈部和工作部分组成,如图 10-7 所示。

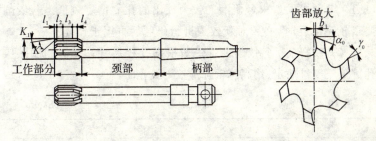

图 10-7　铰刀

(1) 柄部的作用是用来被夹持和传递扭矩,柄部形状有锥柄、直柄和方榫形 3 种。工作部分由引导(l_1)、切削(l_2)、修光(l_3)和倒锥(l_4)部分组成。颈部是为磨制铰刀时供砂轮退刀用的部分,也是刻印商标和规格之处。

一般情况下,铰刀前角为 0°,后角为 6°～8°,主偏角为 12°～15°。根据工件材料不同,铰刀几何角度也不完全一样,其角度由制造时确定。

铰刀齿数一般为 4～8 齿,为测量直径方便,多采用偶数齿。铰刀工作时最容易磨损的部位是切削部分和修光部分的过渡处。这个部位直接影响工件表面粗糙度值的大小,不能有尖棱,每一个齿一定要磨成等高。

(2) 铰刀的种类。铰刀按使用方法不同分为手用铰刀和机用铰刀,按外形不同分为直槽铰刀、锥铰刀和螺旋槽铰刀,按切削部分材料不同可分为高速钢铁刀和硬质合金铰刀。

2. 铰孔方法

铰孔方法分手工铰削和机动铰削两种。铰削要选用合适的铰刀、铰削余量、切削用量和切削液,再加上正确的操作方法,即能保证铰孔的质量和较高的铰削效率。

(1)铰刀的选用。铰孔时,除要选用直径规格符合铰孔要求的铰刀外,还应对铰刀精度进行选择。标准铰刀精度等级按 h7、h8、h9 级别提供。未经研磨的铰刀铰出的孔的精度较低。若铰削要求较高的孔时,必须对新铰刀进行研磨后再用于铰孔。

(2)铰削余量。铰削余量一般根据孔径尺寸和钻孔、扩孔、铰孔等工序安排而定,用高速钢标准铰刀铰孔时,可参考表 10-4 选取。

表 10-4   铰削余量   单位:mm

铰孔直径	<5	5~20	21~32	33~50	51~70
铰削余量	0.1~0.2	0.2~0.3	0.3	0.5	0.8

(3)机铰时的进给量(f)。铰削钢件及铸铁件时,$f=0.5$ mm/r。

(4)机铰时的切削速度(v)。用高速钢铰刀铰削钢件时,$v=4$~8 m/min;铰削铸铁件时,$v=6$~8 m/min;铰削铜件时,$v=8$~12 m/min。

(5)切削液的选用。铰孔时,要根据零件材质选用切削液进行润滑和冷却,具体选用参考表 10-5。

表 10-5   铰孔时的切削液选择

加工材料	切削液
钢	① 10%~20%乳化液; ② 铰孔要求高时,采用 30%菜油加 70%肥皂水; ③ 铰孔要求更高时,可采用茶油、柴油、猪油等
铸铁	① 煤油(但会引起孔径缩小,最大收缩量 0.02~0.04 mm); ② 低深度乳化液
铝	煤油
铜	乳化液

（6）铰削操作要点。手工铰削时要将零件夹持端正,对薄壁件的夹紧力不要太大,防止变形,两手旋转铰杠用力要均衡,速度要均匀。机动铰削时应严格保证钻床主轴、铰刀和零件孔三者中心的同轴度。机动铰削高精度孔时,应用浮动装夹方式装夹铰刀。铰削孔时,应经常退出铰刀,清除铰刀和孔内切屑,防止因堵屑而刮伤孔壁;铰削过程中和退出铰刀时,均不允许铰刀反转。

3. 铰孔常见缺陷及原因分析

铰孔常见缺陷及原因分析见表10-6。

表 10-6　　　　　　　　铰孔常见缺陷及原因分析

缺陷形式	原因分析
粗糙度达 不到要求	① 铰刀刃口不锋利或有崩裂,铰刀切削部分和修整部分不光洁; ② 切削刃上粘有积屑瘤,容屑槽内切屑粘积过多; ③ 铰削余量太大或太小; ④ 切削速度太高,以致产生积屑瘤; ⑤ 铰刀退出时反转,手铰时铰刀旋转不平稳; ⑥ 切削液不充足或选择不当; ⑦ 铰刀偏摆过大
孔径扩大	① 铰刀与孔的中心不重合,铰刀偏摆增大; ② 进给量和铰削余量太大; ③ 切削速度太高,使铰刀温度上升,直径增大; ④ 操作粗心(未仔细检查铰刀直径和铰孔直径)

第四节　螺纹加工

螺纹加工是金属切削中的重要内容之一。螺纹加工的方法多种多样,一般比较精密的螺纹都需要在车床上加工,而钳工只能加工三角螺纹(米制三角螺纹、英制三角螺纹、管螺纹),其加工方法是攻螺纹和套螺纹。

一、丝锥和板牙

丝锥的结构是一段开槽的外螺纹,由切削部分、校准部分和柄部所组成。

切削部分磨成圆锥形,切削负荷被分配在几个刀齿上。校准部分具有完整的齿形,用以校准和修光切出的螺纹,并引导丝锥沿轴向运动。丝锥有 3～4 条容屑槽,便于容屑和排屑。柄部有方头,用以传递扭矩。

手用丝锥一般由两支组成一套,分为头锥和二锥。两支丝锥的外径、中径和内径是相等的,只是切削部分的长短和锥角不同。头锥的切削部分长些,锥角小些,约有 6 个不完整的齿以便起切;二锥的切削部分短些,锥角大些,不完整的齿约有两个。切不通孔时,两支丝锥顺次使用;切通螺纹时,头锥能一次完成。螺距大于 2.5 mm 的丝锥通常制成三支一套。

板牙的形状和螺母相似,只是在靠近螺纹外径处钻了 3～8 个排屑孔,并形成了切削刃,如图 10-8 所示。板牙两端面的锥角部分是切削部分,中间一段是校准部分,也是套螺纹的导向部分。板牙的外圆面有 4 个锥坑,

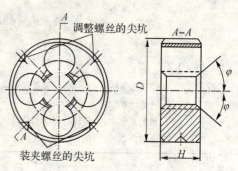

图 10-8 板牙

两个用于将板牙夹持在板牙架上并传递扭矩。另外两个相对板牙中心有些偏斜,当板牙磨损后,可沿板牙 V 形槽锯开,拧紧板牙架上的调节螺钉,可将板牙螺纹孔微量缩小,以补偿磨损的尺寸。

二、铰杠和板牙架

铰杠和板牙架用于加工螺纹。转动可调式铰杠右边手柄或调

节螺钉即可调节方孔大小,以便夹持各种不同尺寸的丝锥方头。铰杠规格要与丝锥大小相适应,小丝锥不宜用大铰杠,否则丝锥容易折断。

板牙架在外形结构上为了减小板牙架的数目,一定直径范围内的板牙外径是相等的,当板牙外径较小时,可以加过渡套使用大一号的板牙架。

三、攻螺纹

1. 攻螺纹前螺纹底孔直径和深度的确定

攻螺纹时,丝锥除了切削金属外,还有挤压作用,如果工件上螺纹底孔直径与螺纹内径相同,那么被挤出的材料将嵌在丝锥的牙间,甚至咬住丝锥,使丝锥损坏。加工塑性高的材料时,这种现象尤为严重。因此,工件上螺纹底孔直径比螺纹的内径稍大些。确定底孔直径的经验公式为

脆性材料　　　　　$D_底 = D - 1.05P$

韧性材料　　　　　$D_底 = D - P$

式中　$D_底$——螺纹底孔直径,mm;

　　　D——螺纹大径,mm;

　　　P——螺距,mm。

不通孔攻螺纹时,由于丝锥不能切到底,所以钻孔深度要稍大于螺纹长度,增加的长度约为 0.7 倍的螺纹外径。

2. 攻螺纹方法

(1)划线打底孔。

(2)在螺纹底孔的孔口倒角,通孔螺纹两端都倒角,倒角处直径可略大于螺孔外径,这样可使丝锥切削时容易切人,并可防止孔口出现挤压的凸边。

(3)用头锥起攻。起攻时,可用一手按住铰杠中部,沿丝锥轴线用力加压,另一手配合做顺向旋进;或用手握住铰杠两端均匀施加压力,并将丝锥顺向旋进,应保证丝锥中心线与孔中心线重合,

使之不歪斜,在丝锥攻入一至两圈后。应及时从前后、左右两个方向用 90°角尺进行校验,并不断校正至所需要求。

(4) 当丝锥的切削部分全部进入工件时,就不需要施加压力,而靠丝锥自然旋进切削,此时,两手用力旋转要均匀,并要经常倒转 1/4～1/2 圈,使切屑碎断后容易排除,避免因切屑阻塞而卡住丝锥。

(5) 攻螺纹时,必须以头锥、二锥、三锥顺序攻削至标准尺寸。在较硬材料上攻螺纹时,各丝锥交替攻下,以减小切削部分负荷,防止丝锥折断。

(6) 攻不通孔时,可在丝锥上做好深度标记,并要经常退出丝锥,清除留在孔内的切屑,否则会因切屑堵塞使丝锥折断或达不到深度要求。当工件不便倒向进行清屑时,可用弯曲的小管子吹出切屑,或用磁性针棒吸出。

(7) 攻韧性材料的螺孔时,要加切削油,以减小切削阻力,减小加工螺孔的表面粗糙度和延长丝锥寿命。攻钢件材料时用机油,螺纹质量要求高时可用工业植物油,攻铸铁件可加煤油。

四、套螺纹

1. 套螺纹前圆杆直径的确定

套螺纹和攻螺纹的切削过程一样,工件材料也将受到挤压而凸出,因此圆杆直径应比螺纹外径小些,一般减小 0.2～0.4 mm,也可由经验公式计算:

$$d_杆 = d - 0.13P$$

式中 $d_杆$ ——圆杆直径,mm;

  d ——螺纹大径,mm;

  P ——螺距,mm。

为了使板牙起套时容易切入工件并作正确引导,圆杆端部要倒角,倒成半锥角为边。

2. 套螺纹方法

(1) 套螺纹时的切削力矩较大,且工件都为圆杆,一般要用 V

形夹块或厚铜作衬垫才能保证可靠夹紧。

（2）起套方法与攻螺纹起攻方法一样，一手按住铰杠中部，沿圆杆轴向施压，另一手配合做顺向切进，转动要慢，压力要大，并保证扳手牙端与圆杆轴线的垂直度。使之不歪斜，在板牙切入圆杆2～3牙时，应及时检查其垂直度并作准确校正。

（3）正常套螺纹时，不要加压，让板牙自然引进，以免损坏螺纹和板牙，也要经常倒转以断屑。

（4）在钢件上套螺纹时要用切削油，以减小加工螺纹的表面粗糙度和延长板牙使用寿命。一般可用机油或较浓的乳化液，也可用工业植物油。

五、攻螺纹和套螺纹时可能出现的问题和原因分析

攻螺纹和套螺纹时可能出现的问题及原因分析见表10-7。

表 10-7　攻螺纹和套螺纹时可能出现的问题及原因分析

出现的问题	原因分析
螺纹乱牙	① 攻螺纹时底孔直径太小，起攻困难，左右摆动，孔口乱牙； ② 换用二、三锥时强行校正，或没旋合好就攻下； ③ 圆杆直径过大，起套困难，左右摆动，杆端乱牙
螺纹滑牙	① 攻不通孔的较小螺纹时，丝锥已到底仍继续转； ② 攻强度低或小孔径螺纹，丝锥已切出螺纹仍继续加压，或攻完时连同铰杠作自由地快速转出； ③ 未加适当切削液或一直攻，套不倒转，切屑堵塞将螺纹啃坏
螺纹歪斜	① 攻、套时位置不正，起攻、套时未作垂直度检查； ② 孔口、杆端倒角不良，两手用力不均，切入时歪斜
螺纹丝状不完整	① 攻螺纹底孔直径太大，或套螺纹圆杆直径太小； ② 圆杆不直； ③ 板牙经常摆动

出现的问题	原因分析
丝锥折断	① 底孔太小； ② 攻入时丝锥歪斜或歪斜后强行校正； ③ 没有经常反转断屑和清屑，或不通孔攻到底，还继续攻下； ④ 使用铰杠不当； ⑤ 丝锥牙齿爆裂或磨损过多而强行攻下； ⑥ 工件材料过硬或夹有硬点； ⑦ 两手用力不均或用力过猛

复习思考题

1. 划线的作用是什么？
2. 划线前的准备包括哪些？
3. 划线基准如何选择？
4. 试述平面划线的步骤。
5. 试述錾削直槽的方法。
6. 试述锯削安全技术。
7. 试述刮削常见缺陷及原因分析。
8. 试述钻孔时的安全知识。
9. 铰削的操作要点有哪些？
10. 试述攻螺纹的方法。
11. 试述攻螺纹和套螺纹时可能出现的问题及原因分析。

第十一章　零部件装配图的识读

一、装配图的用途、要求和内容

部件或机器都是根据其使用用目的，按照有关技术要求，由一定数量的零件装配而成的。表达这些部件或机器的图样称为装配图。装配图是制定装配工艺规程，进行装配、检验、安装及维修的技术文件。

装配图要有一组视图，一组尺寸，技术要求，零件编号、明细表和标题栏。

装配图和零件图比较，在内容与要求上有下列异同：

（1）装配图和零件图一样，都有视图、尺寸、技术要求和标题栏4个方面的内容。但在装配图中还多了零件编号和明细表，以说明零件的编号、名称、材料和数量等情况。

（2）装配图的表达方法和零件图基本相同，都是采用各种视图、剖视、剖面等方法来表达。但对装配图，另外还有一些规定画法和特殊表示方法。

（3）装配图视图的表达要求与零件图不同。零件图需要把零件的各部分形状完全表达清楚，而装配图只要求把部件的功用、工作原理、零件之间的装配关系表达清楚，并不需要把每个零件的形状完全表达出来。

（4）装配图的尺寸要求与零件图不同。在零件图上要注出零件制造时所需要的全部尺寸，而在装配图上只注出与部件性能、装配、安装和体积等有关的尺寸。

二、读装配图的基本要求

（1）了解装配体的名称、用途、结构及工作原理。

（2）了解各零件之间的连接形式及装配关系。

（3）搞清各零件的结构形状和作用，想象出装配体中各零件的动作过程。

三、读装配图的方法和步骤

1. 概括了解

（1）根据标题栏和明细表可知装配体及各组成零件的名称，由名称可略知它们的用途，由比例及件数可知道装配体的大小及复杂程度。

由图 11-1 所示标题栏及明细表可知图形所表达的装配体为分配阀，是机器附件之一，它可以控制做功介质（压缩空气）的通路，使机器中某些部件按要求动作。该装配体共由 10 种零件组成，体积不大，也不太复杂。

（2）根据装配图的视图、剖视图、剖面图，找出它们的剖切位置、投影方向及相互间的联系，初步了解装配体的结构和零件之间的装配关系。

图 11-1 所示分配阀共采用 4 个基本视图，主视图由 $A-A$ 旋转即得来，表示了件 1、件 2、件 3 等主要零件之间的关系。左视图采用 $C-C$ 分割视图，从另一个方向表示了件 2、件 3 和件 4 之间的关系及介质的通道的形状。右视图表示了分配阀的外形。俯视图采用全剖，表明介质的通道。为表示控制板上控制槽的形状，用 K 向视图单独表示了件 3。$B-B$ 为移出剖面，反映手柄上部的截面形状。

2. 分析零件

利用件号、不同方向或不同疏密的剖面线，把一个一个零件的视图范围划分出来，找对投影关系，想象出各零件的形状，了解它们的作用及动作过程。对于某些投影关系不易直接确定的部分，应借助于分规和三角板来判断,并应考虑是否采用了简化画法或习惯画法。

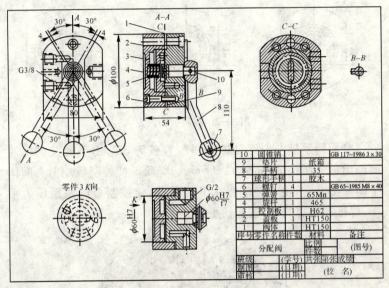

图 11-1 分配阀装配图

分析图 11-1 可以看出,阀体 1 与盖板 2 之间用 4 个 M8 的螺钉连接,整个分配阀可用两个螺钉固定在机器上。当手柄 8 转动时,通过圆锥销 10 带动旋杆 4 转动,旋杆 4 与阀体的配合为 $\phi16\dfrac{H7}{f4}$。旋杆头部削扁部分同控制板 3 上的长行槽配合。当旋杆转动时,带动控制板转动,使控制板上的圆弧形分配槽处于不同的位置,起到分配做功介质的作用,如图 11-2 所示。当控制板处于图 11-2(a) 所示位置时,介质经 1 孔(G1/2)通过分配槽进入 2 孔(G3/8),使机器上某部件朝一个方向运动,回气经 3 孔至 4 孔排入大气。当控制板处于图 11-2(b) 所示位置时,介质同样由 1 孔进入,经分配槽进入 3 孔,使机器上某部件向另一方向运动,回气经 2 孔至 4 孔排入大气。当控制板处于图 11-2(c) 所示位置时，即手柄处于中间位置，分配阀停止工作，不起分配作用。

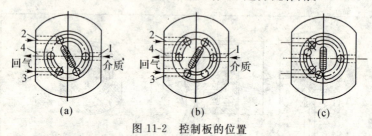

图 11-2　控制板的位置

分配阀手柄左右运动的极限位置各为 30°，由手柄及阀体端面凸出部分所保证，如图 11-3 所示。弹簧 5 使控制板端向与阀体平面紧密贴合，由于控制板上开有道孔，使控制板的两面压力平衡，保证接触更均匀，密封性更好。

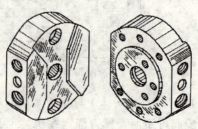

图 11-3　阀体轴测图

3. 综合归纳

在概括了解及分析的基础上，对尺寸、技术条件等进行全面的综合，对装配体的结构原理、零件形状、动作过程有一个完整、明确的认识。

实际读图时，上述 3 步是不能分开的，常常是边了解、边分析、边综合进行，随着各个零件分析完毕，装配体也就可综合阅读清楚了。

复习思考题

1. 装配图和零件图比较，在内容与要求上有哪些异同？
2. 试述读装配图的方法和步骤。

第十二章　综采机械设备常见故障及处理

第一节　采煤机常见故障及处理方法

一、摇臂

1. 使用注意事项

（1）开机前应先检查冷却水的水压水量，先通水后启动电机，严禁断水使用，当电机长时间运行停机后，不要马上关闭冷却水。发现有异常声响时，应立即停机检查。

（2）左、右摇臂机壳的截割电机出轴部位下部设置有一个漏油孔，以防止摇臂油池油封渗漏油时，渗漏出的油液聚积在电机孔腔内，又为防止煤粉将该漏油孔堵塞，在摇臂机壳底面用一螺塞将该漏油孔堵上。在使用维护中注意：在工作面设备检修班（作业）中，应经常拆卸该螺堵，检查漏油情况并放油，并根据漏油变化情况更换摇臂一轴（电机齿轮轴）油封。

2. 摇臂常见故障及处理方法

表 12-1　　　　　　　摇臂常见故障及处理方法

故障现象	故障分析及排除方法
电动机腔有油、且量大	电机齿轮轴后的骨架油封容易漏油（320# 极压齿轮油），此油漏出后应该流到下方的溢油口，但是由于机身下运输机过煤常将此溢油眼堵塞，严重的情况下此油可进入截割电动机
	处理方法一：将电动机拆掉更换密封，更换新油封时可将旧油封垫在新油封上敲击旧油封同时将新油封安装到位，这样安装不会损坏新油封

故障现象	故障分析及排除方法
电动机腔有油、且量大	处理方法二:将电机齿轮轴从煤墙处拆掉,第二步将轴承处的套拆掉即可更换油封。但是一些小的机型采煤机还得将摇臂二轴,也就是惰轮轴拆掉后才能够更换,在安装惰轮轴时注意两轴承中间的距离环,因为由于自重这个距离环在侧面安装时容易掉下来,此时安装需讲求方法
离合器在脱开的状态下发出"哒哒"的响声	更换铜套,或将铜套更换一个方向,因铜套中孔是等径通孔,故两端都可以用
摇臂的离合器挂上后滚筒不转	离合器的保险销被拧断,此时要更换 将离合手把拆除,再将煤墙侧对应的端盖拆掉,可将整个离合器取出,换好销轴,在安装过程中先拆的零件最后安装,按步骤进行
滑动密封漏油问题及处理方法	由于行星减速器出轴轴承长时间的工作,圆锥磙子轴承的滚珠磨损,造成行星架轴向窜动,滑动密封的间隙增大,超出了滑动密封"O"型密封圈的弹性范围,此时就要更换轴承来解决漏油问题
	对于行星减速器两端用圆锥磙子轴承的情况,在安装时就要调整端盖与轴承外环的间隙,一般为 0.15~0.3 mm,对于采用调心轴承的,间隙应该为零; 测量间隙的方法是压铅丝法:此法就是将端盖拆掉把保险丝放在轴承外环上将端盖安装上,将螺栓压紧,然后再拆掉,铅丝被压薄后就是间隙的实际尺寸,此时用减法减掉后余下的间隙就是需要的间隙
	行星头上固定定心座的螺栓是用铁丝串联防松,如果此螺栓松动会造成漏油,严重时滚筒和方法兰盘会掉下来,要求对此螺栓应经常检查
	滑动密封"O"型密封圈失去弹性,也是造成漏油的原因之一。原因是由于长时间煤尘的积累,使滑动密封"O"型圈失去弹性。此时要更换滑动密封"O"型圈并清理周边的煤尘

二、牵引部

1. 使用注意事项

(1)应随时注意支撑滑靴和导向滑靴的磨损情况,过度磨损将影响行走轮与销轨的啮合,应及时更换。

(2)牵引部传动系统有独立的油池、加油、放油、放油口及放气口,使用润滑油不应超过油池高度的一半。

(3)开机前必须先通水,断水或有其他异常响声时,必须立即停机检查。

2. 牵引部常见故障及处理方法

表 12-2 牵引部常见故障及处理方法

故障现象	故障分析及排除方法
牵引电动机后部积油太多	排除方法与摇臂电机齿轮轴的处理是一样的
制动器故障	检查摩擦片是否磨损严重,超出 4 mm 时要更换摩擦片,安装时先用螺栓将制动活塞提起
	是否在牵引时管路不来油,检查电磁阀是否动作,或低压低于设计规定
	密封圈处严重漏油,释放行程不足,更换密封圈
牵引部与行走箱结合面漏油	由于牵引部减速箱内第二级行星机构处的油封损坏,导致行走箱老塘端面渗油,因为行走箱属于开式齿轮箱,其内的轴承是靠油脂润滑,所以判断不可能有齿轮油渗出。故判断是牵引部与行走箱结合面漏油,需更换该处油封

三、行走箱常见故障及处理方法

表 12-3 行走箱常见故障及处理方法

故障现象	故障分析及排除方法
当实际载荷大于额定载荷时,扭矩轴从剪切槽处折断,不能传递到齿轨轮上	将弹性挡圈拆掉,再将小盖拆掉,更换扭矩轴即可
	如果液压牵引采煤机出现不牵引的现象,原因是力量都从扭矩轴断的这个液压马达上损失掉了

故障现象	故障分析及排除方法	
齿轨轮和导向滑靴损坏	采煤机开到机头或机尾时,挑顶到位、卧底后,采煤机倒退使运输机推进,此时采煤机的位置应该在 20 m 以上,如果在 20 m 以内会造成导向靴断裂,因为运输机的弯度较大	处理方法:首先将采煤机导向滑靴和销轨吻合住,再将齿条销拆掉两个,然后将挡煤板拆掉,接下来将齿轨轮轴拆掉(拆齿轨轮轴有专用工具),此时将摇臂头垫住,再使摇臂下降。使采煤机的机身升起,即可更换损坏的零件,换好的时候将摇臂上升,使齿轨轮的孔、导向滑靴的孔对齐,安装齿轨轮轴就可以了
	导向滑靴磨损严重,齿轨轮和齿条咬合发生变化,齿轨轮的平咬在齿条的间隔挡处,齿轨轮容易断牙掉齿,导向滑靴磨损时要及早地更换导向滑靴	
	由于平滑靴的磨损严重会使采煤机向煤壁侧倾斜,由于重心的偏斜导向滑靴抬起,不仅磨损勾到齿条的部分,还影响齿轨轮的啮合,严重时会使采煤机掉道,这时齿轨轮的轴承也易损坏	
	注意经常检查,齿轨销是否出来	

四、液压调高系统常见的故障及处理方法

（1）如果液压系统出现问题,首先应判断是机械的问题还是电气的问题,其方法是操作手动阀杆来判断阀杆的随动情况。

（2）首先,将油泵的排油口打开,再开机使油泵开始工作,观察排油量以及压力的大小;如果没有压力,则可断定是齿轮泵到油池的部分出了问题。如果压力很大而油也能连续流出,则需检查阀组到油缸的部分。这样可以事半功倍。

（3）按顺序分步检查:第 1 步检查油箱是否有油,吸油滤油器滤网是否需清洗;第 2 步检查吸油管路的密封状况,看是否漏气;第 3 步检查齿轮泵的排油压力是否不足;第 4 步检查配油块,看配油块中的油路是不是有贯通或者堵塞现象,没有进行工作就直接回到油池了;第 5 步考虑低压溢流阀和高压安全阀的可靠性;第 6

步检查手动调高阀的进、回油的情况,因为有的中位为 H 型的三位四通阀回油不畅,会使油直接进入油缸而使油缸动作;第 7 步检查油缸,在确定低压溢流阀和高压安全阀没有问题的前提下,检查油缸的活塞是否漏油而不调高,还是油缸的前后腔窜油导致油直接回油池。

(4)如果对液压系统比较熟悉,便可以根据现象大概判断问题部位。检查齿轮泵的排油是否正常,看管路是否漏油,根据压力表的数值判断低压阀和高压阀是否有问题。

表 12-4 液压调高系统常见的故障及处理方法

故障现象	故障分析及排除方法
系统不调高	检查油箱是否有油,油量有多少
	油缸是否漏油,前后腔是否窜油,需修理或更换油缸
	手动能够调高,电控不能控制,说明手动和电控脱节,需检查相应电气控制回路或更换调高电磁阀
	齿轮泵损坏。判断齿轮泵的好坏首先保证油池有油,泵损坏出现的现象是:排油管路无力,吸油的滤芯干净无脏东西
	高压安全阀内有杂物影响阀芯,阀芯不能复位,压力油直接回油箱。应进行清洗或更换高压安全阀
高低压表均无显示	吸油过滤器铜网堵塞,会造成不能正常吸油,高低压表均无显示。处理办法:清洗过滤网
调高速度慢,齿轮泵的来油有力,高低压表不显示	检查高压阀,如果高压阀开启不能复位,液体全回油池,可能出现此问题
	观察低压表,看压力值是否低于要求压力,调节低压阀即可
摇臂有慢慢下降的现象	说明双锁阀不起作用,可将双锁阀拆下来清洗重新安装即可,原因是阀的封油区有脏东西黏附在封油线上,如果怕耽误生产可更换新的双锁阀,将旧的清洗备用

故障现象	故障分析及排除方法
调高出现自动升的现象	检查端头站内部是否短路,需修理或更换端头站
	三位四通阀是否卡死,需修理或更换三位四通阀
调高油缸在下降过程中出现"点头"现象	液压系统有空气进入,需进行系统排空
	双向液压锁内有杂物影响工作,进行清洗或更换

第二节　液压支架常见故障及处理方法

液压支架在使用中可能出现故障部位、原因和排除方法如下:

一、结构件和连接销轴

1. 结构件

支架主要结构件的设计强度足够,但在使用过程中有可能出现局部焊缝裂纹。裂纹的部位主要有几个方面:顶梁柱帽和底座柱窝附近;各类千斤顶支承耳座四周;底座柱窝附近等。其原因是:使用中出现特殊集中受力状态;焊缝的质量差;焊缝应力集中或操作不当等。处理办法:采取措施防止焊缝裂纹扩大,不能马上上井的结构件,等支架转移工作面时上井补焊;如果焊缝继续扩大要及时更换或采取加固措施。

2. 连接销轴

结构件以及与液压元件连接所用的销轴,可能出现磨损、弯曲、断裂等情况。结构件的连接销轴有可能磨损,一般不会弯断;千斤顶和立柱两头的连接销轴出现弯断的可能性大。销轴磨损和弯断的原因:材质和热处理不符合设计要求;操作不当等。如发现连接销轴磨损、弯断,要及时更换。

二、液压系统及液压元件

支架的常见故障,多数与液压系统和液压元件有关,诸如胶管和管接头漏液、液压控制元件失灵、立柱及千斤顶不动作等。因此,支架的维护重点应放在液压系统和液压元件方面。

液压系统维修前,应将泵站及截止阀关闭,并确保操纵阀,单向锁及双向锁内液体无压力。

1. 胶管及管接头

造成支架胶管和管接头漏液的原因是:O 形密封圈或挡圈大小不当或被切、挤坏,管接头密封面磨损或尺寸超差;胶管接头扣压不牢;在使用过程中胶管被挤坏、接头被碰坏;胶管质量不好或过期老化,起包渗漏等。采取的措施是:对密封件大小不当或损坏的要及时更换密封圈;其他原因造成漏液的胶管、接头,均应更换上井;胶管接头保存和运输时,必须保护密封面、挡圈和密封圈不被损坏;换接胶管时不要猛砸硬插,安好后不要拆装过频,平时注意整理好胶管,防止挤碰胶管、接头。

2. 液压控制元件

支架的液压元件,诸如操纵阀、液控单向阀、安全阀、截止阀、过滤器等,若出现故障,则常常是密封件(如密封圈、挡圈、阀垫或阀座)等关键件损坏不能密封,也可能是阀座和阀垫等塑料件扎入金属屑而密封不住;液压系统污染,脏物杂质进入液压系统又未及时清除,致使液压元件不能正常工作;弹簧不符合要求或损坏,使钢球不能复位密封或影响阀的性能(如安全阀的开启、关闭压力出现偏差);个别接头和焊堵的焊缝可能渗漏等等。采取的措施:液压控制元件出现故障,应及时更换上井检修;保持液压系统清洁,定期清洗过滤装置(包括乳化液箱);液压控制元件的关键件(如密封件)要保护好不受损坏,弹簧件要定期抽检性能,阀类要做性能试验,焊缝泄漏要在拆除内部密封件后进行补焊,按要求做压力试验。

3. 立柱及千斤顶

支架的各种动作,要由立柱和各类千斤顶根据操作者的要求来完成,如果立柱或千斤顶出现故障(例如动作慢或不动作),则直接影响支架对顶板的支护和推移等功能。引起故障的原因有,进回液通道有阻塞现象;也可能是几个动作同时操作造成短时流量不足;液压系统及液压控制元件有漏液现象。立柱或千斤顶不动作,主要原因是:管路阻塞;控制阀(单向阀、安全阀)失灵;立柱、千斤顶活塞密封渗漏窜液;立柱、千斤顶缸体或活柱(活塞杆)受侧向力变形;截止阀未打开等等。采取的措施有:管路系统有污染时,及时清洗乳化液箱和清洗过滤装置;立柱、千斤顶在排除鳖卡和截止阀等原因后仍不动作,则立即更换上井拆检;焊缝渗漏要在拆除密封件后到地面补焊并保护密封面。

表 12-5　　　液压支架常见故障、原因及处理方法

部位	故障现象	可能原因	处理方法
立	不能升架或慢升	1. 截止阀未打开或打开程度不够; 2. 泵的压力低或流量小; 3. 操纵阀漏液或窜液; 4. 操纵阀、液控单向阀、平面截止阀堵塞或窜液; 5. 过滤器堵塞; 6. 管路堵塞; 7. 液压系统漏液; 8. 立柱变形或内外泄漏; 9. 顶梁被邻架卡住或进入邻架下方	1. 打开截止阀或将其开到位; 2. 检查泵、截止阀是否打开及泵压和管路; 3. 上井检修、更换片阀; 4. 检查、更换上井检修; 5. 更换清洗; 6. 查清排堵或更换; 7. 检查更换密封件或液压元件; 8. 更换上井拆检; 9. 检查支架是否卡死,调节邻架松开本架
柱	不能降架或慢降	1. 截止阀未打开或打开程度不够; 2. 管路中漏液或堵塞、挤压; 3. 立柱、液控单向阀下腔回路未打开; 4. 操纵阀手柄不到位; 5. 顶梁处自卡或被相邻架卡住; 6. 立柱损坏; 7. 控制阀缺少乳化液	1. 打开截止阀或将其开到位; 2. 检查压力是否过低,排除堵、漏、挤压; 3. 检查压力是否过低,更换上井检修单向阀; 4. 清理手柄转动位置遗物或更换; 5. 解除自卡或调节邻架; 6. 检查损坏的立柱,更换; 7. 检查流量及通往液控单向阀的管路

部位	故障现象	可能原因	处理方法
立柱	立柱自降	1. 安全阀泄液或调压过低; 2. 液控单向阀不能自锁	1. 更换密封件或安全阀,重新调定卸载压力; 2. 更换液控单向阀,上井检修
	支架达不到初撑力和工作阻力	1. 泵压低,初撑力小; 2. 升柱时间短; 3. 安全阀调压低,达不到工作阻力; 4. 安全阀、液控单向阀损坏或失灵; 5. 立柱损坏	1. 调节泵压,排除供液系统堵漏; 2. 延长升柱时间; 3. 按要求调安全阀开启压力; 4. 更换安全阀、液控单向阀,并检查其功能; 5. 检查立柱是否损坏,若有问题更换
千斤顶	不能移架	1. 进液平面截止阀关闭; 2. 系统工作压力太低; 3. 液压管损坏或被挤压; 4. 推移千斤顶损坏; 5. 本架被邻架卡住; 6. 顶板或底板台阶阻碍支架前移; 7. 液控单向阀未打开	1. 打开平面截止阀; 2. 检查泵站供压是否正确,及泵站和所有截止阀是否打开; 3. 检查推移千斤顶系统管路是否损坏或挤压; 4. 检查推移千斤顶,如已损坏要更换新的; 5. 检查支架是否被卡死,必要操作或降低邻架松开本架; 6. 降架清理台阶或使用提底座功能; 7. 检查该系统压力
	不能操作提底座功能	1. 平面截止阀关闭; 2. 系统压力太低; 3. 液压管路损坏或被挤压; 4. 抬底千斤顶损坏; 5. 支架未能脱离顶板降架	1. 打开截止阀; 2. 检查泵站是否启动,打开所有截止阀并检查泵站压力是否正确; 3. 检查抬底千斤顶进回液胶管是否损坏或扭转; 4. 检查抬底千斤顶(如损坏更换抬底千斤顶); 5. 降架并试图操作抬底千斤顶等支架前移后操作其功能
	不能操作顶梁上摆功能	1. 平面截止阀关闭; 2. 系统压力太低; 3. 液压管路损坏或被挤压; 4. 顶梁损坏; 5. 顶梁被邻架侧护板卡住; 6. 液控单向阀(或双向锁)未能打开; 7. 平衡千斤顶损坏(掩护式支架用),立柱损坏(支撑掩护式支架用)	1. 打开截止阀; 2. 检查泵站是否启动,打开所有截止阀及泵站压力是否正确; 3. 检查抬底千斤顶进回液胶管是否损坏或扭转; 4. 检查支架是否被卡死,必要时操作或降低邻架松开本架; 5. 检查支架是否被卡死,必要时操作或降低邻架松开本架或收回侧护板; 6. 检查系统压力,如液控单向阀(或双向锁)已损坏,更换新件; 7. 检查平衡千斤顶或立柱是否损坏,如已损坏更换新件

部位	故障现象	可能原因	处理方法
千斤顶	不能操作顶梁前端下摆功能	1. 平面截止阀关闭; 2. 系统压力太低; 3. 液压胶管损坏或被挤压; 4. 液控单向阀(或双向锁)未能打开; 5. 顶梁被邻架卡住; 6. 顶梁被邻架侧护板卡住; 7. 平衡千斤顶损坏(掩护式支架用),立柱损坏(支撑掩护式支架用)	1. 打开平面截止阀; 2. 检查泵站是否启动,打开所有截止阀及泵站压力是否正确; 3. 检查系统管路是否损坏或扭转; 4. 检查系统压力,如液控单向阀(或双向锁)已损坏,更换新件; 5. 检查支架是否被卡死,必要时操作或降低邻架松开本架; 6. 检查支架是否被卡死,必要时操作或降低邻架松开本架或收回侧护板; 7. 检查平衡千斤顶或立柱是否损坏,如已损坏更换新件
	不能操作前梁或尾梁(放顶煤支架)上下摆动功能	1. 平面截止阀关闭; 2. 系统压力太低; 3. 高压胶管损坏或被挤压; 4. 液控单向阀未能打开; 5. 前梁或尾梁(放顶煤支架用)被邻架卡住; 6. 顶梁或尾梁(放顶煤支架用)被邻架侧护板卡住; 7. 前梁千斤顶损坏,尾梁千斤顶损坏(放顶煤支架用)	1. 打开平面截止阀; 2. 检查泵站是否启动,打开所有截止阀及泵站压力是否正确; 3. 检查系统胶管是否损坏或扭转; 4. 检查系统压力,如液控单向阀已损坏,更换新件; 5. 检查该部件是否被卡死,必要时操作或降低邻架松开本架; 6. 检查该部件是否被卡死,必要时操作或降低邻架松开本架或收回侧护板; 7. 检查前梁千斤顶或尾梁千斤顶是否损坏,如已损坏更换新件
	不能操作伸缩梁或插板伸出、收回功能	1. 平面截止阀关闭; 2. 液压胶管损坏或被挤压; 3. 单向锁(或双向锁)未能打开; 4. 系统压力太低; 5. 伸缩梁或插板(放顶煤支架用)被卡住	1. 打开平面截止阀; 2. 检查系统胶管是否损坏或扭转; 3. 检查系统压力,如单向锁(或双向锁)已损坏,更换新件; 4. 检查泵站是否启动,打开所有截止阀及泵站压力是否正确; 5. 清理前梁或尾梁内部遗留物,清理插板下部大块焊,两个伸缩梁千斤顶不同步(放顶煤支架用)将各自千斤顶收回或伸出,重复操作几次
	不能操作前梁或尾梁上下摆动功能	前梁、尾梁(放顶煤支架用)千斤顶损坏	检查前梁或尾梁千斤顶是否损坏,若已损坏更换新件

部位	故障现象	可能原因	处理方法
液控单向阀	不能闭锁液路	1. 钢球与阀座损坏; 2. 钢球与阀座间有杂物不密封; 3. 轴向密封损坏; 4. 与之配套的安全阀损坏	1. 上井更换检修; 2. 重复充液几次仍不消除,上井检修更换; 3. 上井更换密封件; 4. 更换安全阀
	闭锁腔不能回液,立柱千斤顶不回缩	1. 顶杆折断、变形顶不开钢球; 2. 控制液路阻塞不通液; 3. 顶杆处损坏,向回路串液; 4. 顶杆与阀套或中间阀卡塞,使顶杆不能移动	1. 上井更换检修; 2. 拆检控制液管,保证畅通; 3. 上井更换检修; 4. 上井检修、清洗
安全阀	达不到额定工作压力即开启	1. 未按要求额定压力调定安全阀开启压力; 2. 弹簧疲劳,失去要求特性; 3. 调压螺帽松动	1. 上井重新按要求调试; 2. 上井更换弹簧; 3. 上井按要求调试
	到关闭压力而不能及时关闭	1. 阀座与阀体等有憋卡现象; 2. 弹簧特性失效; 3. 密封面粘住; 4. 阀座、弹簧座错位	1. 上井检修、更换; 2. 上井更换弹簧; 3. 上井检修、清洗、更换; 4. 上井检修
	渗漏现象	1. "O"型圈损坏; 2. 阀座不能复位	1. 上井检修、更换; 2. 上井检修、更换
	超过额定工作压力而安全阀不开启	1. 弹簧力过大,不符合要求; 2. 阀座、弹簧座、弹簧变形卡死; 3. 杂质脏物堵塞,阀座不能移动,过滤网堵死; 4. 误动调压螺丝	1. 上井重新调试或更换弹簧; 2. 上井检修、更换损坏元件; 3. 上井检修、清洗; 4. 上井重新调试
其他阀类	截止阀关闭不严或不能开关闭	1. 阀座磨损; 2. 密封件损坏; 3. 手把紧,转动不灵活	1. 更换阀座; 2. 更换"O"型圈; 3. 拆检
	回油断路阀失灵,造成回液倒流	1. 阀芯损坏,不能密封; 2. 弹簧力弱或阀芯折断不能复位密封; 3. 杂质脏物卡塞不能密封	1. 上井检修、更换; 2. 上井检修、更换损坏元件; 3. 上井检修、清洗

第三节　刮板输送机常见故障及处理方法

一、刮板输送机巡回检查

巡回检查一般是在不停机的情况下进行,个别项目可利用运行的间隙时间进行,每班检查次数不应少于 2~3 次。检查内容包括刮板输送机表面卫生,机头、机尾、电缆槽有无浮煤、浮矸,有无积水和杂物,易松动的连接件和发热部位是否正常,各润滑系统的油量是否适当,电流、电压值是否正常,各运动部位是否振动和异响,安全保护装置是否灵敏可靠,各摩擦部位的接触情况是否正常等。

巡回检查还包括开机前的检查。在开机之前,首先,要对工作地点的支架和巷道进行一次检查,注意刮板输送机上是否有人工作或有其他障碍物,检查电缆是否卡紧,吊挂是否合乎要求。若无问题,则点动输送机,看其运行是否正常。接着应对机身、机头和机尾进行重点检查。

检查一般是采取看、摸、听、嗅、试和量等办法。

二、刮板输送机常见故障及处理方法

表 12-6　　　　　刮板输送机常见故障及处理方法

部位	故障现象	产生原因	处理方法
减速器	减速器声音不正常	1. 齿轮啮合不好; 2. 轴承或齿轮过度磨损或损坏; 3. 减速器内有金属杂物; 4. 轴承游隙过大	1. 调整更换齿轮; 2. 更换; 3. 清除减速器内的金属杂物或更换润滑油; 4. 圆锥轴承可以调整,其余应更换
	减速器油温过高	1. 润滑油不合格或不清洁; 2. 润滑油过多; 3. 冷却不良,散热不好	1. 按规定更换新润滑油; 2. 放出多余的润滑油; 3. 检查冷却水管,清除减速器周围的杂物

部位	故障现象	产生原因	处理方法
减速器	减速器漏油	1. 密封圈损坏； 2. 减速器箱体接合面不严,各轴承盖螺栓松动	1. 更换损坏的密封圈； 2. 拧紧箱体接合面和各轴承盖螺栓
电动机	不能启动或启动后缓慢停转	1. 负荷过大； 2. 电气线路损坏； 3. 电压下降； 4. 接触器有故障； 5. 拉回煤过多； 6. 液力耦合器打滑	1. 减轻负荷； 2. 检查电路,更换损坏的零件； 3. 检查电压,达到额定电压允许波动范围后启动； 4. 检查过载保护继电器； 5. 调整输送机机头与转载机机尾搭接位置； 6. 检查液力耦合器
	端部轴承部位发热	1. 超负荷运转时间太长； 2. 通风散热情况不好； 3. 轴承缺油或损坏	1. 减少负荷,缩短超负荷运行时间； 2. 清除电动机周围浮煤杂物； 3. 注油、检查更换轴承
	声音不正常	1. 单相运转； 2. 接线头不牢固； 3. 轴承损坏,风叶变形,风叶防护罩变形	1. 检查单相运转原因； 2. 检查接线、紧固； 3. 更换、修理
液力偶合器	打滑,不能传递扭矩	1. 液力耦合器内液量不足； 2. 中部槽内堆煤过多； 3. 刮板链被卡住	1. 按规定补充工作液； 2. 将中部槽内的煤卸一部分； 3. 处理被卡的刮板链
	漏液	1. 易爆塞或易熔塞松动； 2. 密封圈或垫圈损坏	1. 拧紧易爆塞或易熔塞； 2. 更换密封圈或垫圈
	液力耦合器中温度过高或易熔保护塞熔化喷液	1. 两个耦合器内注液量不等； 2. 液力耦合器罩内透平轮卡住,转差率过大	1. 检查调整液量； 2. 消除杂物,使耦合器正常工作
	打滑,温度过高,但易熔塞仍不熔化	1. 易熔合金配方不准,或未使用易熔塞； 2. 注液塞和防爆塞(易熔塞)装反	1. 消除打滑原因,按规定使用合格的易熔合金保护塞； 2. 重新调整

部位	故障现象	产生原因	处理方法
链轮组件	链轮组件轴承温度过高	1. 密封被损坏，润滑油不清洁； 2. 轴承损坏； 3. 油量不足	1. 更换密封，清洗轴承，换新油； 2. 更换轴承； 3. 注油
链轮组件	链轮组件漏油	1. 密封环或油封损坏； 2. 压盖或压板螺栓松动； 3. 密封环安装不妥，配合不紧； 4. 滚筒螺塞松动	1. 更换合格的密封环或油封； 2. 紧固压盖或压板螺栓； 3. 重新装配密封环； 4. 紧固螺塞
刮板链	链子在链轮上跳牙或掉链	1. 圆环链拧链或链条接链环装反； 2. 两链长度超出规定范围； 3. 链轮磨损过度； 4. 刮板链过度松弛； 5. 刮板过度弯曲； 6. 链条卡进金属物	1. 消除拧链和接链环装反现象； 2. 更换超长的链段； 3. 更换链轮； 4. 重新紧链； 5. 更换弯曲的刮板； 6. 检查处理
刮板链	刮板链脱离中部槽	1. 刮板链过度松弛； 2. 刮板弯曲严重； 3. 工作画不直，刮板链的一条链受力使刮板倾斜； 4. 输送机过度弯曲； 5. 接链环磨损严重	1. 重新紧链； 2. 更换弯曲的刮板； 3. 使工作面保持直线； 4. 使输送机平直； 5. 更换新接链环
刮板链	刮板链过度震动	中部槽脱开或搭接不严	对接好中部槽，调平中部槽接口
中部槽	中部槽接头弯曲或断裂	1. 一次推移距离过大； 2. 推移中部槽弯曲段长度过小	1. 控制好推移的距离； 2. 弯曲段中部槽保持不少于 8 节

第四节　桥式转载机及破碎机
常见故障及处理方法

一、桥式转载机

桥式转载机是综采工作面常用的一种中间转载运输设备。实际是一种可以纵向整体移动的短式的重型刮板输送机。它的长度较小(一般在 60 m 以内),机身带有拱形过桥,并将货载抬高,便于随着采煤工作面的推进,与可伸缩带式输送机配套使用,并同工作面刮板输送机衔接配合。

在使用的过程中转载机的常见故障和刮板输送机的基本相同,见表 12-7,但是在实践中出现较多的有下述两种故障。

1. 机尾发生异响、转动不正常

桥式转载机机尾的工作环境恶劣,特别是巷道底板有倾角时,由于煤炭外溢,巷道淤塞,积水增多,机尾常在煤水中运转,因此油封较易损坏。油封损坏,煤水就浸入机尾,造成轴承损坏。轴承损坏后的主要表现是发热。当温度超过 65 ℃时,就有异响,同时转动不正常,甚至造成机尾滚筒不转动。

预防的方法是:加强机尾轴承的注油润滑,改善机尾作业环境。一旦发现轴承损坏,应立即更换机尾轴组件。

2. 中间悬拱部分有明显下垂

造成中间悬拱部分明显下垂的主要原因:一是连接螺栓松动或脱落;二是连接挡板焊缝断裂。

预防和处理的方法是:经常检查,发现连接螺栓松动及时拧紧;有脱落的及时补上;发现故障及时检修,不得勉强使用。

表 12-7 转载机常见故障及处理方法

故 障	原 因	处理方法
电动机起动不起来,或者起动后又缓慢停止	1. 电路有故障; 2. 电压下降; 3. 接触器有故障; 4. 操作程序不对	1. 检修电路; 2. 检查电压; 3. 检查过载保护继电器; 4. 检查操作程序
电动机及端部轴承部位发热	1. 超负荷运行时间太长; 2. 通风散热情况不好; 3. 轴承缺油或损坏	1. 减轻负荷,缩短超负荷运行时间; 2. 清理电动机周围浮煤及杂物; 3. 注油检查轴承是否损坏

故　障	原　因	处理方法
减速器声音不正常	1. 齿轮啮合不好； 2. 轴承或齿轮过度磨损损坏； 3. 减速器内有金属等杂物； 4. 轴承间隙过大； 5. 机件损坏	1. 检查、调整齿轮啮合情况； 2. 更换磨损或损坏的齿轮和轴承； 3. 清除减速器中的金属等杂物； 4. 调整好轴承轴间游隙； 5. 修理或更换机件
减速器油温过高	1. 润滑油牌号不合格或润滑油不干净； 2. 润滑油过多； 3. 散热通风不好； 4. 冷却装置堵塞或失效	1. 按规定更换新润滑油； 2. 去掉多余的润滑油； 3. 清除减速器周围煤粉及杂物； 4. 清理或重新更换
减速器漏油	1. 密封件损坏； 2. 减速器箱体结合面不严，各轴承盖螺栓拧的不紧	1. 更换损坏的密封件； 2. 拧紧结合面及各轴承盖处的螺栓，严禁在合箱面加垫
刮板链突然卡住	1. 转载机上有异物； 2. 刮板链跳出槽帮	1. 清除异物； 2. 处理跳出的刮板
刮板链卡住后，向前、向后只能开动很短距离	转载机超载，或底链被回头煤卡住	1. 根据情况卸掉上链道煤； 2. 清除异物； 3. 检查机头处卸载情况
刮板链在链轮处跳牙	1. 刮板链过于松弛； 2. 有相拧的链段； 3. 双链伸长量不相等； 4. 刮板变形严重	1. 重新涨紧，缩短刮板链； 2. 扭正链条，重新安装； 3. 检查链条长度； 4. 更换变形严重的刮板
刮板链跳出溜槽	1. 转载机不直； 2. 链条过松； 3. 溜槽损坏	1. 调直转载机； 2. 重新紧链； 3. 更换被损坏的溜槽
断链	刮板链被异物卡住	1. 清除异物，断链临时接上； 2. 开到机头处，重新紧链

二、破碎机

破碎机主要用来破碎大块煤炭和矸石，以防砸伤输送带，保证可伸缩带式输送机的正常运行。在运行的过程中主要故障表现在轴承温升异常、破碎机震动以及出料粒度变大。破碎机的常见故障及处理方法如表12-8所列。

表 12-8　　　　　破碎机的常见故障及处理方法

故　障	原因分析	处理措施
破碎机强烈震动	1.转子锤头配重不均衡 2.锤头、锤轴断裂脱落或是有大块矸石经过	1.重新配重 2.检查解决问题
轴承温度超过正常值	1.润滑不良 2.V带张紧初始力过大或过载 3.轴承安装不当，或轴承损坏	1.检查润滑 2.检查V带张紧及负载 3.检查调整轴承
有橡胶味	1.V带打滑 2.转子卡死	1.检查V带张紧 2.检查腔内
V带绞扭	1.V带长短不等，长的过松 2.V带磨损 3.轮槽内有异物 4.大小带轮不平行	1.更换不合格的V带 2.更换 3.清除，减少异物飞入的可能 4.调整大小带轮
破碎机内有异响	1.破碎机内有异物经过 2.机件松动	1.检查清除异物 2.检查紧固
出料粒度变大	1.锤头磨损 2.锤头工作圆间隙过大	1.检查更换 2.调整

第五节　带式输送机

皮带机运输常见故障有跑偏、撒料、减速器断轴、打滑等故障，皮带运输机运转是否正常直接影响矿井产量，井下皮带运输机常见的故障原因及处理方法见表12-9。

表 12-9 带式输送机常见故障、原因分析及处理方法

类别	常见故障	故障原因分析	处理方法
电动机故障	电动机不能起动或起动后就立即慢下来	1. 线路故障； 2. 保护电控系统闭锁； 3. 速度（断带）保护安装调节不当； 4. 电压下降； 5. 接触器故障	1. 检查线路； 2. 检查跑偏、限位、沿线停车等保护，事故处理完毕，使其复位； 3. 检查测速装置； 4. 检查电压； 5. 检查过负荷继电器
	电动机过热	1. 由于超载、超长度或输送带受卡阻，使运行超负荷运行； 2. 由于传动系统润滑条件不良，致使电机功率增加； 3. 电机风扇进风口或径向散热片上堆积煤尘，使散热条件恶化； 4. 双电机时，由于电机特性曲线不一或滚筒直径差异，使轴功率分配不匀； 5. 频繁操作	1. 测量电动机功率，找出超负荷运行原因，对症处理； 2. 对各传动部位及时补充润滑； 3. 清除煤尘； 4. 采用等功率电动机，使特性曲线趋向一致，通过调整耦合器充油量，使两电机功率合理分配； 5. 减少操作次数
液力偶合器故障	漏油： 1. 易熔塞或注油塞运转时漏油； 2. 液力耦合器壳体结合面漏油； 3. 停车时漏油	1. 易熔合金塞未拧紧； 2. 注油塞未拧紧； 3. "O"型密封圈损坏； 4. 连接螺栓未拧紧，轴套端密封圈或垫圈损坏	1. 用扳手打紧易熔塞或注油塞； 2. 更换"O"型密封圈； 3. 拧紧连接螺栓，更换密封圈和垫圈
	打滑	1. 液力耦合器内注油量不足； 2. 输送机超载； 3. 输送机被卡住	1. 用扳手拧开注油塞，按规定补充油量； 2. 停止输送机运转，处理超载部； 3. 停止输送机，处理被卡住部位

类别	常见故障	故障原因分析	处理方法
液力耦合器故障	过热	通风散热不良	清理通风网眼,清除堆积压在外罩上的粉尘
	电机转动联轴器不转	1. 液力联轴器内无油或油量过少; 2. 易熔塞喷油; 3. 电网电压降超过电压允许值的范围	1. 拧开注油塞,按规定加油或补充油量; 2. 拧下易熔塞,重新加油或更换易熔合金塞,严禁用木塞或其他物质代替易熔塞; 3. 改善供电质量
	起动或停车有冲击声	液力联轴器上的弹性联轴器材料过度磨损	拆去连接螺栓,更换弹性材料
减速器故障	过热	1. 减速器中油量过多或过少; 2. 油使用时间过长; 3. 润滑条件恶化,使轴承损坏; 4. 冷却装置未使用	1. 按规定时间注油; 2. 按规定时间换油; 3. 清洗内部,及时换油修理或更换轴承,改善润滑条件; 4. 接上水管,利用循环水降低油温
	漏油	1. 结合面螺丝松动; 2. 密封件失效; 3. 油量过多	1. 均匀紧螺丝; 2. 更换密封件; 3. 按规定量注油
	轴断	1. 高速轴设计强度不够; 2. 高速轴不同心; 3. 双电机驱动情况下的断轴	1. 立即更换减速器或修改减速器的设计; 2. 仔细调整其位置,保证两轴的同心度; 3. 液力耦合器的油量不可过多
输送带故障	跑偏	1. 传动滚筒或机尾滚筒两头直径大小不一; 2. 滚筒或托辊表面有煤泥或其他附着物; 3. 机头传动滚筒与尾部滚筒不平行; 4. 传动滚筒、尾部滚筒轴中心线与机身中心线不垂直	1. 自动托辊调偏:当输送带跑偏范围不大时,可在输送带跑偏处,安装调心托辊; 2. 单侧立辊调偏:输送带始终向一侧跑偏,可在跑偏的一侧跑偏范围内加装若干立辊,使输送带复位; 3. 适度拉紧调偏:当输送带跑偏忽左忽右,方向不定时说明输送带过松,可适当调整拉紧装置以消除跑偏;

类别	常见故障	故障原因分析	处理方法
输送带故障	跑偏	5. 托辊安装不正; 6. 给料位置不正; 7. 滚筒中心不在机身中心线上; 8. 输送带接头不正或输送带老化变质造成两侧偏斜; 9. 机身不正	4. 调整滚筒调偏:输送带在滚筒处跑偏,检查滚筒是否异常或窜动,调整滚筒至水平位置正常转动,消除跑偏; 5. 校正输送带接头调偏:输送带跑偏始终一个方向,而且最大跑偏在接头处,可校正输送带接头与输送带中线垂直消除跑偏; 6. 垫高托辊调偏:输送带跑偏方向、距离一定,可在跑偏方向的对侧垫高托辊若干组,消除跑偏; 7. 调整托辊调偏:输送带跑偏方向一定,检查发现托辊中线与输送带中线不垂直,就可调整托辊,消除跑偏; 8. 消除煤泥调偏:输送带跑偏点不变,发现托辊、滚筒粘着煤泥,就要消除煤泥调偏; 9. 校正给料调偏:输送带轻载不跑偏,重载跑偏,可调整给料重量及位置消除跑偏; 10. 校正支架调偏:输送带跑偏方向、位置固定,跑偏严重,可调整支架的水平和垂直度,消除跑偏
	老式化、开裂、起毛边	1. 输送带与机架摩擦,产生带拉边拉毛,开裂; 2. 输送带与固定硬物干涉产生撕裂; 3. 保管不善张紧力过大;铺设过短产生挠曲次数超过限值,产生提前老化	1. 及时调整,避免输送带长期跑偏; 2. 防止输送带挂到固定构件上或输送带中掉进金属构件; 3. 按输送带保管要求贮存,尽量避免短距离铺设使用
	胶带	1. 带体材质不适应,遇水、遇冷变硬脆; 2. 输送带长期使用,强度变差; 3. 输送带接头质量不佳,局部开裂未及时修复	1. 选用机械物理性能稳定的材质制作带芯; 2. 及时更换破损或老化的输送带; 3. 对接头经常观察,发现问题及时处理

续表 12-9

类别	常见故障	故障原因分析	处理方法
输送带故障	打滑	1. 输送带张紧力不足,负载过大; 2. 由于淋水使传动滚筒与输送带之间摩擦系数降低; 3. 超出适用范围,倾斜向下运输	1. 重新调整张紧力或者减少运输量; 2. 消除淋水,增大张紧力,采用花纹胶面滚筒; 3. 订货时向供方说明使用条件,提出特殊要求
输送带故障	撒料	1. 严重过载,导料槽挡料橡胶裙板磨损,导料槽钢板过窄,橡胶裙板较长; 2. 凹弧段曲率半径较小时,使输送带产生悬空,槽形变小; 3. 跑偏时的撒料; 4. 设计不合理造成的撒料	1. 控制输送能力,加强维护、保养; 2. 设计时,尽可能采用较大的凹弧段曲率半径,长度不允许,可在凹弧段加装若干组压带轮; 3. 通过调整输送带跑偏; 4. 按其中堆积密度最小的物料来确定
托辊故障	托辊不转	1. 托辊与输送带不接触; 2. 托辊外壳被物料卡阻,或托辊端面与托辊支座干涉接触; 3. 托辊密封不住,使粉尘进入轴承而引起卡阻; 4. 托辊轴承润滑不良	1. 垫高托辊位置,使之与输送机接触; 2. 清除物料,干涉部位加垫圈或矫正托辊支座,使端面脱离接触; 3. 拆开托辊,清洗或更换轴承,重新组装; 4. 使用托辊专用润滑脂
异常噪音	改向滚筒与传动滚筒的异常噪音	轴承磨坏	及时更换轴承
异常噪音	联轴器两轴不同心时的噪音	联轴器两轴不同心	及时调整电机和减速机轴的同心度
异常噪音	托辊严重偏心时的噪音	1. 制造托辊的无缝钢管壁厚不均匀,端面跳动过大; 2. 加工时两端轴承孔中心与外圆圆心偏差较大	更换托辊

复习思考题

1. 摇臂的使用注意事项有哪些?

2. 试述摇臂常见故障及处理方法。

3. 牵引部使用注意事项有哪些?

4. 试述牵引部常见故障及处理方法。

5. 行走箱常见故障及处理方法。

6. 试述液压调高系统常见故障判断的基本方法。

7. 试述液压调高系统常见的故障及处理方法。

8. 试述液压支架常见故障原因及处理方法。

9. 试述刮板输送机常见故障及处理方法。

10. 试述桥式转载机常见故障及处理方法。

11. 试述破碎机的常见故障及处理方法。

12. 试述带式输送机常见故障、原因分析及处理方法。

第五部分
高级综采维修钳工知识要求

第十三章 基 础 知 识

第一节 形位公差知识

从设计图样到零件的形成,必须经过加工的过程。无论设备的精度和操作工人的技术水平多么高,要使加工的零件达到理想的形状和相互间完全准确的位置,仍然是不可能的,它们之间必定产生一定的差异(即偏离量)。零件的实际形状和位置对理想形状和位置的偏离量,就是该零件的形状和位置误差。该误差反映了零件形状和位置精度的高低。在满足零件的功能要求、装配互换性的前提下,不能认为形状和位置精度越高越好,而应同时考虑其经济性。因此,把形状和位置对其理想状态偏离量的大小控制在一个适当范围内,是现代化生产的要求。限制形状和位置精度高低的要求,就是形状和位置公差。随着生产的不断发展,形状和位置公差(和误差)的理论和标准化工作也有了系统的发展。

一、基本概念

1. 形位公差的研究对象——要素

一般说来,将有轮廓形状的表面、圆柱面、圆锥面和球面等称作"形体"是可以理解的。但对于像"点"这样只有空间位置而无大小,或者像"中心线"、"轴线"、"中心平面"等在零件内部的假想线、假想面统称作"形体"就不太恰当。基于这种考虑,国家标准统一将构成零件的点、线、面称为"要素"。形位公差就是对这些要素在形状和其相互间方向或位置的精度要求。要素可以从不同的角度进行分类。

(1) 按结构特征

① 轮廓要素。构成零件外形的能直接为人们所感觉到的点、线、面各要素。

② 中心要素。中心要素虽然也是客观存在的要素。但不能为人们直接所感觉,必须通过分析后才能说明它的存在,如轴线、球心、中心平面等。

(2) 按存在的状态

① 实际要素。零件上实际存在的要素、通常用测得的要素来代替。由于测量误差的存在和测试手段的限制,无法反映实际要素的真实情况,因此测得的要素并不是实际要素的全部客观情况。

② 理想要素。具有几何意义的要素,也即几何的点、线、面,它们不存在任何误差。

(3) 按结构性能

① 单一要素。具有形状要求的要素,如一个点、一个圆柱面、一个平面、一根轴线等,该要素与其他要素无功能关系。所谓功能关系,是指要素间某种确定的方向和位置关系,如垂直、平行、同轴、对称等。

② 关联要素。与其他要素具有功能关系的要素。

(4) 按在形位公差中所处的地位

① 被测要素。在图样上给出了形状或(和)位置公差要求的要素,是要检测的对象。

② 基准要素。用来确定被测要素的方向或(和)位置的要素,在图样上应用基准符号标注。

2. 零件的误差

"误差"一般是指被测实际参数偏离理想参数的程度,即实际参数与理想参数在进行比较后,能找到一个"偏离值"来表征这种变动(偏离)程度的大小。偏离量越大,说明误差越大。

若单纯以零件上的几何特征来阐述误差的概念,则可将误差认为是被测实际要素相对其理想要素的变动量。例如:在实际检测平面度误差时,对有几何形状误差的实际表面,是用理想的,即无形状误差的平面(可用量仪平面等来体现)与这个实际表面进行比较,就可以找到这个实际表面的平面度几何误差数值,它就是实际表面对理想平面的变动量。这个变动量的大小就是平面度几何误差的大小。零件的几何误差一般可分:尺寸误差,位置误差,形状误差,表面波纹度和表面光洁度等。

3. 形位公差带

形位公差带是限制实际要素变动的区域。被测要素必须位于公差带内,零件才算合格。不同的形位公差项目具有不同的公差带形状,形位公差带可以是一平面区域,也可以是一空间区域。形位公差带具有大小、方向、形状和位置四个因素。

(1)公差带的形状

形位公差带的形状是由被测实际要素的形状和该项目的特征来确定的。按照国家标准的规定,目前,在图样上采用的形位公差带主要有 10 种形状,如图 13-1 所示。

(2)公差带的方向

形位公差带是一种设想的空间区域,要体现它就得规定实际检测的方向,这便是形位公差带方向的由来。形位公差带的方向可以是组成公差带的几何要素的法线方向;平面(或直线)公差带的方向为平面(或直线)的垂线方向;圆形公差带的方向为圆的径向等。规定了公差带方向,具体的检测才能进行。

(3)公差带的大小

公差带的大小就是公差带的宽度或直径。例如某一形位公差带的形状为两平行直线,那么该公差带的大小就是两平行直线间的宽度;若某一形位公差带形状为一圆柱,那么该公差带大小就是该圆柱的直径。公差带的大小由设计者根据零件的功能和互换性

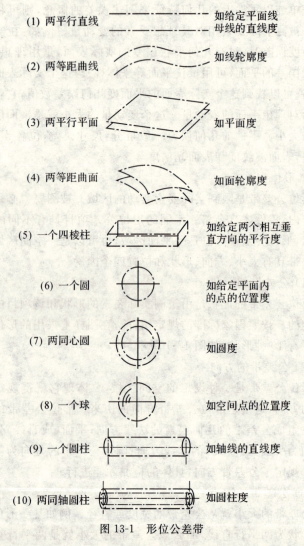

(1) 两平行直线 —— 如给定平面线母线的直线度

(2) 两等距曲线 —— 如线轮廓度

(3) 两平行平面 —— 如平面度

(4) 两等距曲面 —— 如面轮廓度

(5) 一个四棱柱 —— 如给定两个相互垂直方向的平行度

(6) 一个圆 —— 如给定平面内的点的位置度

(7) 两同心圆 —— 如圆度

(8) 一个球 —— 如空间点的位置度

(9) 一个圆柱 —— 如轴线的直线度

(10) 两同轴圆柱 —— 如圆柱度

图 13-1　形位公差带

要求来确定,并现实考虑零件加工的经济性和检测的可能性。在形位公差中,有些位置公差项目的公差带位置是处于固定状态的,是由图样上给定的理想位置确定的,不再变动。在形位公差中,属于"公差带位置固定"状态的有同轴度、对称度、一部分的位置度和一部分轮廓度等项目。

(4) 公差带的位置

公差带的位置有浮动状态和固定状态。零件的实际尺寸是在尺寸公差范围内变动的。而形位公差带的位置是随着零件的实际尺寸在尺寸公差带内变动的。一般来说,它的变动范围不允许超出尺寸公差带,像这样的公差带称为"公差带位置浮动"状态。大部分形位公差带是属于这种状态的。

二、形状公差

形状公差是指零件上单一实际要素的形状,相对于图样上给定的理想形状所允许的变动全量(当线轮廓度和面轮廓度有基准要求时除外)。根据零件上各种要素的几何特征(如直线、平面、圆、圆柱面和任意形状的曲线、曲面等)及其功能要求的不同,形状公差规定有直线度、平面度、圆度、圆柱度、线轮廓度和面轮廓度等6个项目。

1. 直线度

直线度是表示零件上的直线要素实际形状保持理想直线的状况,也就是通常所说的平直程度。

零件上的直线要素通常是指圆柱或圆锥表面的素线及其轴线,两平面相交的棱线,以及平面上的素线或指定的直线(如标尺刻线)等。

直线度公差是实际线对理想直线所允许的最大变动量。也就是在图样上所给定的,用以限制实际线加工误差所允许的变动范围。

零件上的各种直线要素,具有不同的结构特点及功能要求。因此,在图样上所给出的直线度要求也具有不同的特性。一般可分为以下几种类型:

(1) 在给定平面内的直线度公差带是距离为公差值 t 的两平

行直线之间的区域。

（2）在给定方向上的直线度若给定一个方向时，公差带是距离为公差值 t 的两平行平面间的区域；若给定相互垂直的两个方向时，公差带是正截面为公差值 $t_1 \times t_1$ 的四棱柱内的区域。

（3）在任意方向上的直线度公差带是一个以公差值 t 为直径的圆柱面内的区域。

标注示例如表 13-1 所示。

表 13-1　　　　　　直线度标注示例及公差带说明

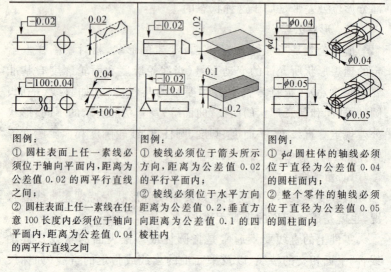

图例： ① 圆柱表面上任一素线必须位于轴向平面内，距离为公差值 0.02 的两平行直线之间； ② 圆柱表面上任一素线在任意 100 长度内必须位于轴向平面内，距离为公差值 0.04 的两平行直线之间	图例： ① 棱线必须位于箭头所示方向，距离为公差值 0.02 的平行平面内； ② 棱线必须位于水平方向距离为公差值 0.2，垂直方向距离为公差值 0.1 的四棱柱内	图例： ① ϕd 圆柱体的轴线必须位于直径为公差值 0.04 的圆柱面内； ② 整个零件的轴线必须位于直径为公差值 0.05 的圆柱面内

2. 平面度

平面度是表示零件的平面要素实际形状，保持理想平面的状态，也就是通常所说的平整程度。

零件上的平面要素很多，如各种平板、工作台的表面、各种零件的端面、箱体的结合面、平面法兰的密封面等。

平面度公差是实际表面对理想平面所允许的最大变动量。也就是在图样上给定的，用以限制实际表面加工误差所允许的变动范围。

平面度要求比较单纯,因为零件上的各种平面要素,不论其所处位置、外形形状如何变化,其结构特点是基本相同的。因此,要控制它的误差变动量也比较简单。

因为被测面的理想要素为一平面,要控制被测面上各点均在给定的范围内,只能用两平行平面加以限制。因此,平面度的公差带应为:距离为公差值 t 的两平行平面间的区域。

标注示例及公差带说明如表 13-2 所示。

表 13-2　　　　平面度标注示例及公差带说明

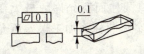	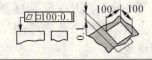
图例:上表面必须修正于距离为公差值 0.1 的两平行平面内	图例:表面上任意 100×100 的范围,必须位于距离为公差值 0.1 的两平行平面内

3. 圆度

圆度是表示零件上圆的要素实际形状,与其中心保持等距的状况,即通常所说的圆整程度。

零件上圆的常见要素有:圆柱、圆锥面的横截面和球面任意剖面的外形轮廓等。

圆度公差是在同一横截面上,实际圆对理想圆所允许的最大变动量。也就是图样上给定的用以限制实际圆的加工误差所允许的变动范围。

实际圆上的各点只能在给定的横截面内,沿某一理想圆产生形状变动。要限制其变动量,则必须用两同心圆间的区域来控制。因此,圆度的公差带应为:在同一横截面上,半径差为公差值 t 的两同心圆间的区域。标注示例及公差带说明如表 13-3 所示。

表 13-3	圆度标准示例及公差带说明
	图例:在垂直于轴线的任一正截面上,该圆必须位于半径差为公差值 0.02 的两同心圆之间

4. 圆柱度

圆柱度是表示零件上圆柱面外形轮廓上的各点对其轴线保持等距状况。它体现了对圆柱面的横剖面、轴剖面和轴线的形状误差(如圆度、素线的直线度和轴线的直线度等)的综合控制要求。

圆柱度公差是实际圆柱面对理想圆柱面所允许的最大变动量。也就是图样上给定的,用以限制实际圆柱面加工误差所允许的变动范围。

圆柱度的被测要素的理想形状为理想圆柱面,要控制实际圆柱面上的各点相对于轴线距离在给定范围内变动,只能用两同轴的柱面加以限制。所以,圆柱度公差带应为:半径差为公差值 t 的两同轴圆柱面之间的区域。标注示例如表 13-4 所示。

表 13-4	圆柱度标注示例及公差带说明
	图例:圆柱面必须位于半径差值 0.05 的两同轴圆柱面之间

5. 轮廓度

(1) 线轮廓度

线轮廓度是表示在零件的给定平面上,任意形状的曲线保持其理想形状的状况。

线轮廓度的公差是指非圆曲线的实际轮廓线对理想轮廓线的允许变动量。也就是图样上给定的,用以限制实际曲线加工误差所允许的变动范围。

由于实际轮廓线只能在给定的平面内产生变化,要限制它变动的范围,只要相对于理想轮廓线的两侧变动量加以控制即可。所以,线轮廓度公差带应为:以理想轮廓线的各点为圆心,图样上结定的公差值 t 为直径,画出一系列圆,同诸圆外形所形成的两包络线之间的区域。标注示例见表 13-5。

表 13-5　　　　　线轮廓度标注示例及公差带说明

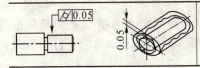

图例:圆柱面必须位于半径差值 0.05 的两同轴圆柱面之间

（2）面轮廓度

面轮廓度是表示零件上的任意形状的曲面,保持其理想形状的状况。

面轮廓度公差是指非圆曲面的实际轮廓线,对理想轮廓面的允许变动量。也就是图样上所给定的,用以限制实际曲面加工误差所允许的变动范围。

由于实际轮廓面为一空间曲面,可以在空间任意方向产生变动。要限制它的变动范围,就应沿理想轮廓面的两侧空间内给定一区域。所以,面轮廓公差带应是,以理想轮廓面上的各点为球心,给定的公差值为直径,作出一系列球形,由诸球外形所形成的两包络面之间的区域。见表 13-6。

表 13-6　　　　　面轮廓度标注示例及公差带说明

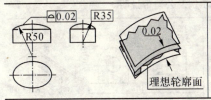

图例:实际轮廓面必须位于包络一系列球的两包络面之间,诸球的直径为公差值 0.02,且球心在理想轮廓面上

三、位置公差

位置公差是关联实际要素的方向或位置对基准所允许的变动

全量。位置公差分定向公差、定位公差和跳动公差。定向公差包括平行度、垂直度和倾斜度 3 项;定位公差包括同轴度、对称度和位置度 3 项;跳动公差包括圆跳动和全跳动 2 项。

1. 平行度

平行度是限制实际要素对基准在平行方向上变动量的一项指标。平行度的类型归纳如下:

(1)面对基准平面的平行度。被测要素和基准要素都是平面,其公差带是平行于基准平面,距离为公差值 t 的两平行平面之间的区域。

(2)线对基准平面的平行度。被测要素是线,基准要素是平面。其公差带是平行于基准平面,距离为公差值 t 的两平行平面之间的区域。

(3)面对基准直线的平行度。被测要素是面,基准要素是直线。其公差带是平行于基准直线,距离为公差值 t 的两平行平面之间的区域。

(4)线对基准直线的平行度。被测要素和基准要素都是线,其公差带有三种情况:给定一个方向时,为平行于基准直线,距离为公差值 t 的两平行平面之间的区域;给定相互垂直的两个方向时,为一平行于基准直线、正截面为公差值 $t_1 \times t_2$ 的四棱柱内的区域;任意方向时,为一平行于基准直线,直径为公差值 t 的圆柱面内的区域。见表 13-7。

表 13-7　　　　　　　平行度标注示例及公差带说明

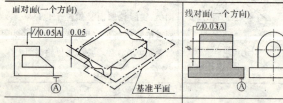

面对面(一个方向)	线对面(一个方向)
图例:上表面必须位于距离为公差值 0.05,且平行于基准平面的两平行平面之间	图例:孔的轴线必须位于距离为公差值 0.03,且平行于基准平面的两平行平面之间

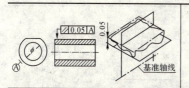	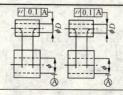
图例:上表面必须位于距离为公差值0.05,且平行于基准轴线的两平行平面之间	图例:ϕD 的轴线必须位于距离为公差值0.1,且在垂直方向平行于基准轴线的两平行平面之间
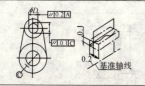	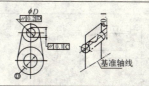
图例:ϕD 的轴线必须位于正截面为公差值 0.1×0.2,且平行于基准轴线的四棱柱内	图例:ϕD 的轴线必须位于直径为公差值0.1,且平行于基准轴线的圆柱面内

2. 垂直度

垂直度是限制实际要素对基准在垂直方向上变动量的一项指标。在垂直度公差中,被测要素和基准要素可以是线也可以是面。垂直度的类型归纳如下:

(1) 面对基准平面、面对基准直线、线对基准直线的垂直度公差带均为垂直于基准平面(或直线),距离为公差值 t 的两平行平面之间的区域。

(2) 线对基准平面的垂直度公差带有三种情况:给定一个方向时,为垂直于基准平面,距离为公差值 t 的两平行平面(或直线)之间的区域;给定相互垂直的两个方向时,为一垂直于基准平面,正截面为公差值 $t_1 \times t_2$ 的四棱柱内的区域,任意方向时为一垂直于基准平面,直径为公差值 t 的圆柱面内的区域。见表13-8。

综采维修钳工

表 13-8　　　　垂直度标注示例及公差带说明

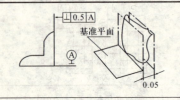	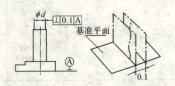
图例:右侧表面必须位于距离为公差值 0.05,且垂直于基准平面的两平行平面之间	图例:ϕd 的轴线必须在给定的投影方向上,位于距离为公差值 0.1,且垂直于基准平面的两平行平面之间
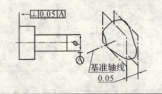	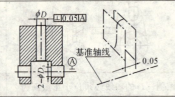
图例:左侧端面必须位于距离为公差值 0.05,且垂直于基准轴线的两平行平面之间	图例:ϕD 的轴线必须位于距离为公差值 0.05,且垂直于两 ϕD_1 孔公共轴线的两平行平面之间
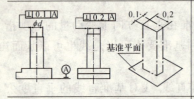	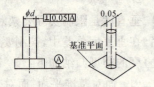
图例:ϕd 的轴线必须位于正截面为公差值 0.2×0.1,且垂直于基准平面的四棱柱内	图例:ϕd 的轴线必须位于直径为公差值 0.05,且垂直于基准平面的圆柱面内

3. 同轴度

同轴度是表示零件上的被测轴线相对于基准轴线,保持在同一直线上的状况,也就是通常所说的共轴程度。

同轴度要求被测要素与基准要素都是轴线。被测轴线相对于基准轴线具有确切的位置关系,即基准轴线的位置就是被测轴线的理想位置,故属于定位公差。

因为被测实际轴线可以在空间任意方向上产生变动,要控制其变动量,必须沿任意方向均加以限制,同时,其变动还应受到基准轴线的约束。所以同轴度公差带应为:直径为公差值 t,且与基准轴线同轴的圆柱面内的区域。见表 13-9。

表 13-9 　　　　　　同轴度标注示例及公差带说明

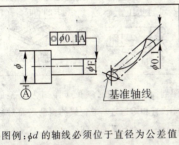

基准轴线

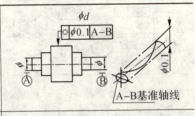

A-B基准轴线

图例:ϕd 的轴线必须位于直径为公差值 0.1,且与基准轴线同轴的圆柱面内	图例:ϕd 的轴线必须位于直径为公差值 0.1,且与公共轴线 A-B 同轴的圆柱面内
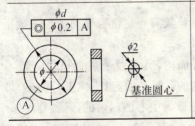 基准圆心	图例:ϕd 的圆心必须位于直径为公差值 0.2,且与基准圆心同心的圆内

4. 对称度

对称度是限制被测线、面偏离基准直线、平面的一项指标。其公差带是距离为公差值 t 且相对基准中心平面(或中心线、轴线)对称配置的两平行平面(或直线)之间的区域;若给定相互垂直的两个方向,则是正截面为公差值 $t_1 \times t_2$ 的四棱柱内的区域。见表 13-10。

表 13-10　　　　　　　对称度标注示例及公差带说明

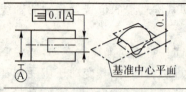	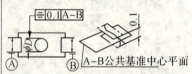
图例:槽的中心面必须位于距离为公差值0.1,且相对基准平面对称配置的两平行平面之间	图例:ϕD 的轴线必须位于距离为公差值0.1,且相对于 A—B 公共基准中心平面对称配置的两平行平面之间
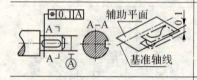	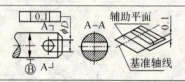
图例:键槽的中心面必须位于距离为公差值 0.1 的两平行平面之间,该平面对称配置在通过基准轴线的辅助平面两侧	图例:ϕD 的轴线必须位于距离为公差值0.1,且相对通过基准轴线的辅助平面对称配置的两平行平面之间

5. 位置度

位置度是限制被测要素实际位置对理想位置变动量的一项指标。位置度的类型有:

(1) 点的位置度。在给定平面内,其公差带是直径为公差 t,且以点的理想位置为中心的圆内的区域;在任意方向上,其公差带是直径为公差 t,且以点的理想位置为中心的球内的区域。

(2) 线的位置度。在给定方向上,当给定一个方向时,其公差带是宽度为公差 t,且以线的理想位置为中心对称配置的两平行平面(或直线)之间的区域;当给定两个相互垂直的方向时,其公差带是正截面为公差值 $t_1 \times t_2$,且以线的理想位置为中心线的四棱柱内的区域;在任意方向上,其公差带是直径为公差值 t,且以线的理想位置为轴线的圆柱面内的区域。

（3）面的位置度。公差带是距离为公差 t，且以平面的理想位置为中心的两平行平面之间的区域。见表 13-11。

表 13-11　　　　　位置度标注示例及公差带说明

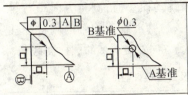

图例:该点必须位于直径为公差值 0.3 的圆内,该圆的圆心位于相对基准 A、B 所确定的点的理想位置上

图例:每条刻线必须分别位于距离为公差值 0.05,且相对基准 A 所确定的理想位置对称配置的两平行直线之间

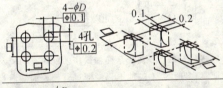

图例:4 个孔的轴线必须分别位于正截面为公差值 0.2×0.1,且以理想位置为轴线的诸四棱柱内

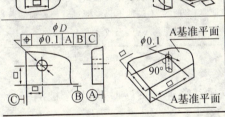

图例:ϕD 的轴线必须位于直径为公差值 0.1,且以相对基准 A、B、C 所确定的理想位置为轴线的圆柱面内

6.　圆跳动

圆跳动是表示零件上的回转表面在限定的测量面内,相对于基准轴线保持固定位置的状况。

圆跳动公差是:被测实际要素绕基准轴线,无轴向移动地旋转一整圈时,在限定的测量面内,所允许的最大跳动量。按照所规定的测量方式不同,圆跳动又分为径向圆跳动、端面圆跳动和斜向圆跳动等 3 种不同形式。此处只对径向圆跳动与端面圆跳动进行论述。见表 13-12。

（1）径向圆跳动。测量径向圆跳动误差时,测量方向垂直于基准轴线,所以必须引进一垂直于基准轴线的测量平面,其公差带即在测量平面内,半径差为公差值 t,圆心在基准轴线上的两同心圆之间的区域。

（2）端面圆跳动。测量端面圆跳动误差时,测量方向平行于基准轴线方向,为此在测量点上引一与基准轴线同轴的测量圆柱面,其公差带为测量圆柱面上沿母线方向宽度为 t 的圆柱面区域。

表 13-12　　　　圆跳动标注示例及公差带说明

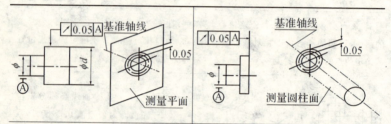

图例:ϕd 圆柱面绕基准轴线作无轴向移动回转时,在任一测量平面内的径向跳动量均不得大于公差值 0.05	图例:当零件绕基准轴线作无轴向移动回转时,在右端面上任一测量直径处的轴向跳动量均不得大于公差值 0.05

7. 全跳动

全跳动是指零件绕基准轴线作连续旋转时,沿整个被测表面上的跳动量。

前述圆跳动仅能从一个个测量面内反映被测要素轮廓的形位误差状况,而不能从整体上反映被测表面的精度。但从生产实际需要来看,有些零件根据其功能要求需要对整个被测表面形位误差进行综合控制。为此,标准中规定了全跳动这个项目。全跳动分为径向全跳动与端面全跳动两种。见表 13-13。

（1）径向全跳动公差。公差带是半径为公差值 t,且与基准轴线同轴的两圆柱面之间的区域。径向全跳动公差是一项综合控制指标,它可同时控制圆柱度误差和同轴度误差,因此,它与圆柱度这一单纯控制形状误差的公差项目不同,在使用时要注意径向全跳动与圆柱度公差的区别。

（2）端面全跳动公差。公差带是距离为公差值 t,且与基准轴线垂直的两平行平面间的区域。端面全跳动公差和端面垂直度公差对被测要素的限制是完全相同的。一般用端面全跳动检测较方便。

表 13-13　　　　　全跳动标注示例及公差带说明

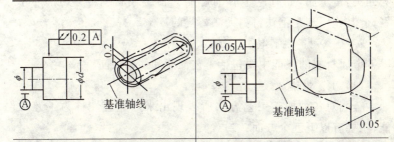

图例:ϕd 表面绕基准轴线作无轴向移动地连续回转,同时,指示器作平行于基准轴线的直线移动。在 ϕd 整个表面上的跳动量不得大于公差值 0.2	图例:端面绕基准轴线作无轴向移动地连续回转,同时,指示器作垂直基准轴线的直线移动。在端面上任意一点的轴向跳动量不得大于 0.05。(在运动时,指示器必须沿着端面的理论正确形状和相对于基准所确定的正确位置移动)

第二节　常用零部件金属材料及热处理知识

一、金属材料概述

1. 金属材料及分类

金属材料是金属元素或以金属元素为主构成的具有金属特性的材料的统称。

金属材料的特点是具有资源丰富、生产技术成熟、产品质量稳定、强度高、塑性和韧性好、耐热、耐寒、耐磨、可锻造、铸造、冲压和焊接、导电、导热性和铁磁性优异等特点,已成为现代工业和现代科学技术中最重要的材料之一。

金属材料一般可分为黑色金属材料和有色金属材料两大类。黑色金属主要指铁、锰、铬及其合金,如钢、生铁、铁合金、铸铁等。有色金属又称非铁金属,狭义的有色金属通常指铁、锰、铬三种金属以外的金属。广义的有色金属还包括有色合金。有色金属可分为四类:重金属,如有色金属的产品只占金属材料产量的5%左右,但其作用却是钢铁材料无法替代的。

2. 金属材料的性能

金属材料的性能主要包括工艺性能和使用性能。

(1) 工艺性能

金属对各种加工工艺方法所表现出来的适应性称为工艺性能,主要有以下五个方面:

① 铸造性能:反映金属材料熔化浇铸成为铸件的难易程度,表现为熔化状态时的流动性、吸气性、氧化性、熔点,铸件显微组织的均匀性、致密性,以及冷缩率等。铸造性能通常指流动性,收缩性,铸造应力,偏析,吸气倾向和裂纹敏感性。

② 锻造性能:反映金属材料在压力加工过程中成型的难易程度,例如将材料加热到一定温度时其塑性的高低(表现为塑性变形抗力的大小),允许热压力加工的温度范围大小,热胀冷缩特性以及与显微组织、机械性能有关的临界变形的界限、热变形时金属的流动性、导热性能等。

③ 焊接性能:反映金属材料在局部快速加热,使结合部位迅速熔化或半熔化(需加压),从而使结合部位牢固地结合在一起而成为整体的难易程度,表现为熔点、熔化时的吸气性、氧化性、导热性、热胀冷缩特性、塑性以及与接缝部位和附近用料显微组织的相关性、对机械性能的影响等。

④ 切削加工性能:反映用切削工具(例如车削、铣削、刨削、磨削等)对金属材料进行切削加工的难易程度。

⑤ 热处理性能:热处理是机械制造中的重要过程之一,与其他加工工艺相比,热处理一般不改变工件的形状和整体的化学成分,而是通过改变工件内部的显微组织,或改变工件表面的化学成分,赋予或改善工件的使用性能。其特点是改善工件的内在质量,而这一般不是肉眼所能看到的,所以,它是机械制造中的特殊工艺过程,也是质量管理的重要环节。

(2) 机械性能

金属在一定温度条件下承受外力(载荷)作用时,抵抗变形和断裂的能力称为金属材料的机械性能(也称为力学性能)。金属材料承受的载荷有多种形式,它可以是静态载荷,也可以是动态载荷,包括单独或同时承受的拉伸应力、压应力、弯曲应力、剪切应力、扭转应力,以及摩擦、震动、冲击等等。衡量金属材料机械性能的指标主要有以下几项:

① 强度:强度是指金属材料在载荷作用下抵抗破坏(过量塑性变形或断裂)的性能。由于载荷的作用方式有拉伸、压缩、弯曲、剪切等形式,所以强度也分为抗拉强度、抗压强度、抗弯强度、抗剪强度等。各种强度间常有一定的联系,使用中一般较多以抗拉强度作为最基本的强度指标。

② 塑性:塑性是指金属材料在载荷作用下,产生塑性变形(永久变形)而不破坏的能力。

③ 硬度:硬度是衡量金属材料软硬程度的指标。目前生产中测定硬度方法最常用的是压入硬度法,它是用一定几何形状的压头在一定载荷下压入被测试的金属材料表面,根据被压入程度来测定其硬度值。常用的方法有布氏硬度(HB)、洛氏硬度(HRA、HRB、HRC)和维氏硬度(HV)等方法。

④ 疲劳:前面所讨论的强度、塑性、硬度都是金属在静载荷作

用下的机械性能指标。实际上,许多机器零件都是在循环载荷下工作的,在这种条件下零件会产生疲劳。

⑤ 冲击韧性:以很大速度作用于机件上的载荷称为冲击载荷,金属在冲击载荷作用下抵抗破坏的能力叫做冲击韧性。

(3) 物理性能

① 密度(比重)$\rho = P/V$,单位 g/cm^3 或 t/m^3,式中 P 为重量,V 为体积。在实际应用中,除了根据密度计算金属零件的重量外,很重要的一点是考虑金属的比强度(强度 σb 与密度 ρ 之比)来帮助选材,以及与无损检测相关的声学检测中的声阻抗(密度 ρ 与声速 C 的乘积)和射线检测中密度不同的物质对射线能量有不同的吸收能力等。

② 熔点:金属由固态转变成液态时的温度,对金属材料的熔炼、热加工有直接影响,并与材料的高温性能有很大关系。

③ 热膨胀性:随着温度变化,材料的体积也发生变化(膨胀或收缩)的现象称为热膨胀,多用线膨胀系数衡量,亦即温度变化 1℃时,材料长度的增减量与其 0℃时的长度之比。热膨胀性与材料的比热有关。在实际应用中还要考虑比容(材料受温度等外界影响时,单位重量的材料其容积的增减,即容积与质量之比),特别是对于在高温环境下工作,或者在冷、热交替环境中工作的金属零件,必须考虑其膨胀性能的影响。

④ 磁性:能吸引铁磁性物体的性质即为磁性,它反映在磁导率、磁滞损耗、剩余磁感应强度、矫顽磁力等参数上,从而可以把金属材料分成顺磁与逆磁、软磁与硬磁材料。

⑤ 电学性能:主要考虑其电导率,在电磁无损检测中对其电阻率和涡流损耗等都有影响。

(4) 化学性能

金属与其他物质引起化学反应的特性称为金属的化学性能。在实际应用中主要考虑金属的抗蚀性、抗氧化性(又称作氧化抗力,这是特别指金属在高温时对氧化作用的抵抗能力或者说稳定性),以及不同金属之间、金属与非金属之间形成的化合物对机械性能的影响等等。在金属的化学性能中,特别是抗蚀性对金属的腐蚀疲劳损伤有着重大的意义。

二、碳素钢

碳素钢,简称碳钢,是含碳量小于 2.11% 的铁碳合金。碳钢中除含有铁、碳元素外,还有少量硅、锰、硫、磷等杂质。碳素钢比合金钢价格低廉,产量大,具有必要的机械性能和优良的锻压性、焊接性、切削加工性等,在机械工业中应用很广。

1. 碳素钢的分类

按照不同的分类原则,碳素钢有很多分类方法,主要分类方法如下:

(1) 按钢的含碳量分类

低碳钢——含碳量小于 0.25%(含碳量小于 0.04% 时称为工业纯铁);

中碳钢——含碳量在 0.25%～0.6% 之间;

高碳钢——含碳量大于 0.6%。

(2) 按钢的质量分类

碳钢质量的高低,主要根据钢中杂质 S、P 的含量来划分,可分为普通碳素钢、优质碳素钢和高级优质碳素钢 3 类。

普通碳素钢——钢中 S、P 含量允许较高,S 小于 0.055%,P 小于 0.045%;

优质碳素钢——钢中 S、P 含量要求较低,S 小于 0.045%,P 小于 0.040%;

高级优质碳素钢——钢中所含 S、P 杂质很低,S 含量应小于 0.03%,P 应小于 0.035%。

普通碳素钢成本较低。在普通碳素钢生产中,低碳钢占很大比例,主要作为各类工程用钢(也称建筑用钢),用于各种金属结构、桥梁、车辆、船舶等。

优质碳素钢主要用于各种机器零件及工具。优质钢件一般都经过热处理后使用。

高级优质碳素钢的质量最好,但成本也最高。这种钢主要用于工具、模具及少数要求很高的机械零件。其表示方法是在碳钢的牌号后面加 A。

(3) 按用途分类

碳素结构钢——用于制造机械零件和工程结构的碳钢,含碳量大多在 0.7% 以下;

碳素工具钢——用于制造各种加工工具(刀具、模具)及量具,含碳量一般在 0.65%～1.35% 之间。

2. 碳素结构钢

(1) 碳素结构钢的分类及用途

碳素结构钢是碳素钢的一种。含碳量约 0.05%～0.70%,个别可高达 0.90%。可分为普通碳素结构钢和优质碳素结构钢两类。前者含杂质较多,价格低廉,用于对性能要求不高的地方,它的含碳量多数在 0.30% 以下,含锰量不超过 0.80%,强度较低,但塑性、韧性、冷变形性能好。除少数情况外,一般不作热处理,直接使用。多制成条钢、异型钢材、钢板等。用途很多,用量很大,主要用于铁道、桥梁、各类建筑工程,制造承受静载荷的各种金属构件及不重要不需要热处理的机械零件和一般焊接件。优质碳素结构钢钢质纯净,杂质少,力学性能好,可经热处理后使用。根据含锰量分为普通含锰量(小于 0.80%)和较高含锰量(0.80%～1.20%)两组。含碳量在 0.25% 以下,多不经热处理直接使用,或经渗碳、碳氮共渗等处理,制造中小齿轮、轴类、活塞销等;含碳量在 0.25%～0.60%,典型钢号有 40、45、40Mn、45Mn 等,多经调质处理,制造各种机械零件及紧固件等;含碳量超过 0.60%,如 65、70、85、65Mn、70Mn 等,多作为弹簧钢使用。

（2）碳素结构钢的表示

碳素结构钢的牌号由代表屈服点的字母、屈服点数值、质量等级符号、脱氧方法符号等四个部分按顺序组成，例如 Q235-A·F。碳素结构钢主要保证力学性能，故其牌号体现其力学性能，用"Q＋数字"表示，其中"Q"为屈服点"屈"字的汉语拼音字首，数字表示屈服点数值，例如 Q275 表示屈服点为 275 MPa。若牌号后面标注字母 A、B、C、D，则表示钢材质量等级不同，含 S、P 的量依次降低，钢材质量依次提高。若在牌号后面标注字母"F"则为沸腾钢，标注"b"为半镇静钢，不标注"F"或"b"者为镇静钢。例如 Q235-A·F 表示屈服点为 235 MPa 的 A 级沸腾钢，Q235-C 表示屈服点为 235 MPa 的 C 级镇静钢。碳素结构钢一般情况下都不经热处理，而在供应状态下直接使用。通常 Q195、Q215、Q235 钢碳的质量分数低，焊接性能好，塑性、韧性好，有一定强度，常轧制成薄板、钢筋、焊接钢管等，用于桥梁、建筑等结构和制造普通螺钉、螺母等零件。Q255 和 Q275 钢碳的质量分数稍高，强度较高，塑性、韧性较好，可进行焊接，通常轧制成型钢、条钢和钢板作结构件以及制造简单机械的连杆、齿轮、联轴节、销等零件。

3. 碳素工具钢

（1）碳素工具钢的分类及用途

碳素工具钢是用于制作刃具、模具和量具的碳素钢。与合金工具钢相比，其加工性良好，价格低廉，使用范围广泛，所以它在工具生产中用量较大。碳素工具钢分为碳素刃具钢、碳素模具钢和碳素量具钢。碳素刃具钢指用于制作切削工具的碳素工具钢，碳素模具钢指用于制作冷、热加工模具的碳素工具钢，碳素量具钢指用于制作测量工具的碳素工具钢。此类钢一般以退火状态交货，根据需方要求也可以不退火状态交货。退火钢材的硬度、断口组织、网状碳化物、珠光体组织、试样淬火硬度、淬透性深度和钢材表面脱碳层深度应符合中国国家标准 GB 1298−2008 规定。此类钢中存在网状碳化物和层片状珠光体时,容易产生淬火变形、开裂和硬度不匀现象,并降低刃具耐磨性,容易引起刃具崩刃,降低刃具寿命。为了防止网状碳化物的产生,钢材要反复锻造,锻后要快速冷却。通过球化退火可使层片状珠光体中的渗碳体球化。此类钢淬火加热一般用盐浴炉,它可防止或减轻工具表层脱碳。在淬火冷却时要注意防止变形和开裂,为此一般采用分级淬火或等温淬火,有的采用高频淬火。淬火后应及时回火,以防停放时发生变形或开裂。

(2)碳素工具钢的表示

碳素工具钢采用代号 T 及附在后面的数字来编号。数字表示钢中的平均含碳量,以 0.1% 为单位。如 T8 表示平均含碳量为 0.8%,其钢号写成 T8;T12 表示平均含碳量为 1.2% 的碳素工具钢。

4. 铸钢

(1)铸钢的用途

在重型机械、冶金设备、运输机械、国防工业部门中,不少零件是用钢铸造而成的。铸钢一般用于制造形状复杂、难于进行锻造,而要求有较高的强度和塑性,并承受冲击载荷的零件。

铸钢的铸造性能较差,凝固温度区间较大,因此,容易形成分散的缩孔,流动性差,偏析严重。另外,铸钢件在凝固过程中的收缩率较大,容易因内应力而变形和开裂。

(2)铸钢的表示

铸钢用代号"ZG+数字"表示,ZG 是铸钢两字汉语拼音的首字母,ZG 后面的数字表示平均含碳量,如 ZG15 表示平均含碳量为 0.15% 的铸钢。

三、合金钢

为了提高钢的综合机械性能,改善钢的工艺性能,或者为了获得某些特殊的物理化学性能,有目的在钢中加入一定含量的化学元素,这种元素即为合金元素,加入合金元素的钢则称为合金钢。

合金钢在机械制造中应用极为广泛,如承受复杂交变应力、冲击载荷或摩擦条件下工作的工件,高温、腐蚀环境中的设备等,往往均选用合金钢制造。

1. 合金钢的分类

合金钢按用途可分为合金结构钢、合金工具钢、特殊用途钢三大类。合金结构钢用于制造各种机械零件及各种金属结构件。合金工具钢用于制造各种工具、切削刀具、模具等。特殊用途钢具有各种特殊的物理、化学性能,如不锈钢、耐热钢、抗磨钢、磁钢等。

合金钢按所含合金元素的种类可分为如下三类:低合金钢——合金元素总含量小于 5%;中合金钢——合金元素总含量为 5%~10%;高合金钢——合金元素总含量大于 10%。

按所含合金元素的种类,合金钢可分为锰钢、铬钢、硼钢等。

2. 合金钢的编号

合金结构钢的编号原则是采用"二位数字+化学元素符号+数字"的方法。前面的二位数字表示钢的平均含碳量为万分之几,合金元素直接用化学元素符号(或汉字)表示,后面的数字表示合金元素平均含量的百分之几。凡合金元素的含量少于 1.5%时,编号中只标明元素,一般不标明含量,如果平均含量等于(或大于)1.5%、2.5%、3.5%…时,则相应地以 2、3、4…表示。

例如:40Cr(或 40 铬)含有 0.4%C,其中 Cr 含量为 0.8%~1.1%,因小于 1.5%,故只标元素不标含量。

60Si2Mn,表示含有 0.60%C,Si 元素约为 2%;Mn 元素少于 1.5%。

合金工具钢的编号与合金结构钢的区别,仅在于平均含碳量大于 1%时不予标出,小于 1%时以千分之几表示,即采用"一位数字+元素符号+数字"的表示方法。如 9Mn2V,表示含有 0.9%C,约 2%Mn,小于 1.5%的 V。

特殊用途钢的编号方法基本上与合金工具钢相同。

3. 合金结构钢

(1) 普通低合金结构钢

普通低合金钢是在普通碳素结构钢的基础上加入少量的一种至多两种合金元素(2％～3％)而构成的,主要用于建造桥梁、船舶、车辆、管道、容器以及建筑钢结构物等。根据主要用途属于建筑工程用钢。

由于大多数钢结构都在室外使用并承受重载,因此建筑工程用钢要求强度高,刚性好,耐蚀性良好并能在低温下保持足够的韧性(即应具有较低的冷脆转化温度),以保证在户外和寒冷情况下正常使用。钢结构的生产一般直接采用钢铁厂出厂时经过热轧或正火状态的各种型钢,经过下料和冷成型,最后用焊接、铆接或者采用螺栓连接装配成产品。因此,工艺上要求所采用的钢应有良好的塑性和焊接性以及较低的时效脆化倾向。

根据上述基本要求,低合金钢的含碳量不大于0.2％。加入的合金元素主要为强化铁素体的元素如锰、硅等。

(2) 合金调质钢

调质钢是指适合于经过调质处理后使用的一类结构钢。调质的目的是获得高强度和良好塑性与韧性的配合,使钢具有优良的综合机械性能,所以机器中绝大多数传递动力的零件如齿轮、轴类、联轴器等都需使用调质钢制造。

调质钢的含碳量一般在0.3％～0.5％的范围内,并应具有良好的淬透性,这样才能保证所制造的零件在淬火后其整个截面上能得到均匀的马氏体组织,随后经过高温回火,最终得到内外一致的回火马氏体组织,实现零件的强韧性要求。

碳素钢中适合于作为调质使用的钢有优质碳素结构钢中的35、40、45、50钢等。这几种钢适用于截面不大(直径小于30 mm)、形状简单的大多数零件。对于大截面和形体复杂的零件,碳素调质钢由于淬透性较差使用受到的限制，在含碳量为 $0.25\% \sim 0.4\%$ 范围的碳钢中加入合金元素便发展成为合金调质钢，使钢的强度提高，淬透性得到改善。

（3）合金渗碳钢

渗碳钢用来制造冲击载荷作用下和摩擦条件下工作的零件，如汽车、拖拉机的变速箱齿轮、内燃机的凸轮活塞销等。这些零件往往要求表面有高的硬度和耐磨性，而其心部又要求有足够的强度和韧性，使零件既耐磨又能承受较大的冲击载荷。为了保证心部的强度钢必须有足够的含碳量。但过高的含碳量又会使钢的塑性及冲击韧性下降，所以渗碳钢的含碳量一般在 $0.1\% \sim 0.2\%$，这是该类钢成分上的一个显著特点。经过渗碳以后，表面的低碳变成高碳，然后再经淬火及低温回火，这样心部的强度、韧性及表面的硬度便能同时兼顾。

除上述合金结构钢外，结构钢还有弹簧钢、轴承钢等。

4. 合金工具钢

合金工具钢与碳素工具钢相比，具有淬透性、耐磨性好，红硬性高，热处理变形小等优点。按用途可分为合金刃具钢、合金模具钢、合金量具钢。

四、铸铁

在铁碳合金中，含碳量大于 2.1% 的合金钢为生铁，铸铁是生铁中适宜于铸造使用的一部分铸造合金，它的含碳量一般在 $2.5\% \sim 4\%$ 范围内，同时还含有一定数量的硅、锰、硫、磷等杂质元素。

铸铁的强度、塑性和韧性远较钢低，但具有许多其他优良的性能，如良好的铸造性、耐磨性、减震性和切削加工性等，铸铁的价格比钢低廉，生产设备简单，因此它是机械制造业中应用最多的金属材料。

根据铸铁中的碳在结晶过程中的析出状态及凝固后断口着色

的不同,铸铁可以分为三大类:灰口铸铁、白口铸铁、麻口铸铁。按石墨形状不同分为灰铸铁、孕育铸铁、可锻铸铁和球墨铸铁。

1. 灰铸铁

我国灰铸铁的牌号用"灰铁"二字的汉语拼音首字母"HT"和抗拉强度(单位 MPa)表示。例如 HT100 表示抗拉强度为 100 MPa 的灰口铸铁。

灰铸铁是应用最广泛的一种铸铁,在各类铸铁件的总产量中,灰铸铁件要占 80％以上。灰铸铁的铸造性能、切削性能、耐磨性能和消震性能都优于其他各类铸铁,而且生产方便,成品率高,成本低。在工业生产中,灰铸铁有着比较重要的作用。

在制造汽轮机泵体、轴承座、阀壳、手轮、一般机床底座、工作台等时,可以选择牌号为 HT150 的灰铸铁;在制造汽缸、齿轮、机体、飞轮、齿条、液压泵、阀的壳体时,可以选择牌号 HT200 的灰铸铁;在制造油缸、联轴器、齿轮箱外壳、衬筒、凸轮等时,可以选择牌号为 HT250 的灰铸铁。此外 HT300、HT350、HT400,它们可以制造车床卡盘、剪床、压力机机身、导板等强度要求比较高的零件。

2. 可锻铸铁

我国可锻铸铁的牌号用"可铁"二字汉语拼音的第一个大写字母"KT"表示,若其后加拼音字母"Z",则表示珠光体可锻铸铁,随后二组数字分别表示最低抗拉强度(单位 MPa)和最低拉伸率值(％)。例如,KT300-06 表示最低抗拉强度为 300 MPa,拉伸率为 6％的可锻铸铁。

与球铁相比,可锻铸铁具有生产成本低、质量稳定、铁水处理简便、清除浇冒口方便,易于组织流水生产等许多优点。尤其是大量生产复杂的薄壁小件,例如管件、汽车零件和高压输电线路上用的金属附件等,其中管件的壁厚仅 1.7 mm,若应用可锻铸铁来铸造则更为合适。

3. 球墨铸铁

我国球墨铸铁的牌号用"球铁"二汉字的拼音首字母"QT"及两组数字表示。第一组数字表示抗拉强度（MPa），第二组数字表示伸长率（％）。

由于球墨铸铁的整体强度利用率高，并能通过热处理调整基体组织，从而可以在较大的范围内改善球墨铸铁的性能。因此，使不同牌号的球墨铸铁均具有良好的综合机械性能。此外由于球墨铸铁还具有工艺上的优越性，如生产周期比可锻铸铁短，且成本低廉。所以球墨铸铁在汽车、造船、机车车辆、石油化工、农机等各个领域都得到越来越普遍的重视和应用。

五、金属热处理

金属热处理是将金属工件放在一定的介质中加热到适宜的温度，并在此温度中保持一定时间后，又以不同速度冷却的一种工艺。

金属热处理是机械制造中的重要工艺之一，与其他加工工艺相比，热处理一般不改变工件的形状和整体的化学成分，而是通过改变工件内部的显微组织，或改变工件表面的化学成分，赋予或改善工件的使用性能。其特点是改善工件的内在质量，而这一般不是肉眼所能看到的。

为使金属工件具有所需要的力学性能、物理性能和化学性能，除合理选用材料和各种成形工艺外，热处理工艺往往是必不可少的。钢铁是机械工业中应用最广的材料，钢铁显微组织复杂，可以通过热处理予以控制，所以钢铁的热处理是金属热处理的主要内容。另外，铝、铜、镁、钛等及其合金也都可以通过热处理改变其力学、物理和化学性能，以获得不同的使用性能。

（1）金属热处理过程

热处理工艺一般包括加热、保温、冷却三个过程，有时只有加热和冷却两个过程。这些过程互相衔接，不可间断。

加热是热处理的重要工序之一。金属热处理的加热方法很多，最早是采用木炭和煤作为热源，进而应用液体和气体燃料。电的应用使加热易于控制，且无环境污染。利用这些热源可以直接加热，也可以通过熔融的盐或金属，以至浮动粒子进行间接加热。金属加热时，工件暴露在空气中，常常发生氧化、脱碳（即钢铁零件表面碳含量降低），这对于热处理后零件的表面性能有很不利的影响。因而金属通常应在可控气氛或保护气氛中、熔融盐中和真空中加热，也可用涂料或包装方法进行保护加热。加热温度是热处理工艺的重要工艺参数之一，选择和控制加热温度，是保证热处理质量的主要问题。加热温度随被处理的金属材料和热处理的目的不同而异，但一般都是加热到相变温度以上，以获得高温组织。另外转变需要一定的时间，因此当金属工件表面达到要求的加热温度时，还须在此温度条件下保持一定时间，使内外温度一致，使显微组织转变完全，这段时间称为保温时间。采用高能密度加热和表面热处理时，加热速度极快，一般就没有保温时间，而化学热处理的保温时间往往较长。

冷却也是热处理工艺过程中不可缺少的步骤，冷却方法因工艺不同而不同，主要是控制冷却速度。一般退火的冷却速度最慢，正火的冷却速度较快，淬火的冷却速度更快。但还因钢种不同而有不同的要求，例如空硬钢就可以用正火一样的冷却速度进行淬硬。

（2）金属热处理分类

金属热处理工艺大体可分为整体热处理、表面热处理和化学热处理三大类。根据加热介质、加热温度和冷却方法的不同，每一大类又可区分为若干不同的热处理工艺。同一种金属采用不同的热处理工艺，可获得不同的组织，从而具有不同的性能。钢铁是工业上应用最广的金属，而且钢铁显微组织也最为复杂，因此钢铁热处理工艺种类繁多。

整体热处理是对工件整体加热，然后以适当的速度冷却，以改变其整体力学性能的金属热处理工艺。钢铁整体热处理大致有退火、正火、淬火和回火四种基本工艺。

表面热处理是只加热工件表层，以改变其表层力学性能的金属热处理工艺。为了只加热工件表层而不使过多的热量传入工件内部，使用的热源须具有高的能量密度，即在单位面积的工件上给予较大的热能，使工件表层或局部能短时或瞬时达到高温。表面热处理的主要方法有火焰淬火和感应加热热处理，常用的热源有氧乙炔或氧丙烷等火焰、感应电流、激光和电子束等。

化学热处理是通过改变工件表层化学成分、组织和性能的金属热处理工艺。化学热处理与表面热处理不同之处是后者改变了工件表层的化学成分。化学热处理是将工件放在含碳、氮或其他合金元素的介质（气体、液体、固体）中加热，保温较长时间，从而使工件表层渗入碳、氮、硼和铬等元素。渗入元素后，有时还要进行其他热处理工艺如淬火及回火。化学热处理的主要方法有渗碳、渗氮、渗金属。

（3）金属热处理中的"四把火"

退火、正火、淬火、回火是整体热处理中的"四把火"。

退火是将工件加热到适当温度，根据材料和工件尺寸采用不同的保温时间，然后进行缓慢冷却，目的是使金属内部组织达到或接近平衡状态，获得良好的工艺性能和使用性能，或者为进一步淬火作组织准备。

正火是将工件加热到适宜的温度后在空气中冷却，正火的效果同退火相似，只是得到的组织更细，常用于改善材料的切削性能，有时也用于对一些要求不高的零件作最终热处理。

淬火是将工件加热保温后，在水、油或其他无机盐、有机水溶液等淬冷介质中快速冷却。淬火后钢件变硬，但同时变脆。

为了降低钢件的脆性，将淬火后的钢件在高于室温而低于

650 ℃的某一适当温度进行长时间的保温,再进行冷却,这种工艺称为回火。

在"四把火"中,淬火与回火关系密切,常常配合使用,缺一不可。

"四把火"随着加热温度和冷却方式的不同,又演变出不同的热处理工艺。为了获得一定的强度和韧性,把淬火和高温回火结合起来的工艺,称为调质。某些合金淬火形成过饱和固溶体后,将其置于室温或稍高的适当温度下保持较长时间,以提高合金的硬度、强度或电性磁性等,这样的热处理工艺称为时效处理。

热处理是机械零件和工模具制造过程中的重要工序之一。大体来说,它可以保证和提高工件的各种性能,如耐磨、耐腐蚀等;还可以改善毛坯的组织和应力状态,以利于进行各种冷、热加工。例如白口铸铁经过长时间退火处理可以获得可锻铸铁,提高塑性;齿轮采用正确的热处理工艺,使用寿命可以比不经热处理的齿轮成倍或几十倍地提高;另外,价廉的碳钢通过渗入某些合金元素就具有某些价昂的合金钢性能,可以代替某些耐热钢、不锈钢;工模具则几乎全部需要经过热处理方可使用。

第三节 液 压 回 路

一台设备的液压系统不论多么复杂或简单,都是由一些液压基本回路组成的。所谓液压基本回路就是由一些液压件组成的、能完成特定功能的油路结构。例如:用来调节执行元件(液压缸或液压马达)速度的调速回路;用来控制系统全局或局部压力的调压回路、减压回路或增压回路;用来改变执行元件运动方向的换向回路等,这些都是液压系统中常见的基本回路,熟悉和掌握这些回路的构成、工作原理和性能,对于正确分析和合理设计液压系统是很重要的。

一、方向控制回路

方向控制回路的作用是利用各种方向阀来控制液压系统中液流的方向和通断,以使执行元件换向、启动或停止(包括锁紧)。

1. 换向回路

换向回路是利用各种换向阀或双向变量泵来实现执行元件换向的。开式系统常用换向阀换向;闭式系统常用改变双向泵的排油方向换向。而用换向阀进行换向时,根据液压系统所用的控制原理、控制方式及换向性能要求的不同,使用的换向阀类型也不同。对简单的、换向不频繁的和不要求自动换向的液压系统,采用手动换向阀实现换向较好;对于工作台移动速度高、惯性大的液压系统,采用机动换向阀较为合理;对于换向精度较高,换向平稳性有一定要求的系统,宜采用机-液或电-液换向阀实现。

2. 锁紧回路

锁紧回路的功用是在液压执行元件不工作时切断其进、出油液通道,确切地使它保持在既定位置上。例如在立式机床中,特别是垂直或斜置式组合机床中,为防止液压缸停止运动后,在外力或自重作用下突然下滑造成事故,常常在液压系统中设置液压锁紧回路。

3. 定向回路

定向回路的作用是当液压系统中某些管路液流方向发生变化时,可保持其他某些管路液流方向不变。定向回路通常由四个单向阀组成,它与电桥十分相似,故亦称桥式整流回路。

二、调速回路

调速回路是用来调节执行元件运动速度的回路。由液压缸的速度 $v = \dfrac{q}{A}$ 和液压马达的转速 $n = \dfrac{q}{V_m}$ 可知,改变输入液压缸的流量可以实现调速;对于液压马达,既能通过改变输入马达的流量 q,也能改变马达排量 V_m 实现调速。

液压系统的调整方法主要分为：

（1）节流调速。采用定量泵供油，由流量控制阀调节进入执行元件的流量来实现调节执行元件运动速度的方法。

（2）容积调速。采用变量泵来改变流量或改变液压马达的排量来实现调节执行元件运动速度的方法。

（3）容积节流调速。采用变量泵和流量阀相配合的调速方法，又称联合调速。按照这几种速度调节方式的不同，调整回路分为：节流调速回路、容积调速回路和容积节流调速回路。

三、压力控制回路

压力控制回路是利用压力控制阀来控制系统整体或局部压力的回路，主要有调压回路、保压回路、减压回路、增压回路及平衡回路等多种形式。

1. 调压回路

液压系统的工作压力必须与所承受的负载相适应。当液压系统采用定量泵供油时，液压泵的工作压力可以通过溢流阀来调节；当液压系统采用变量泵供油时，液压泵的工作压力主要取决于负载，用安全阀来限定系统的最高压力，以防止系统过载。当系统中需要两种以上压力时，则可采用多级调压回路来满足不同的压力要求。高压回路又分为单级调压回路、多级调压回路和比例调压回路。

2. 减压回路

在单泵液压系统中，可以利用减压阀来满足不同执行元件或控制油路对压力的不同要求，这样的回路叫减压回路。常见的减压回路有单级减压回路和二级减压回路。

3. 增压回路

在液压系统中，若某一支路的工作压力需要高于主油路时，可采用增压回路，增压回路压力的增高是由增压器实现的。增压回路分为采用增压缸的增压回路和连续增压回路。

4. 平衡回路

为了防止直立式液压缸从与其相连的工作部件因自重而自行下滑,常采用平衡回路,即在立式液压缸下行的回路中设置适当阻力,使液压缸的回油腔产生一定的背压,以平衡其自重。

第四节 齿轮传动

一、齿轮传动概述

齿轮传动用于传递空间任意两轴间的运动和动力,是应用最广泛的一种机械传动。齿轮传动与其他机械传动相比,具有传动比准确、效率高、寿命长、工作可靠、结构紧凑、适用的速度和功率范围广等特点,齿轮传动的主要缺点是:制造和安装精度要求高,不宜在两轴中心距很大的场合使用等。

齿轮传动类型很多,有不同的分类方法。按照齿轮副中两齿轮轴线的相对位置,齿轮传动可分为平面齿轮传动和空间齿轮传动。

1. 平面齿轮传动

(1) 直齿圆柱齿轮传动

直齿圆柱齿轮又称正齿轮或简称直齿轮,其轮齿与轴线平行。两轴转动方向相反者称为外啮合传动[图 13-2(a)];两轴转动方向相同者称为内啮合传动[图 13-2(b)];特殊情况下,将转动变换为平移运动的是齿轮与齿条传动[图 13-2 (c)]。

(2) 平行轴斜齿轮传动

斜齿圆柱齿轮简称斜齿轮,其轮齿与其轴线倾斜了一个角度,斜齿轮传动也有外啮合传动、内啮合传动和齿轮与齿条传动 3 种形式,如图 13-3 所示。

(3) 人字齿轮传动

人字齿轮可看成是由轮齿倾斜方向相反的两个斜齿轮组成

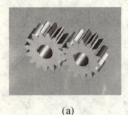

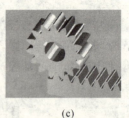

　(a)　　　　　　　　　(b)　　　　　　　　　(c)

图 13-2　直齿圆柱齿轮传动

（a）直齿轮外啮合传动；（b）直齿轮内啮合传动；（c）直齿轮与齿条传动

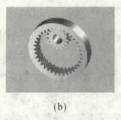
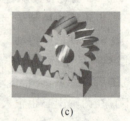

　(a)　　　　　　　　　(b)　　　　　　　　　(c)

图 13-3　斜齿圆柱齿轮传动

（a）斜齿轮外啮合传动；（b）斜齿轮内啮合传动；（c）斜齿轮与啮条传动

的，人字齿轮及啮合如图 13-4 所示。

图 13-4　人字齿轮传动

　2. 空间齿轮传动

　　用于传递两相交轴或空间交错轴之间的运动和动力的齿轮传动称为空间齿轮传动。

(1) 圆锥齿轮传动

圆锥齿轮用于两相交轴之间的传动。其轮齿分布在截锥体的表面上,有直齿、斜齿和曲齿之分。直齿圆锥齿轮应用最广[图13-5(a)],曲齿圆锥齿轮由于能适应高速重载要求,也有广泛的应用[图13-5(b)],斜齿圆锥齿轮应用较少[图13-5(c)]。

(a)   (b)   (c)

图 13-5   圆锥齿轮传动

(a) 直齿圆锥齿轮传动;(b) 斜齿圆锥齿轮传动;(c) 曲齿圆锥齿轮传动

(2) 交错轴斜齿轮传动

斜齿圆柱齿轮也可用于交错轴传动(图 13-6)。就单个齿轮来说与用于平行轴传动的斜齿轮是相同的,但是两个齿轮的斜角的大小和方向之间的关系与平行轴斜齿轮传动是不同的。

图 13-6   交错轴斜齿轮传动

(3) 蜗杆传动

蜗杆传动也是用来传递两交错轴之间的运动的。蜗杆与蜗轮两轴一般垂直交错,如图 13-7 所示。这种传动可以获得较大的传动比,但传动效率较低。

图 13-7　蜗杆传动

二、齿轮各部分名称及基本参数

齿轮按照其轮齿的齿廓形状,可以分为渐开线齿轮、摆线齿轮和圆弧齿轮。在这几种齿轮中,渐开线齿轮应用最为广泛,在此只对渐开线齿轮进行论述。

1. 齿轮各部分的名称及代号

图 13-8 为齿轮各部分的名称和代号,齿轮各部分名称如下:

(1) 齿槽。齿轮上相邻两齿之间的空间。

(2) 齿顶圆。过齿轮各轮

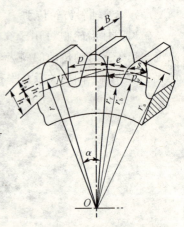

图 13-8　齿轮各部分名称及代号

齿顶端的圆,其直径(半径)用 $d_a(r_a)$ 表示。

(3) 齿根圆。过齿轮齿槽底边的圆,其直径(半径)用 $d_f(r_f)$

表示。

（4）分度圆。为设计计算方便,在齿顶圆与齿根圆之间规定了一个基准圆,称之为分度圆,其直径(半径)用符号 $d(r)$ 表示。

（5）齿槽宽。在齿轮的任意圆周上,量得的齿槽弧长称为该圆周上的齿槽宽,以 e_k 表示,分度圆上的齿槽宽用 e 表示。

（6）齿厚。一个轮齿两侧齿廓间的弧长称为该圆周上的齿厚,用 s_k 表示,分度圆上的齿厚用 s 表示。

（7）齿距。相邻两齿同侧齿廓对应点间的弧长称为该圆周上的齿距,用 p_k 表示,分度圆上的齿距用 p 表示。

（8）齿顶高。齿顶圆与分度圆之间的径向距离,用 h_a 表示。

（9）齿根高。分度圆与齿根圆之间的径向距离,用 h_f 表示。

（10）齿高。齿顶圆与齿根圆之间的径向距离,用 h 表示。

（11）齿宽。齿轮两个端面之间的距离,用 B 表示。

2. 齿轮的基本参数

（1）齿数。在齿轮整个圆周上轮齿的总数,通常用 z 表示。

（2）模数。分度圆的周长 $\pi d = zp$,故 $d = (p/\pi)z$,由于 π 是无理数,为了计算方便,令 p/π 等于整数或简单的有理数,称为模数。模数用 m 表示,模数与分度圆直径及齿数的关系为:$d = mz$。为便于制造及齿轮的互换性,模数已经标准化。

（3）压力角。渐开线上任一点法向压力的方向线(即渐开线在该点的法线)和该点速度方向之间的夹角称为该点的压力角。在齿轮不同的圆周上,压力角是不同的。国家标准规定分度圆上的压力角为 $20°$,用 α 表示,称为标准压力角。

（4）齿顶高系数 h_a^* 与顶隙系数 c^*。为了以模数作为基本参数进行计算,齿顶高和齿根高可取为:

$$h_a = h_a^* m$$
$$h_f = (h_a^* + c^*)m$$

式中　h_a^*——齿顶高系数;

c^*——为顶隙系数。

标准规定,对正常齿制,$h_a^* = 1, c^* = 0.25$;对短齿制,$h_a^* = 0.8, c^* = 0.3$。

3. 渐开线标准斜齿圆柱齿轮的几何尺寸计算

斜齿轮在啮合传动中,其齿面接触线是与轴线倾斜的直线,一对轮齿是沿宽度逐渐进入啮合,又逐渐退出啮合,其接触线由短变长,又由长变短。因此斜齿轮传动较平稳,冲击和噪声较小,适宜于高速、重载传动。由于一对平行轴斜齿轮传动在端面上相当于一对直齿轮传动,故斜齿轮的几何尺寸计算,只要将其端面参数代入直齿轮的尺寸计算公式即可。

由于斜齿轮的轮齿与轴线是倾斜的,故其基本参数的概念与直齿轮有一定的区别。斜齿轮法面(垂直于轮齿的平面)参数与刀具参数相同,故为标准值。但在计算斜齿轮的几何尺寸时却需按端面(垂直于轴线的平面)的参数进行,因此就必须建立法面参数与端面参数的换算关系。

① 端面压力角 α_t 与法面压力角 α_n 的关系

$$\tan \alpha_n = \tan \alpha_t \cos \beta$$

式中 β——斜齿轮分度圆压力角。

② 端面模数 m_t 与法面模数 m_n 的关系

$$m_n = m_t \cos \beta$$

③ 齿顶高与齿根高

不管是端面还是法面,斜齿轮的齿顶高与齿根高都是相同的,即

$$h_a = h_{an}^* m_n = h_{at}^* m_t$$

$$h_f = (h_{an}^* + c_n^*) m_n = (h_{at}^* + c_t^*) m_t$$

式中 h_{an}^*, c_n^* 及 h_{at}^*, c_t^* 分别为法面及端面的齿顶高系数与顶隙系数。其中法面的齿顶高系数和顶隙系数取标准值,即 $h_{an}^* = 1.0, c_n^* = 0.25$。

4. 圆锥齿轮及其几何参数的计算

圆锥齿轮传动是用来传递两相交轴之间的运动和动力，轴交角可根据传动的需要确定。在一般机械中，轴交角多为 90°。

如图 13-9 所示，圆锥齿轮的轮齿分布在一个圆锥面上。所以相应于圆柱齿轮中的各有关"圆柱"，在这里都变为"圆锥"，例如齿顶圆锥、分度圆锥、齿根圆锥和基圆锥等。为了计算和测量方便，通常规定锥齿轮的大端参数为标准值。其压力角 $\alpha = 20°$，模数取标准值，齿顶高系数 $h_a^* = 1.0$，顶隙系数 $c^* = 0.2$。

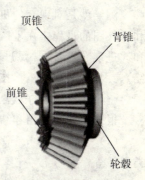

顶锥

背锥

前锥

轮毂

图 13-9 圆锥齿轮

根据轮齿的不同，圆锥齿轮又分为直齿圆锥齿轮、斜齿圆锥齿轮和曲齿圆锥齿轮。由于直齿圆锥齿轮应用较为广泛，在此只对直齿圆锥齿轮进行论述。

过锥齿轮大端，其母线与锥齿轮分度圆锥母线垂直的圆锥称为锥齿轮的背锥。将锥齿轮大端的球面渐开线齿廓向背锥上投影，即可得到锥齿轮大端的近似齿形，将背锥展开后为一扇形齿轮，将其补足为一完整的圆形齿轮，则称之为圆锥齿轮大端的当量齿轮，其齿数称为圆锥齿轮的当量齿数，记为 z_v。

当量齿轮的模数和压力角均与圆锥齿轮大端的模数和压力角相等，其半径 r_v 为

$$r_v = r/\cos \delta = mz/(2\cos \delta)$$

得
$$r_v = z/\cos \delta$$

式中　δ——圆锥齿轮的分度圆锥角；

　　　z——圆锥齿轮齿数。

第五节　易损零件图的测绘方法

测绘就是对现有的机器或部件进行实物测量,并给出装配体和零件图的过程。在生产实践中,为了推广和学习先进技术、仿制和改进现有设备,常要进行装配体及零件图的测绘(以下简称测绘)。因此,测绘是工程技术人员应该具备的基本技能。

一、机器零件的分类

根据零件的作用和结构,机器零件可分为如下几类:

(1)一般零件。一般零件主要是箱体、箱盖、支架、轴、套和盘类零件等。

(2)传动件。传动件主要是带轮、链轮、齿轮、蜗轮蜗杆等。

(3)标准件和标准部件。属于标准件的有螺栓、螺母、垫圈、键和销等;由于标准件和标准部件的结构、尺寸、规格等全部是标准化的,并由专门工厂生产,因此测绘时对标准件、标准部件不需要绘制草图,只要将它们的主要尺寸测绘出来,查阅有关设计手册,就能确定出它们的规格、代号、标注方法、材料和重量等,然后填入机器零件明细表中即可。

二、零件测绘草图绘制要求

零件草图是绘制零件工作图的基本依据。要保证零件图的质量,首先要提高零件草图的质量。零件草图一般是在测绘现场徒手绘制的零件图。草图的比例是凭眼力判断,它只要求与被测零件上各部分形状大体上符合,并不要求与被测零件保持某种严格的比例。草图上零件的视图表达要完整、线型分明,尺寸标注要正确,配合公差、形位公差的选择也要合理,并且在标题栏内需记录零件名称、材料、数量、图号、重量等内容。

由草图的要求可以看出,草图和零件工作图的要求完全相同,区别仅在于草图是目测比例和徒手绘制。值得一提的是,草图并不潦草,草图上的线型之间的比例、尺寸标注和字体均按机械制图国家标准规定执行。

三、草图绘制技巧

零件草图的绘制一般是在测绘现场进行。在没有绘图工具和不知道被测绘零件尺寸的情况下,为了加快绘制草图的速度、提高图面质量,最好利用特制的方格纸。

零件草图的图线,基本上是徒手绘制的,也可借助圆规直尺等工具。

四、草图的绘制步骤

草图绘制前要把零件形状看熟,在脑子里形成一个完整的全貌,这样在绘图时既可保证质量又可提高绘图效率,不要看一点画一点,效率不高。画草图可按以下顺序进行:

(1)选择视图的原则是清楚、简单。视图选定后,要按图纸大小确定视图位置。草图应按比例绘制,以视图清晰、标注尺寸不发生困难为准;

(2)画出零件主要中心线、轴线、对称平面等画图的基准线;

(3)由粗到细、由主体到局部、由外到内逐步完成各视图的底稿;

(4)按形体分析法、工艺分析法画出组成被测绘零件全部几何形体的定形、定位尺寸界线和尺寸线,尺寸线画完后要校对一遍,检查有没有遗漏和不合理的地方;

(5)测量各部分尺寸,并将实测值标注到草图上;

(6)确定各配合表面的配合公差、形位公差、各表面的粗糙度和零件的材料;

(7)补齐剖面线,加粗轮廓线;

(8)填写标题栏和技术要求;

(9)最后全部校对一次。

五、零件尺寸的测量

由实样到给出全套图样的过程称为测绘，在这个过程中包括尺寸测量和绘图两项基本内容。零件尺寸测量准确与否，将直接影响仿制产品的质量，特别是对于某些关键零件的重要尺寸则更是如此。

1. 尺寸测量的要求

（1）做到心中有数

在测绘过程中，对零件每个尺寸都要进行测量，但究竟哪些由计量室计量，哪些由测绘者自己量取，计量到何等精确程度，哪些形位误差需要计量等都必须做到心中有数。

一般情况下，关键件、基础件、大零件的全部尺寸，最好由计量室测量；形位公差原则上根据功用确定；一些非关键件的某些重要尺寸，以及齿轮、花键、螺纹、弹簧等的主要几何参数，也应由计量室测量。

非功能尺寸的测量（即在图样上不需标注出公差的尺寸）一般不必送计量室，只需用普通量具测到小数点后一位即可。对于功能尺寸（包括性能尺寸、配合尺寸、装配定位等）及形位误差则应测到小数点后三位，至少也需测到小数点后两位。

（2）测量要仔细

测量工作要特别注意仔细、认真，不能马虎，要坚持做到测得准、记得细、写得清。

欲要"测得准"，就应在测量前确定测量方法、检验和校对测量用具和仪器，必要时需设计专用测量工具。

"记得细"是指在测量过程中，一定要详细记录原始数据，不仅要记录测量读数，而且要记录测量方法、测量用具和零件装配方法。对于非直接测量得到的尺寸，还需画出测量简图，指明测量基准，确定换算方法，记下计算公式。

"写得清"是指要在测量草图上或专用记录本上，将上述各项内容,特别是测量数据要写得清清楚楚,准确无误。

2. 测量注意事项

(1) 关键零件的尺寸和零件的重要尺寸,应反复测量若干次,直到数据稳定可靠,然后记录其平均值或各次测得值。

(2) 草图上一律标注实测数据。

(3) 要正确处理实测数据,在测量较大孔、轴、长度等尺寸时,必须考虑其几何形状误差的影响。应多测几个点,取其平均数;对于各点差异明显的,还应记下其最大、最小值,但必须分清这种差异是全面性的,还是局部性的。例如,圆柱面上很短圆周的凹凸现象、圆柱面端头的微小锥度等,只能记为局部差异。

(4) 测量时,应确保零件的自由状态,防止由于装夹或量具接触压力等造成的零件变形引起测量误差。对组合前后形状有变化的零件,应掌握其前后的差异。

(5) 在测量过程中,要特别防止小零件丢失。

(6) 两零件在配合或连接处,其形状结构可能完全一样,测量时亦必须各自测量,分别记录,然后相互检验确定尺寸,决不能只测一处简单完事。

(7) 测量的准确程度和该尺寸的要求相适应,所以,计量人员必须首先弄清草图上待测尺寸需要的精度,然后选定测量工具。

3. 测绘中的尺寸圆整

由于零件存在着制造误差和测量误差,按实样测出的尺寸往往不成整数。在绘制零件工作图时,把从零件的实测值推断原设计尺寸的过程称为尺寸圆整。它包括确定基本尺寸和尺寸公差两个方面内容。

尺寸圆整不仅可简化计算,清晰图面,更主要的是可以采用标准化刀具、量具和标准化配件,提高测绘效率,缩短设计和加工周期,提高劳动生产率,从而达到良好的经济效益。

复习思考题

1. 什么叫要素？如何进行分类？

2. 什么是零件的误差？

3. 什么是形状公差，包含哪几个项目？

4. 什么是金属材料的工艺性能？主要有哪几个方面？

5. 什么是金属材料的机械性能？主要有哪几个方面？

6. 什么是金属热处理中的"四把火"？

7. 液压系统的调整方法主要分为哪几类？

8. 试述齿轮传动的类别。

9. 试述齿轮的基本参数。

10. 零件测绘草图绘制要求有哪些？

11. 试述草图的绘制步骤。

12. 绘制草图过程中测量的注意事项有哪些？

第十四章　新型综采机械设备的发展趋势

20 世纪 90 年代以来,世界主要产煤国家为了提高生产效率,改善安全生产水平,增加经济效益,不断将高新技术应用到综采工作面技术装备领域。美国、德国、澳大利亚等先进采煤国家通过采用大功率可控传动、微机工况检测监控、自动化控制、机电一体化设计等先进实用技术,研制出适用不同煤层条件的高效综采成套设备,实现了从普通综合机械化采煤向高产高效集约化采煤的根本性转变。我国煤矿长壁开采起步较早,但综采工作面建设自 20 世纪 80 年代大规模引进国外综采设备后才进入起步阶段。由于原材料及设备制造技术工艺落后,煤矿机械自动化控制技术发展较晚,致使我国在高效综采装备上与国外相比还存在一些差距。可喜的是,近年来,在产学研的共同努力下,我国高效综采成套设备的国产化步伐明显加快,继年产 600 万 t 综采成套技术与装备开发成功后,年产 800 万 t 的综采成套技术与装备也在研发之中。

我国从 20 世纪 70 年代开始大面积推广机械化开采,同世界主要采煤国家一样,我国井工矿井实现高产高效的采煤工艺主要为长壁综合机械化开采。近十多年来,以长壁高效综采为代表的煤炭地下开采技术取得新进展。在薄煤层综采方面,刨煤机综采机组是实现薄煤层工作面自动化开采重要的发展方向之一,根据国内外实践,一个工作面年产量可达 100~180 万 t;采用大功率高强度薄煤层滚筒采煤机割煤并配备电液控制液压支架,是我国薄煤层开采实现高产高效的主要途径,目前 1.2 m 以上薄煤层采用该种开采方法已实现单面年产 100 万 t,但在 1.2 m 以下薄煤层中采用综采技术实现高效开采仍存在大量的难题。对于中厚煤层综采工作面,配备大功率、高可靠性采运设备及高强电液控制液压支架,加大工作面尺寸,是我国中厚煤层综采工作面进一步提高产量的主要途径。随着大采高综采技术与装备水平的提高,大采高综采将成为 3.5～6.0 m 厚煤层实现高产高效开采的重要途径。提高大采高工作面设备可靠性,推广使用电液控制两柱掩护式支架,是进一步提高大采高工作面单产水平的主要方法。在综放开采方面,大采高综放开采可以有效地缩短工作面循环时间,加快工作面推进速度,是综放开采实现进一步高产的重要途径。根据当前工作面设备能力分析,在适宜的条件下,采用大采高综放开采可以在 7 m 以上厚煤层工作面实现年产 1 000 万 t。

一、采煤机

1. 国外采煤机发展现状

当今世界上,除中国液压支架市场以外的全球高端煤机市场基本由两大煤机巨头——久益环球国际采矿设备有限公司(JOY)和原德国 DBT 公司(德国采矿技术有限公司现已被美国比塞洛斯公司收购)。美国久益公司、DBT 公司的发展历程对于国内煤机行业的发展走势有一定的借鉴意义。久益环球国际采矿设备有限公司总部位于美国宾夕法尼亚州,是全球领先的露天和地下采矿设备制造商,其下属子公司包括地下采矿设备制造商——久益采矿设备公司和露天采矿设备制造商—— P&H 采矿设备公司。20 世纪 90 年代中期以前仅生产刮板输送机和井下煤炭运输车,90 年代中后期,久益公司逐步收购了美国长壁公司(采煤机)、英国道特公司(液压支架)形成了其目前成套化的煤炭综采装备生产体系。为应对来自久益公司成套化的竞争,1995 年末,由当时的 3 个德国公司,即哈尔巴赫·布朗机械制造有限公司、海尔曼·赫姆夏特机械制造股份有限公司及威斯特伐利亚·贝考瑞特工业技术公司合并组成了德国采矿技术有限公司(DBT)。1997 年兼并了米勒克莱夫特矿山技术服务公司,2001 年 DBT 公司收购了美国采矿设备供货商朗艾道公司(采煤机、转载机),2003 年 DBT 公司收购了艾姆科公司的戴什连续采煤机生产线,形成了能够提供成套化设备和服务的煤炭采掘装备生产体系,成为世界两大煤机巨头之一。

2. 国内采煤机发展现状与趋势

自 1991 年煤科总院上海分院(现天地科技股份公司)与波兰科玛克公司合作,研制出我国第一台 MG344-PWD 型交流变频调速薄煤层强力爬底电牵引采煤机以来,电牵引采煤机有了较快的发展。目前 MG 系列采煤机已形成 10 大系列几十个品种,装机总功率 200～2 210 kW。西安煤矿机械厂自主研制的我国第一台特大功率、大采高、高可靠性的 MG900/2210-WD 型智能化自动化网络化交流电牵引采煤机,已完成样机制造。上海天地科技股份公司为采煤机开发的全中文界面 PLC 控制系统,可以配置各种机型,实现无线遥控、端头站控制、电控箱面板控制和变频器箱面板控制,并具有截割电机、牵引电机和冷却系统的温度监测和保护,截割功率监测、恒功率控制和过载保护,牵引电机的电流监测和负荷控制,中文运行状态、故障跟踪记忆、开机提示等功能。而且还成功研制了四象限技术,在大倾角工作面得到了应用和推广。

到目前为止,国内各采煤机厂家均对交流电牵引采煤机进行了大量的开发。如西安煤矿机械厂自主研制的 MG900/2210-WD 型交流电牵引采煤机,煤科院上海天地科技股份公司 MG 系列电牵引采煤机,无锡采煤机厂的开关磁阻电机调速系统,鸡西采煤机厂生产的 MG800/2040-WD 型大功率电牵引采煤机等。上海创力矿山设备有限公司近年研制出 MG1000/2550-GWD 型交流电牵引采煤机如图 14-1 所示。

经过近 20 年的研制开发,我国的交流电牵引采煤机已逐渐成熟,交流电牵引技术也在不断推陈出新,满足了不同条件、不同煤

图 14-1　MG1000/2550-GWD 型交流电牵引采煤机

矿的要求,为煤矿的技术进步起到了积极的推动作用。

目前国内使用的交流电牵引采煤机的电牵引调速系统主要有 3 种,交直交变频调速系统、开关磁阻电机调速系统(简称 SRD)、电磁转差离合器调速系统。它们的调速原理不尽相同,但基本上都可分为控制部分和牵引电机部分。在这三种调速中,交直交变频调速技术由于其诸多优点,在大功率采煤机的应用已趋向成熟,并已成为目前采煤机调速的主流技术;SRD 技术在采煤机上应用虽然起步不久,但具有发展潜力;电磁转差离合器调速技术本身比较成熟,但存在低速性能差、电动机发热等问题。

今后我国采煤机的发展方向:

(1) 适应煤层范围越来越广,采高范围为 0.52～7.2 m,机型种类齐全。

(2) 装机功率从适应相对的开采条件来看越来越大,目前采煤机的最大装机功率已达 2 210 kW。

(3) 牵引方式从液压牵引向电牵引方向发展,并且牵引速度越来越快。

(4) 采煤机控制方面向国际上先进的机载式交直交变频调速、四象限运行系统、开关磁阻电机调速四象限运行系统等方向发展。

（5）从采煤机结构来看，采用积木式结构、液压螺母紧固方式，结构越来越紧凑、部件布置越来越合理。

（6）采煤机滚筒及截齿材质的选取向着重型超强耐磨方向发展，能适应各种煤质的需要，并且使用寿命进一步加长。

二、液压支架发展现状

我国在 1964 年由太原分院和郑州煤机厂设计 70 型迈步式自移支架，从此开始了液压支架的国产化道路。1984 年，北京开采所、沈阳所、郑州煤机厂在沈阳蒲河矿进行我国第一套放顶煤液压支架的工业性试验，继而研制了多种低位、中位和高位放顶煤支架，成功地在缓倾斜厚煤层和急倾斜厚煤层水平分层工作面使用。1990 年后，国产液压支架得到了全面的发展，到 1998 年止，全国已建成 88 处高产高效矿井，其中 14 处矿井的单个工作面的单产达 15.72 万 t/月，原煤生产人员效率达 9.16 t/工，综采机械化水平达 49.32%，达到了世界先进水平。

国外最早在 20 世纪 70 年代开始开发研制液压支架用的电控系统，80 年代开发研究工作进入实质性应用的阶段。到了 20 世纪 90 年代，液压支架电液自动控制技术已经成熟，工作性能和可靠性已能满足使用要求，因而发展十分迅速，成为发达产煤国家综采工作面液压支架的标准控制装备。据不完全统计，目前已有近300 多个综采工作面使用电液控制液压支架，主要集中在美国、澳大利亚、德国、中国、斯洛文尼亚、南非、俄罗斯、波兰、墨西哥、加拿大等国家。图 14-2 为国产的 ZY6200/25/50 掩护式液压支架。

目前，国产液压支架的制造水平已达到某些进口的同类产品。为降低支架重量，提高支架强度的高强钢板焊接工艺已成熟，支架普遍使用了高强度板。已具备生产 ϕ400 mm 立柱千斤顶能力，两柱掩护式支架工作阻力可达 10 400 kN，适应煤层厚度从 0.6～6.5 m 以至更高。液压支架有如下几个发展方向：

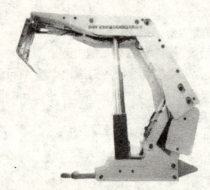

图 14-2 ZY6200/25/50 掩护式液压支架支架

（1）掩护式和支撑掩护式已成液压支架的主流架型，并且多数采用双伸缩，这样便于实现自动化操作。

（2）大采高、大截深和薄煤层支架近年取得了进展。

（3）支架的电液控制系统逐步得到推广，电液控制是将来的发展方向。

三、刮板输送机发展现状

1964 年，我国第一台使用四环链的可弯曲刮板输送机 SGW-44 型输送机在张家口煤机厂研制成功，实现了刮板输送机的连续运输。1974 年我国第一台综采工作面使用的 SGW-150 型边双链刮板输送机在张家口煤机厂研制成功，与采煤机和液压支架配套使用，使采煤工作面实现了从采煤、运输到支护，推移的机械化作业。但是，一直到 20 世纪 70 年代，因采煤工作面设备水平的制约，我国的采煤方法主要是炮采和普采，生产效率低、安全得不到保障。从 20 世纪 70 年代末，我国相继从国外引进了一批成套综采设备，采煤方法跨入了综采时期。采煤工业的迅速发展要求提供大批量的国产化综采设备，就是在这种形势下，国内煤机厂在 20 世纪 80 年代初先后制造出 730/264 和 764/264 型中双链和边双链的刮板输送机及其配套的转载机、破碎机，实现了综采刮板输送机的国产化。从此,我国的综采机械化进入普及和发展时期。为适应综采工作面日益增长对输送机功率、适量、运距加大的要求,张家口煤机公司等国内煤机制造企业对槽宽 730、764 机型自动生产化后不久就开始了改进提高工作。经过十几年的发展,到20 世纪 90 年代初,槽宽 764 机型装机功率由 2×132 kW 增至 2×315 kW;小时适量由 600 t 增至 1 000 t;铺设长度由 150 m 增至 200 m。在改进提高这种机型的同时,也加强了对这种机型可靠性的研究。中部槽间联结强度达到 2 000 kN,中部槽与挡板、铲煤板间的联结强度也大幅度提高,过渡槽的结构改进,提高了整机可靠性和使用寿命。总之,这个机型到目前为止,其性能与可靠性都得到了提高和加强。张家口煤机公司生产的槽宽 764 系列轧槽帮的机型,适用最大拉架力 46 t 的架型,是年产百万吨工作面较为理想的机型。图 14-3 为 40T-480 刮板输送机。

图 14-3　40T-480 刮板输送机

　　随着煤炭工业大集团战略的实施,煤炭开采技术向着"一矿一井一面,实现年产千万吨"的方向发展,高产高效超长、大采高综采工作面将逐步增多。"超长大采高工作面"采煤工艺对刮板输送机的运距、运量、可靠性和自动化程度提出了更高的要求。

第十五章 相 关 知 识

第一节 采煤新技术、新工艺

一、急倾斜煤层开采

我国急倾斜煤层储量丰富,分布很广,产量占有相当大的比重。由于急倾斜煤层倾角大,在开采上具有许多特点。

一是由于煤层倾角大,采落在底板上的煤岩块会自动向下滑落,从而简化了采场内的装运工作。为了防止滑落的煤块冲倒支架、砸伤人员,在技术上必须采取相应的安全措施。

二是急倾斜煤层中,煤炭、矸石沿倾斜方向可采用自溜运输,在采区中可开掘采区溜煤眼以代替缓倾斜煤层中的输送机上山。由于煤层倾角大,沿走向留设的煤柱容易片帮塌落,使得在采空区上方布置的煤层平巷维护困难。因此,阶段平巷一般均布置在底板岩石或底板不可采的煤层中,通过采区石门与煤层进行联系。采煤工作面皆由采区边界向采区石门(或采区溜煤眼)方向推进。为了减少采区石门、采区上山眼的开掘费,在急倾斜煤层中,双面采区布置应用极为广泛。

三是开采急倾斜煤层,多采用立井多水平开拓方式,由于受到技术上的限制,其水平垂高一般为 $100\sim150$ m。一般来说,急倾斜煤层的开采速度较慢,煤层自燃大多比较严重,因而采区的走向长度比缓倾斜煤层要短。

四是开采两个相距较近的急倾斜煤层时,上层煤开采后,由于底板岩层移动,会使下层煤遭受破坏,因此应合理安排上、下层的开采顺序。

二、急倾斜煤层采煤法简介

我国煤矿使用过多种采煤方法开采急倾斜煤层。下面就比较常用的几种方法作简要介绍。

1. 倒台阶采煤法

倒台阶采煤法的工作面沿倾斜方向呈倒台阶布置,其目的在于利用工作面长度,使工人在各个台阶阶檐的保护下,多点同时作业。

工作面落煤一般采用风镐或炮采。落煤一般先从上隅角开始,然后逐次沿台阶面向下采,每班进 2～4 排柱,排距为 0.8～0.9 m。倒台阶工作面一般采用顺板棚子,采空区处理多用全部垮落法。

工作面采出的煤沿工作面自溜,经溜煤眼到区段运输巷,用输送机运至采区溜煤眼,下放至采区石门装车外运至井底车场。

新鲜风流经行人眼、运料眼、区段运输巷进入采煤工作面,然后经回风巷、采区回风石门排至区段回风平巷。

工作面所需的材料、设备一般由回风石门运入,沿回风巷送至工作面。下区段工作面用料,可用运料眼中安装的小绞车提升至区段回风巷道,再送至各采煤工作面。

工作面长度为 40～50 m,一般由 2～3 个台阶组成。台阶长度一般为 10～20 m。

倒台阶采煤法的优点是巷道系统简单,掘进率低,采出率高,通风方便。但是,这种采煤方法具有生产工艺复杂、工作面支护和顶板控制工作量大、操作不便,以及坑木消耗大、安全条件差、工作面难以实现机械化等缺点。因此,近年来这种采煤法的使用已逐渐减少。

当煤层不适宜用掩护支架开采时,厚度 2 m 以下的煤层也可采用倒台阶采煤法。

2. 正台阶采煤法

正台阶采煤法是在急倾斜煤层的阶段或区段内沿倾斜或伪倾斜方向布置正台阶工作面而沿走向推进的采煤方法。沿伪斜方向布置正台阶工作面的正台阶采煤法又称伪斜短壁采煤法或斜台阶采煤法。

该采煤法是将一个在上下区段平巷之间的伪斜长壁工作面分为若干短壁工作面,短壁工作面呈正台阶状布置。每个短壁工作面沿倾斜长 5 m 左右,沿层面与走向线 30°夹角的伪斜方向间距15~20 m。长壁工作面沿走向推进,始终保持沿倾斜方向,短壁工作面沿 30°伪斜方向推进。

短壁工作面风镐落煤,采落的煤先堆积于其下部伪斜小巷的溜煤槽内。各小巷内设挡煤板,当煤堆积到一定高度时,停止采煤,开始从下向上去掉挡煤板放煤。为防止煤炭窜到人工顶板造成损失,可挂一胶带挡煤板,使煤流到伪斜小巷内。

采用木支柱支护时,木支柱支在沿顶底板的护板上,排距和柱距为 0.8~1.0 m。人工顶板支柱支在柱窝内,上有短梁,支柱上仰 5°。

短壁工作面用人工回柱,回撤工作面支柱前先补人工顶板柱和加强支柱,再铺上柱笆,然后按矸石堆积的斜面,自下而上由采空区向煤壁回收支柱,并使矸石滚到新铺的人工顶板上。

放顶时,短壁工作面停止生产,并挡住上短壁工作面的煤流,使回柱放顶与采煤交替进行。

各短壁工作面每班推进两排并回柱两排,实行一班一循环、昼夜多循环方式。

这种采煤方法的优点是工作面位于采空区下方,不会积聚瓦斯,为采空区抽放瓦斯创造了条件;工作面浮煤少,采出率高。减少了采空区自然发火的隐患;对煤层厚度和倾角变化大、瓦斯含量高等地质条件适应性强;巷道布置简单、掘进率低。其缺点是短壁工作面多,溜煤相互干扰,工作面利用率低;伪斜小巷断面小,煤尘大;落煤方法、支护设备有待改进;片帮滑底事故仍未能完全杜绝。

这种采煤方法可用于煤厚、倾角变化大或小构造、厚度在2.4 m以下,不宜使用伪斜柔性掩护支架采煤法的急倾斜煤层。

3. 水平分层及斜切分层采煤法

水平分层采煤法就是把煤层沿水平划分成若干分层,并在每个分层中布置准备巷道及采煤工作面,然后顺次进行回采,采煤工作面一般沿走向推进。

斜切分层和水平分层工作面的回采工作基本上是一样的,包括落煤、装煤、支护、铺设人工顶板、回柱放顶等工序。工作面落煤一般采用打眼爆破或用风镐。工作面支架多采用金属支柱和金属铰接顶梁,顶梁垂直工作面布置。人工顶板的铺设方法与倾斜分层下行垮落采煤法中所介绍的基本相同。人工顶板材料目前一般使用荆笆、竹笆,也可使用金属网。

水平分层及斜切分层采煤法的主要优点是对煤层地质条件适应性强,能适应煤层倾角和厚度的变化,采出率较高。这种采煤法的主要缺点是巷道布置和通风系统复杂,巷道掘进量大,回采工序多,通风运料困难,工作面劳动强度大,特别是水平分层工作面,人工擩煤的劳动繁重。由于这些缺点,这种采煤方法的产量、效率较低,材料消耗较多。对厚度大于2 m的急倾斜煤层,由于倾角、煤厚变化而不能采用伪斜柔性掩护支架采煤法时,可以采用水平分层,而斜切分层采煤法则适用于更厚的急倾斜煤层。

4. 伪倾斜柔性掩护支架采煤法

伪倾斜柔性掩护支架采煤方法的特点是采煤工作面呈直线形,按伪倾斜方向布置,沿走向推进,用柔性掩护支架隔离采空区与回采空间,工作人员在掩护支架下进行采煤工作。

(1) 采区巷道布置

伪倾斜柔性掩护支架采煤法的巷道布置如图 15-1 所示。采区运输石门 1 通入煤层后,向上掘进一组上山眼,布置区段运输平巷 6、回风平巷 7,在采区边界开掘一对开切眼 10,用于回采开始阶段的运输、通风和行人。然后即可安装支架,进行回采工作。正常的采煤工作面应有 25°～30° 的伪倾斜角。回采时,为了溜煤、行人、通风和运料,在工作面下端掘进超前平巷,并沿走向每隔 5 m 左右,由区段向上开掘小眼与超前平巷贯通。

工作面采落的煤自溜至区段运输平巷 6,再运至采区溜煤眼 3,在石门装车外运。新鲜风流从采区石门进入,经行人眼至区段运输平巷 6,再到采煤工作面。乏风从工作面经区段回风平巷 7 到采区回风石门 2 排出。

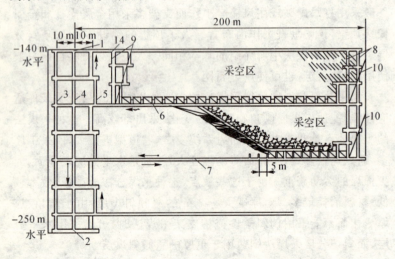

图 15-1　伪倾斜柔性掩护支架采煤法巷道布置

1——采区运输石门;2——采区回风石门;3——采区溜煤眼;
4——采区采料眼;5——采区行人眼;6——区段运输平巷;7——区段回风平巷;
8——采煤工作面;9——溜煤眼;10——开切眼

（2）掩护支架的结构

柔性掩护支架主要由钢梁及钢丝绳组成。钢丝绳沿走向布置，钢梁沿煤层厚度布置。架子的厚度视煤层厚度而定，可由 3～5 根组成。钢梁间距不大于 0.3 m，其间用撑木及荆笆条填充。钢梁与钢丝绳可用垫板和螺栓进行连接，也可用环形卡子连结。在钢梁上部铺设双层荆笆，用作隔离采空区矸石和拆架子时的人工顶板。这种支架结构具有柔性且便于控制和回收。

（3）回采工作

伪倾斜柔性掩护支架采煤法的回采工作大致可分为 3 个阶段，即准备回采、正常回采和收尾工作。

① 准备回采。准备回采主要是在回风平巷内安装掩护支架，并逐步下放成为伪倾斜工作面，为正常回采作准备。掩护支架安装前，将回风平巷断面扩大到煤层顶底板并挖出地沟。安装时，可在前面安装支护，在后面进行回柱放顶，使支架顶上有厚度为 2～3 m 的矸石垫层，以缓冲围岩垮落时对支架的冲击。随后进行支架的调整下放，使支架由水平状态逐步下放为伪倾斜状态，采煤工作面的伪倾斜角应不小于 25°。

② 正常回采。在正常回采过程中，除了在掩护支架下回采外，同时要在回风平巷中扩巷、挖地沟，加长掩护支架，以及在工作面下端的巷道中拆除支架。在支架下采煤，目前主要采用打眼爆破。其工序包括打眼、装药、爆破、铺溜槽出煤、调整支架等内容。回收架尾时先将地沟向两帮扩大，用点桩支撑钢梁，然后卸下钢丝绳，经小眼送至运输平巷，再取下钢梁，运到回风平巷继续复用。

③ 收尾工作。当工作面推进到区段终采线附近时，在终采线靠工作面一侧掘进两条收尾上山眼，然后加大工作面上部的下放步距，缩小工作面下部的进尺，同时逐渐缩小工作面长度和伪倾斜角度，直至变成水平状态，最后将支架全部拆除。

伪倾斜柔性掩护支架采煤法与水平分层及倒台阶采煤法比

较,具有产量高、效率高、工序简单、操作方便、生产安全、掘进率低等优点;采煤工作面可三班出煤,不需要专门的准备班。这种采煤方法的主要缺点是掩护支架的宽度不能自动调节,难以适应煤层厚度的变化。

当煤层厚度为 1.5～6.0 m,倾角大于 55°,在一个条带内煤层比较稳定的条件下,应优先选用伪倾斜柔性掩护支架采煤法,其工作面伪倾斜角度一般不小于 25°,工作面长度一般为 30～60 m,年进度可达 480～660 m。

5. 水平分段放顶煤采煤法

在急倾斜特厚煤层中,水平分段放顶煤采煤法类似于水平分层采煤法,其差别是按一定高度划分为分段,在分段底部采用水平分层采煤法的落煤方法(机采或炮采),分段上部的煤炭由采场后方放出运走。这样,各段依次自上而下采用放顶煤采煤工艺进行回采。

急倾斜煤层综采放顶煤的采煤工艺过程及其参数选择的原则与缓倾斜煤层放顶煤采煤法基本相同。由于在急倾斜煤层中水平分段放顶煤工作面的长度受煤层厚度限制,根据我国的煤层条件,一般在 60 m 以下,因此对采煤设备有一些特殊要求。主要是要求采用适用于短壁工作面的短机身采煤机及与之相配套使用的输送机。液压支架的型式并无差异,只是根据采场压力显现特征,可适当减小其工作阻力及重量。我国生产的 MGD150-NW 型采煤机属无链牵引采煤机,包括滚筒在内,全长只有 3 m。它的摇臂出轴位于机身中部,能自由回转 270°。与短机身采煤机配套使用的 SGI-730/90W 型工作面刮板输送机的特点是机头和机尾短而矮,在机头和机尾的侧帮上设有齿轨,从而使采煤机能直接开到机头或机尾上部,滚筒能割透端部,进入巷道。这样,采煤机可从巷道入刀,不需专门开切口。

采煤工艺过程为割煤、移架、推移输送机和放顶煤。一般割煤进刀量为 0.5 m。放煤自底板方向依次进行,放煤方式与缓斜放顶煤时大体相同,可以采用多轮顺序或单轮间隔顺序。顶煤高度较大、顶煤裂碎不充分时,一般采用多轮放煤。为了发挥综采设备效能,一般工作面长度宜大于 25 m。

第二节 "三下一上"采煤方法

"三下一上"采煤是指建筑物下、铁路下、水体下和承压水体上采煤。在建筑物下和铁路下采煤时,既要保证建筑物和铁路不受开采影响而破坏,又要尽量多采出煤炭。在水体下和承压水体上采煤时,要防止矿井发生突水事故,保证矿井安全生产。

一、建(构)筑物压煤开采

1. 地表移动和变形对建(构)筑物的影响

地下采煤对地表的影响主要有垂直方向的移动和变形以及水平方向的移动和变形等。不同性质的地表移动和变形,对建筑物与构筑物的影响也不同,大致可分为地表下沉的影响、地表倾斜的影响、地表曲率的影响及地表水平变形的影响。

2. 减少地表移动和变形的开采措施

在建(构)筑物下采煤时,当预计的地表变形超过建筑物能承受的变形时,应从开采方面采取合适的技术措施,以减少地表变形值。

(1) 防止地表突然下沉

地表突然下沉的原因:

① 开采急倾斜煤层,特别是浅部或顶板不易垮落的急倾斜煤层。

② 浅部开采,特别是在浅部开采厚煤层,或开采缓倾斜煤层,其采深与采厚(或分层采厚)的比值小于 20 时,地表常出现塌陷坑。

③ 采用不正规的采煤方法,如落垛式采煤方法,无限制地放煤。

④ 建(构)筑物下有岩溶地层及采空区。

防止地表突然下沉的措施:

① 应在一定的开采深度以下,进行建(构)筑物下采煤。如果建(构)筑物位于煤层露头附近,或在建筑物下面有浅部煤层,或者煤层上方有石灰岩地层时,需查明建筑物下放是否有老窑、废巷、岩溶、老井等空硐以及它们的填实程度。如果这些空硐未填实而充满积水,应采用灌浆等方法将空硐填满,排除积水,防止地表突然塌陷。

② 开采急倾斜煤层时,在煤层露头处应留设足够的煤柱,以防止突然塌陷。在采煤方法上,应尽量采用长走向小阶段间歇采煤法,避免使用沿倾斜方向一次暴露较大空间的落垛式或倒台阶采煤法,并严禁落垛式无限制地放煤。当顶板坚硬不易垮落时,应采取人工强制放顶或采用充填法处理采空区。

③ 在缓倾斜或倾斜厚煤层浅部开采时,应尽量采用倾斜分层长壁式采煤法,并适当减少第一、第二分层的开采厚度。

(2) 减少地表下沉

① 采用充填采煤法时,覆岩的破坏比较小,从而可减少地表的下沉。其减少程度取决于充填方法和充填材料。常用的充填方法有水砂充填和风力充填。

② 采用条带开采法。条带开采法是将煤层划分为条带,相间地采出一个条带(采出条带),保留一个条带(保留煤柱),用保留煤柱支撑顶板及上覆岩层、以减少地表下沉和变形值。合理确定采出条带宽度(采宽)和保留煤柱宽度(留度),是条带开采的关键。留宽过大,采出率低;留宽过小,煤柱易遭破坏。采宽过大,地表可能出现不均匀下沉,对保护建筑物不利;采宽过小,则采出率低。正确地确定条带尺寸的原则是保证煤柱有足够的强度和稳定性,

采出条带的宽度限制在不使地表出现波浪式下沉盆地的范围内，在此原则基础上尽量提高采出率（即采出条带总面积占采区面积的百分数）。

③ 采用房柱式采煤法。在开采安全煤柱时，采用房柱式采煤法，仅采出煤房的煤，不进行煤房间煤柱的开采，可以防止或减少地表下沉和变形。

④ 减少一次采出煤厚。

（3）消除或减少开采影响的不利叠加

① 分层间隔开采。一个煤层（或分层）的开采影响完全（或大部分）消失后，再采另一个煤层（分层）。

② 合理布置各煤层（分层的开采边界）。地下开采对地表的有害影响主要表现在开采边界两侧，因而应尽量避免在建筑物保护煤柱范围内出现永久性的开采边界。合理布置各煤层开采边界的位置，可以消除或减少开采边界上方地表的不利变形。

③ 尽量利用较长工作面，实行全柱开采。根据地表移动盆地中央地区地表变形很小的特点，尽量利用一个工作面包括建筑物保护煤柱全部范围一次采出，使建筑物位于移动盆地中央区，承受最小的静态变形值。

④ 尽量回采干净，不残留尺寸不适当的煤柱。尺寸不适当的煤柱会引起地表变形的不利叠加。

⑤ 协调开采。几个邻近煤层、厚煤层几个分层或同一煤层几个相邻工作面同时开采时，合理布置同采工作面之间的位置、错距和开采顺序，使一个工作面的地表变形与另一个工作面的地表变形互相抵消，以减少开采引起的地表动态变形或静态变形，就是协调开采。

开采实践表明，协调开采不仅能减少地表水平变形值，也可以减少垂直方向的变形值。

（4）消除或减少开采边界的影响

保护煤柱很大时,一般应连续不停顿地进行回采,避免在煤柱范围内形成永久性开采边界,使本来承受动态变形的地表发展到承受静态变形,对建(构)筑物造成损害。经验表明,在有断层的采区边界、阶段或水平边界时,容易形成采煤工作面的长期停顿和永久性边界。因此,应在断层两侧,事先做好开拓准备工作,尽可能地保证回采工作面连续进行。

二、铁路压煤开采

1. 铁路压煤开采的特点和要求

铁路线路是特殊的地面构筑物,列车重量大、速度高,对线路规格要求严格,如果线路受到采动影响超过一定的限度,列车的安全运行便得不到保证。铁路线路的另一特点是可以维修,即地下开采引起铁路线路移动和变形,可以在不间断线路营运的条件下,利用起道、拨道、顺坡、调整轨缝等方法消除。

2. 开采技术措施

铁路压煤开采,应采取有效的开采技术措施,以防止地表突然下沉,保证不出现非连续性的地表变形,并尽可能减少开采对地表的影响,以利地面线路的维修工作。

(1)在采区布置上,应尽量使采动线路处于盆地主断面附近,避免线路处于移动盆地的边缘。尽可能使采煤工作面推进方向与线路纵向方向一致。

(2)严禁使用非正规的采煤方法。

(3)根据开采深厚比的大小,结合矿区地质开采条件,选择采煤方法和顶板控制方法。开采浅部厚煤层时,应考虑使用充填法。

(4)在缓倾斜和倾斜厚煤层浅部开采时,应尽量采用倾斜分层采煤法,并且适当减小分层开采的厚度,禁用一次采全高和高落式采煤法。阶段间尽量不留煤柱,回采时采空区不留残余煤柱、木垛等。

(5)开采急倾斜煤层时,应尽量采用沿走向推进的小阶段伪倾斜掩护支架采煤法或水平分层采煤法,禁用沿倾斜方向一次暴露空间大的落垛式或倒台阶采煤法。

(6)煤层顶板坚硬、不易垮落时,应进行人工放顶,以防止空顶面积达到极限时突然冒落而引起地表突然下沉。

(7)如果铁路位于煤层露头附近,或在其下方浅部有煤层或石灰岩时,需勘查铁路下方是否有采空区、废巷道、岩溶等。如果这些空硐充水,则采前应将水排干,并用注浆法填实空硐。

(8)浅部非正规采过的老采区、旧巷道是铁路下采煤的隐患,要严格防止受到重复采动或水文地质条件变化时,地面线路突然出现塌陷。在开采过程中要规定范围,派专人巡视,监测地表移动情况,做好相应的应急准备。

三、水体压煤开采

1. 水体压煤开采的一般途径

根据中国煤矿在水体压煤开采中的大量实践与成功经验,处理水体下的压煤和采煤问题,有顶水采煤、疏干采煤、顶疏结合开采和帷幕注浆堵水等途径。

(1)顶水采煤。所谓顶水采煤,就是对水体不作任何处理,只在水体与煤层之间保留一定厚度(或垂高)的安全煤岩柱情况下进行采煤。顶水采煤留设的安全煤岩柱有 3 种类型,即防水安全煤岩柱、防砂安全煤岩柱和防塌安全煤岩柱。在留设防水安全煤岩柱的情况下,矿井涌水量基本上不增加;在留设防砂安全煤岩柱的情况下,矿井涌水量有所增加,但不会涌砂溃水;在留设防塌安全煤岩柱的情况下,则可避免泥土塌向工作面。

(2)疏干采煤。所谓疏干采煤,指的是先疏(水)后采(煤)或边疏(水)边采(煤)两种情况。

先疏后采适用于下列情况:① 煤层直接顶板或底板为砂岩或石灰岩岩溶含水层,且能够实现预先疏干时。② 松散含水层为弱中含水层、水源补给有限,通过专门疏干措施或长期开拓与回采工程可以预先疏干时。

边疏边采指的是砂岩或石灰岩岩溶含水层为煤层基本顶,回采后,基本顶含水层水由采空区涌出,不影响工作面作业,但在工作面内需要采取疏水措施。

(3)顶疏结合开采。所谓顶疏结合开采,就是在受多种水体威胁的条件下进行水体下采煤时,对远离(大于导水裂隙带高度)煤层的水体,可以实行顶水采煤,而对直接位于煤层直接顶或距煤层一定距离(在垮落带或导水裂缝带范围内)的水体,则实行疏干采煤(包括先疏后采和边疏边采)。

(4)帷幕注浆堵水。帷幕注浆堵水,通常是将水泥、黏土等材料注入含水层中,形成地下挡水帷幕,以切断地下水的补给通道。例如,石灰岩岩溶含水层通过断层破碎带导水,以及石灰岩和砂岩含水层通过其露头接受松散含水层水的补给时,就有可能采用帷幕注浆堵水的方法来减少地下水的补给。

2. 水体下采煤的开采原则

临近水体下的采掘工作,必须遵守以下原则:

(1)采煤方法必须有效控制采高和开采范围,防止急倾斜煤层抽冒。在工作面范围内存在高角度断层时,必须采取措施,防止断层导水或沿断层带抽冒破坏。

(2)在水体下开采缓倾斜及倾斜煤层时,宜采用倾斜分层长壁开采方法,并尽量减少第一、第二分层的采厚,上下分层同一位置的回采间歇时间应不小于4~6个月,岩性坚硬顶板间歇时间适当延长。留设防砂、防塌煤柱,采用放顶煤开采方法时,必须先试验后推广。

(3)严禁在水体下开采急倾斜煤层。

(4)开采煤层组时应采用间隔式采煤方法。若仍不能满足安全开采时,要修改煤柱设计,加大煤柱尺寸,保障矿井安全。

(5)当地表水体或松散层强含水层下无隔水层时,开采浅部煤层及在采厚大、含水层富水性中等以上、预计导水裂缝带大于水体与煤层间距时,应采用充填法、条带开采和限制回采厚度等控制导水裂缝带发展高度的开采方法。对于易于疏降的中等富水性松散层底部含水层,可采用疏降含水层水位或疏干等方法保证安全回采。

(6) 开采石灰岩岩溶水体下煤层时,应在开采水平、采区或煤层之间留设隔离煤柱或建立防水闸门(墙)。设计隔离煤柱尺寸时,必须注意使煤柱至岩溶水体之间的岩体不受到破坏,或者在受突水威胁的采区建立单独的疏水系统,加大排水能力及水仓容量,或建立备用水仓。

(7) 在积水采空区和基岩含水层附近采煤,或有充水断层破碎带、陷落柱等存在时,应采用巷道、钻孔或巷道与钻孔结合等方法,先探放、疏降,后开采,或边疏降边开采。

(8) 近水体采煤时,应采用钻探或物探方法详细探明有关的含、隔水层界面和基岩面起伏变化,以保证安全煤岩柱的设计尺寸。

(9) 在水体下采煤时,应对受水威胁的工作面和采空区的水情加强监测,对水量、水质、水位动态进行系统观测,及时分析;应设置排水巷道,定期清理水沟、水仓,正确选择安全避灾路线,配备良好的照明、通信与信号装置;应对采区周围井巷、采空区及地表积水区范围和可能发生突水的通道作出预计,并采取相应预防措施。

四、石灰岩承压含水层上带压开采

1. 石灰岩承压含水层采煤防治水途径及技术应用特点

(1) 石灰岩承压含水层上带压采煤防治途径

① 疏水开采。即将含水层全部疏干,或将含水层水位降低到安全高度后再行开采。

② 带压开采。即在煤层与含水层补给水源采用帷幕注浆堵

水方法堵截疏排后进行开采。

③ 带压开采。即在煤层与含水层之间有足够厚度和阻水能力的隔水层岩柱,并允许含水层水有一定的水头高度(或原始水位高度、或疏干后的水位高度)的情况下进行开采。

④ 综合治理。即疏、堵及带压开采相结合。

(2) 石灰岩承压含水层上采煤技术应用的特点

① 带压开采的石灰岩有太原群、本溪群厚层(5~8 m)灰岩,奥陶系巨厚层(400~800 m)灰岩及二叠系巨厚层(200~500 m)茅口灰岩。

② 含水层水压一般在 1~1.5 MPa 以下,少数达到 2~3 MPa。水压较大时,容易发生采掘工作面突水。

③ 一旦发生突水,水量大,来势猛。在地质和水文地质条件复杂的条件下,当突水量超过矿井排水能力时,会造成淹井事故。

④ 采动影响下的底板突水有突发型和滞后型两种。滞后型突水多为掘进突水。据粗略统计,在矿井总突水次数中,约有一半是掘进突水。

2. 石灰岩承压含水层上带压开采的适用条件及技术措施

(1) 含水层上带压开采的适用条件

① 疏干开采适用于石灰岩承压含水层为煤层的直接底板,石灰岩承压含水层的富水性及水源补给条件有限的情况下。

② 综合治理、带压开采的适用条件:有足够的厚度和阻水能力的岩柱;断裂构造较少或断裂构造导水能力弱;有堵截补给水源的条件。

(2) 综合治理、带压开采的主要技术措施

① 先采深部煤层,后采浅部煤层。

② 先采弱富水地段和地下水弱径流带。

③ 堵截石灰岩含水层的主要补给水源或加固岩柱阻水能力薄弱带。

④ 合理布置工作面及留设断层煤柱。掘进巷道过断层时,采用加强支护、封闭式支架和局部注浆堵水等措施。

⑤ 采用能减少集中应力在底板岩层中传递深度的采煤方法,如充填采煤法(带状充填和全部充填)和条带采煤法。缩短工作面长度、减少工作面悬顶长度、控制采高、及时放顶等,都有利于减少采动影响的破坏深度。

⑥ 分区隔离和采区大后退开采。为了限制突水灾害的影响范围,应尽可能实行分区隔离和大后退开采,以便在突水时封闭采区。

⑦ 配备相当能力的井下排水设备,增设事故水仓。

⑧ 对巷道中的集中突水点进行注浆封堵,以减少矿井涌水量。

第三节 低透气性煤层群无煤柱煤与瓦斯共采

我国大多数矿区地质构造复杂,煤岩松软,煤层具有高瓦斯、低透气性、高吸附性的特点,尤其是低渗透率和非均质性的特性,难以在采煤前直接从地面抽采煤层气。今年来,随着开采规模扩大和开采深度的迅速增加,深部开采带来的高瓦斯、高地压问题,成为许多矿区低透气性煤层群高效安全开采亟待解决的技术难题。

低透气性煤层群无煤柱煤与瓦斯共采关键技术,采用沿空巷留巷 Y 型通风一体化,解决高瓦斯、高地应力、高地温的煤层群进入深部开采面临的瓦斯治理、巷道支护、煤炭开采等重大安全生产技术难题,即:首采关键卸压层,沿首采面采空区边缘快速机械化构筑高强支撑墙体将回采巷道保留下来。在留巷内布置钻孔抽采邻近层及采空区卸压瓦斯;采用无煤柱连续开采,实现被保护层全面卸压;同步推进综采工作面采煤与卸压瓦斯抽采,实现了煤与瓦斯安全高效共采;抽采的高、低浓度瓦斯分开输送到地面加以利用,实现节能减排,经济、社会、环境效益显著。

1. 沿空留巷围岩结构稳定性控制技术

理论研究和工程实践表明,长壁工作面自开切眼向前推进一段距离后,悬露的基本顶关键块体出现断裂,断裂线相互贯通,块体沿断裂线回转、下沉进而形成结构块,接触矸石后形成能够自稳的沿空留巷外层结构,成为外层大结构。沿空留巷内层支护围岩小结构如果只由巷道周围锚杆支护、巷旁充填墙体构成,该结构将在外层大结构形成过程中受到强烈的破坏,有可能不能自稳,由此提出阶段性辅助加强的创新思路,形成巷道组合锚杆支护、巷旁充填墙体、巷内辅助加强支架"三位一体"的沿空留巷围岩整体支护原理和一套新型"三高"锚杆支护与自移式强力控顶支架辅助补强的留巷支架技术体系。

"三高"锚杆支护技术以抗剪切的超高强度杆体、高预紧力、系统高刚度为核心,选择超强杆体、高刚度护网、超大托盘、超强大扭矩阻尼螺母,实施大扭矩高预应力,提升主动承载能力,并向围岩扩散,形成高强主动高阻稳定的锚杆支护围岩承载结构。

2. 快速巷旁充填技术

留巷支护技术体系中采用的自移式辅助加强支架系自主研发,现已形成系列产品,可以成功解决不同开采条件下的采动影响期巷道围岩稳定后控制问题。该支架采用液压支架结构设计,具有支护强度高、护顶面积大和自移功能。

无煤柱煤与瓦斯共采技术体系中巷旁充填墙体是由适宜工作面采高变化,具有早强、高增阻、可缩性且可实现远距离泵送施工的大流态、自密实的新型 CHCT 型充填材料形成的,其基本组成分为水泥,粉煤灰,粗、细骨料,复合泵送剂,复合早强剂和水等。配比范围:水泥为 10%～30%、粉煤灰为 7%～40%、石子为 15%～40%、水为 10%～30%;材料性能:充填料浆塌落度 120～260

mm,可实现远距离泵送,最长水平泵送距离达 1 200 m,泵送入模后自密实;充填结束后 2~3 h 可脱模;1 d、2 d、3 d、7 d、28 d 抗压强度分别可达 5 MPa、10 MPa、12 MPa、15 MPa 和 28 MPa;具有良好的压缩变形性能,压缩率为 5%~10%,残余强度可达极限抗压强度的 35%~60%。该材料实现了多套组合配方,能根据不同的矿压显现规律和巷道变形特性要求配制,具有良好的承载特性和压缩变形性能且适宜远距离泵送施工,已形成多种不同产能的工业生产模式。

快速留巷巷旁充填工艺系统包括:地面干混充填料制备系统、地面至井下干混充填料泵站运输系统、充填泵料斗干混充填料上料系统、充填料浆的制备与泵送系统和充填系统支架模板系统。

主要充填工艺过程为:由地面专门生产线按设计配比生产出干混充填材料,以袋装或专用集装箱散装运至井下泵站;用螺旋输送机或皮带输送机将干混料送至充填泵料斗;在充填泵中加水搅拌均匀后经充填管路送至充填模内;充填料浆在充填模内自流平密实,自然养护,待硬化产生一定强度后拆模。

第四节　高效综合机械化采煤成套装备技术

进入 21 世纪以来,以长壁高效综采为代表的煤炭井工开采技术取得前所未有的新进展。高效综采发展主要体现在以下三方面:一是综采工作面生产能力大幅度提高,采区范围不断扩大,出现了"一矿一面"年产数百万吨煤炭的高产高效和集约化生产模式;二是高效综采装备和开采工艺不断完善,推广使用范围不断扩大,中厚煤层开采、厚煤层一次采全高开采和薄煤层全自动化生产等技术和工艺取得巨大成功;三是高效综采装备的研制开发取得新的技术突破,年生产能力已经达到 10 Mt,并实现了综采工作面生产过程自动化,大型综采矿井技术经济指标已经达到大型先进露天矿水平。

鉴于我国煤炭为主的能源结构和当前煤炭需求的快速增长，高效综采也将成为能源开发技术重要的竞争领域。

一、实现高产高效开采的主要技术途径

综采工作面成套装备是高产高效矿井的核心，工作面参数的合理性、成套装备的可靠性及合理配套是实现矿井高效开采的关键因素。

（1）加大工作面的倾斜长度及开采长度不但可以提高采区回采率、降低巷道的掘进量，还可以缩短综采工作面端头作业影响时间、减少综采工作面的搬家次数，为矿井的高产高效开采提供前提条件。从国内外厚煤层高产高效综采工作面情况看，工作面长度普遍达到 225～305 m，工作面推进长度普遍在 2 500 m 以上，最高达到 6 000 m。

（2）加大采煤机的截深

国外高产高效综采工作面采煤机截深普遍达到 0.8～1.0 m，个别达到 1.2 m。我国综采工作面经过几十年的发展，仍然大多采用 0.6 m 截深。近几年，随着高产高效工作面的发展，采煤机的截深逐渐加大到了 0.8～0.9 m，有效提高了综采工作面单刀煤的产量。

（3）提高成套装备的可靠性

通过合理设备选型和配套，在保证综采成套装备设计质量的前提下，提高综采成套装备的可靠性，减少机电事故，提高综采面的开机率，是提高工作面单产的关键因素之一。

（4）加快工作面的推进速度

提高采煤机的牵引速度及工作面支架的推溜、移架速度，是提高工作面单产的最直接的措施。随着采煤机功率的不断提高，采煤机的牵引速度也越来越快，经过近几年的发展，综采工作面采煤机的平均牵引速度已经由以前的平均 3 m/min 提高到目前的 5～

6 m/min,国外先进的采煤机的牵引速度甚至达到了 29 m/min,配备电液压系统液压支架,大大加快了工作面的推进速度。

（5）保证合理的工作面设备配套能力

综采工作面设备配套能力是制约工作面产量的重要因素之一,因此选择能力适当的工作面配套设备,保证将采煤机割下的煤及时运出是非常必要的。综采工作面设备生产能力应形成由里向外的"喇叭口"状,设备生产能力应以 1.1～1.2 倍为基数逐渐增大。

（6）提高操作水平

通过加强技术管理和不断改进劳动组织,提高操作能力,减少事故并不断提高快速处理事故的水平,是提高工作面产量的有力保证。

二、主要设备选型及总体配套原则

目前,我国高产高效综采工作面设备的配套主要有下列 3 种类型:

（1）采用国内研制的全套国产新型综采工作面,年产 400 万～800 万 t 以上。

（2）引进部分关键综采设备,如电牵引采煤机、重型刮板机输送机等,配以国产液压支架和大运量带式输送机装备的大功率综采工作面,年产 400 万～800 万 t 以上。

（3）全套引进国外大功率综采设备装备的综采工作面。

综合国内外高产高效工作面的特点,工作面主要设备的选型应遵循下列原则:

（1）综采设备的选型。在注重设备高可靠性的同时,也应注重设备的技术先进性。采煤机的发展趋势是以电牵引逐步取代液压牵引,向多电机、大功率、机电一体化方向发展,既提高了牵引速度和截深,大幅度提高单产,又增强了运行可靠性,且操作简易、安全、维修方便;刮板运输机向高可靠性、大功率方向发展,并采用操作简便的交叉侧卸连接方式；液压支架朝高工作阻力、掩护式液压支架发展，并配备电液控制系统。

（2）提高综采装备的配置。在保证各零部件生产质量的同时，更要注重外购件的质量。尽量选用国际上著名品牌且质量过关的产品，如：密封件、轴承、减速器、各类阀、控制系统等。

（3）综采成套装备必须满足高产、高效、高回收率的要求，各设备的生产能力要留有足够的富裕系数。

（4）各主要设备的技术性能不但要满足工作面设计年产量的要求，而且相互之间协调与配合应科学合理，使其发挥最佳的生产效能。

（5）采煤机、运输机、转载机、可伸缩胶带输送机的生产能力必须逐渐递增，形成"喇叭口"状，支架的推进速度必须满足采煤机割煤速度的要求。

（6）设计科学合理的端头支护是保证工作面快速推进的前提条件。

三、工作面工艺参数的确定

1. 采高的确定

（1）一次采全高工作面的采高一般应与煤层厚度一致，以最大限度地提高回采率和煤质为原则。特厚煤层分层开采时，根据煤层总厚度合理分层。

（2）放顶煤开采工作面机采高度的确定应根据具体条件，考虑合理采放比和设备投入等因素。

放顶煤工作面的出煤量由采煤机割煤和放顶煤两部分组成，适当增加割煤高度，可以提高煤炭回收率，并且有利于特厚顶煤的放出。带来的后果是矿山压力显现加剧，工作面片帮冒顶现象严重，可能影响工作面的正常生产。同时，合理的割煤高度还要考虑通风和工作面风速的限制。通过调研可以看出，国内放顶煤开采的割煤高度基本保持在 $2.3 \sim 3.2$ m。同时，在确定割煤高度时，还必须根据煤层厚度保证采放比处于一个合理的范围之内(1∶1~1∶1.3)。

2. 工作面循环进度的确定

一次采全高工作面的循环进度主要考虑采煤机的截深,放顶煤开采工作面的循环进度考虑采煤机截深和放煤步距。

(1)采煤机截深。截深的确定首先是根据工作面整体生产能力进行考虑,综合机械化开采初期,工作面截深均选用0.6 m标准截深,随着技术的进步,工作面装备能力的加大提供了采煤机足够的截割功率和输送机足够的输送能力,巷道支护技术的提高保证了大断面巷道的掘进和维护,给工作面加大截深提供了有力的技术支持,近年来,高产高效矿井能够普遍采用0.8 m和1.0 m的截深,有力保证了矿井生产能力的提高。

实际生产中,截深的确定首先考虑煤层地质条件的影响,其考虑因素包括:工作面顶板的破碎程度、工作面煤质(硬度、节理层理发育程度)、煤层的瓦斯含量等。

其次要考虑工作面设备能力:截深的加大是伴随着采煤机截割机功率的增加而实现的,同时与采煤机截齿、截割部受力、整体结构等因素有关,采煤机的能力增加一方面体现在截割功率的增加,另一方面体现在牵引速度的增加;同时截深的选取还应考虑支架的支护强度和防护能力以及输送机的运输能力。

采煤机截深不但要考虑传统的截割功率大小,而且对于综采放顶煤工作面还要考虑与放煤步距的协调统一。放顶煤工作面实践证明合理的放顶煤步距为1 m左右,即采煤机截深为0.6 m时采用两刀一放,采煤机截深为0.8 m和1.0 m时采用一刀一放。

(2)放煤步距。合理的放煤步距是提高回采率、降低含矸率的重要因素。放煤步距应该满足两个条件,一是与支架放煤口的纵向尺寸的水平投影一致;二是与采煤机截深成整数倍关系。

四、工作面生产能力

工作面的生产能力与采煤机截深、牵引速度及设备开机率有关。国产综采工作面装备经过近十几年的发展，技术水平及可靠性得到了很大的提高，采煤机的牵引速度可以达到 $6\sim8$ m/min，综采工作面的开机率已经由 50% 左右提高到 70% 以上。

五、工作面设备选型

工作面设备的配套和选型直接关系工作面综采设备的有效发挥和可靠性，关系工作面年产目标的实现。综采工作面综采设备的配套选型主要从以下几方面入手：

（1）采用技术先进、性能优良，经过实践检验的高可靠性装备。

（2）通过合理选型和正确配套，保证整个系统的性能协调和可靠。

（3）提高综采设备的配套能力与生产协调性。

综采面的配套设备必须适应与满足高产高效的需要，以工作面设备能力为基础，形成一条配套生产能力由工作面向外的"喇叭口"煤流系统，用综采设备的协调性来保证工作面快速推进的需要。

复习思考题

1. 急倾斜煤层开采方法有哪些？
2. 什么是"三下一上"采煤？
3. 实现高产高效开采的主要技术途径有哪些？

第六部分
高级综采维修钳工技能要求

第十六章 综采工作面机械设备
的拆除、搬运、安装与调试

综采工作面的回撤、搬运、安装是一项较为复杂的系统工程。下面以立井提升的矿井为例阐述综采工作面的安装、回撤和搬家工艺。

第一节 采 煤 机

一、采煤机的下井运输

在副井提升能力、罐笼尺寸、巷道尺寸、斜巷绞车提升能力等条件许可时,应尽量减少分解后的件数,并应根据井下安装程序,确定下井的先后顺序。

（1）整机解体一般分为七大件:左滚筒、左摇臂、左牵引行走部、中间框架和电控箱、右牵引行走部、右摇臂、右滚筒。

（2）对裸露的结合面、管接头、电缆、水管、操作手把、按钮等必须采取保护措施,防止运输过程受损。

（3）对活动部分必须采取固定措施,油缸必须与行走箱固定。

（4）油管、水管端头必须用塑料堵封堵或纱布包扎后方能下井。

（5）对于紧固件及零碎小件必须分类、标号、装箱下运,以免丢失或混淆。

（6）若运输设备及巷道等条件具备要求,也可特殊解体,如:

摇臂与左滚筒合体下井;左/右牵引行走部、电控箱和中间框架四件合体下井;右摇臂与右滚筒合体下井。

二、采煤机的井下安装

井下组装整机顺序一般根据工作面(出煤)方式定:若煤从右侧顺槽出(正对工作面看),则煤机等一般由左顺槽运进工作面,因此,采煤机的组装顺序应由右摇臂(滚筒)至左摇臂(滚筒);若煤从左侧顺槽出,则正好相反。现假定采煤机为框架结构(不含底托架),由工作面右侧顺槽运进,则整机组装步骤如下(工作面支架、运输机应已布置好,并已准备好铺垫枕木、千斤顶或单体液压支柱、链等工具):

(1)运送左滚筒及左摇臂至工作面内,落放地到右顺槽需有足够的长度来完成机身段的组装。

(2)运送左牵引箱体(带油缸)到工作内面(靠近左摇臂),先拆下一节销排穿入导向滑靴,使摆线轮齿卡入销排,然后再把销排(连同箱体)销入溜子的元宝座中,同时,使牵引箱的煤壁侧支撑腿支在溜子的铲煤板上(箱体与输送机之间可用枕木垫起)。

(3)运送中间框架和电控箱到靠近左牵引箱,先对上两箱体结合面的两个定位销,然后以短液压螺栓(母)紧固左牵引箱与电控箱(箱体与输送机之间可用枕木垫起)。

(4)把三根长液压螺栓从右顺槽侧穿入到中间框架、左牵引箱各自的螺栓孔内。

(5)运送右牵引箱到靠近中间框架,先拆下一节销排穿入导向滑靴,使摆线轮齿卡入销排,然后再把销排(连同箱体)销入溜子的元宝座中,同时,使牵引箱的煤壁侧支撑腿支在溜子的铲煤板上(箱体与输送机之间可用枕木垫起)。先对上两箱体结合面的两个定位销,然后再以短液压螺栓(母)紧固两个箱体。

(6)以长液压螺栓紧固三段箱体。

(7)先把左摇臂与左牵引箱以销连接,再把左牵引箱上的油缸连接到左摇臂腿上(为了使油缸的活塞杆伸缩到适当长度,从而能方便地连接摇臂,可以拧开靠油缸筒侧的小螺堵使油缸两腔相通,致使活塞杆能够自由伸缩)。

(8)组装左滚筒。

(9)同7、8步骤安装右摇臂、右滚筒。

(10)接电缆、水路、油路,去除枕木等辅助工具,重新对液压螺母打压至规定压力(一般为 220 MPa);检查水路、油路、电缆接线正常与否。

三、采煤机的安装注意事项及质量要求

1. 安装采煤机注意事项

(1)安装前必须有技术措施,并认真执行。

(2)现场条件和工具准备充分。

(3)零部件安装要齐全,不合格的不安装,保证安装质量。

(4)碰伤的结合面必须进行修理,修理合格后方能安装,以防止运转时漏油。

(5)安装销、轴时,要将其清洗干净,并涂一层油;严禁在不对中时用工具敲打,防止敲坏零部件。

(6)在对装花键时,一要清洗干净,二要对准槽,三要平稳地拉紧。

(7)要保护好电气元件和操作手把、按钮,避免损坏;结合面要清洗干净,确无问题后再带滚筒试车。

(8)在起吊时,顶板、棚梁不牢固不能起吊。起吊时要直起吊,不允许斜拉棚梁,以免拉倒而砸伤人员和设备。

(9)安装后,要先检查后试车。试车时必须把滚筒处的杂物清除干净,确无问题后再试车。

2. 采煤机安装质量要求

零部件完整无损,螺栓齐全并紧固,手把和按钮动作灵活、位置正确,电动机与牵引部及截割部的连接螺栓牢固,滚筒及挡板的

螺钉(栓)齐全,紧固试验合格,工作可靠安全。

四、采煤机整机试验

(1)操作试验。操作各操作手把、控制按钮,动作应灵活、准确、可靠,仪表显示正确。

(2)整机空运转试验。牵引部手把放在最大牵引速度位置,合上截割部离合器手把,进行 2 h 原地整机空运转试验。其中:滚筒调到最高位置,牵引部正向牵引运转 1 h;滚筒调至最低位置,牵引部反向牵引运转 1 h。同时应满足如下要求:

① 运行正常,无异常噪音和振动,无异常温升,并测定滚筒转速和最大牵引速度。

② 所有管路系统和各结合面密封处无渗漏现象,紧固件不松动。

③ 测定空载电动机功率和液压系统压力。

(3)调高系统试验。操作调高手把,使摇臂升降。要求速度平稳,测量由最低位置到最高位置及由最高位置到最低位置所需要的时间和液压系统压力,其最大采高和卧底量应符合设计要求。最后将摇臂停在近水平位置,持续 16 h 后其下降量不得大于25 mm。

五、液压螺母的使用

1. 液压螺母组装前的准备工作

(1)液压螺母与螺栓在连接组装前,各有关结合面应清洗干净,去毛刺与油漆,以防止螺母锁紧后负荷下降与失效。

(2)要确保螺栓、螺母与垫圈的尺寸正确和质量合格,强度级别不低于10.9级。

(3)取下液压螺母护套,应检查螺母零件有无缺损,螺纹啮合应良好,活塞伸出量为零(这可以从螺母体上任意旋松一个油堵后压进活塞),各油堵附近 $\phi 1.7$ mm 泄油孔应通畅,除进油口的油堵改用尼龙油堵外,其余不作进油口的金属油堵均应处在旋紧状态,保证密封,防止渗漏。

(4) 液压螺母在加压前,应将紧圈旋靠螺母体,以便加压时可监视最大伸出量。

2. 液压螺母的连接装置

(1) 串接在设备上的液压螺母,活塞端应面向设备并旋靠结合面,从螺母体 4 个进油口上(端面 1 个,周边 3 个),任选 1 个便于连接管路上的油口(允许螺母稍许回退调整位置),取下尼龙堵,接上直管或弯管快速接头。

(2) 连锁装配时,应注意带螺纹端的长度应在结合面以下 7 mm,以便能取得螺栓最大预紧力。

(3) 高压软管的两端分别带有快速接头与接套,其中接头的一端连接手压泵的出油口,接套的一端连接液压螺母进油口,装拆时可将带有快速接套上的弹簧卡套向上推开,然后插入接头,放松卡套待复原后,再拉一下软管上的接头,须不发生脱落,以确保连接可靠。

3. 液压螺母的锁紧操作

(1) 松开手揿泵上的提把,取出油泵上的手柄,然后旋紧卸载阀门,上下起动手柄,不断向螺母进油口加压,同时观测压力表的读数,并注意活塞不要超出最大伸出量(出现红色标志),当压力达到 220 MPa 时停泵。如压力未达到 220 MPa 时已出现红色标志,说明活塞行程已超出最大伸出量,则应释放压力,调整结合面间隙,并重新开始操作步骤。

(2) 稳压 2 min,从压力表上观测压力有无下降,不足时进行加压补充,然后旋紧紧圈直到紧靠螺母端面,并用紧圈扳手,进一步使紧圈紧靠螺母体(并紧),使螺栓处于最大预紧力状态。

(3) 缓慢地旋松手揿泵上的压力卸载阀卸载,避免冲击震坏压力表,确保压力表上的读数为零。

(4) 在同一结合面上锁紧多个螺母时则应对称性地逐个锁紧

较合理,锁紧结束后还应复查一遍,对已装配的螺母重新加压到220 MPa,转动紧圈靠紧螺母端面,观测有无松动,应无转动量或转动量很小(1/12 圈)。若超过上述转动量,这个螺母的锁紧应重复进行,以防止在使用中过早失效。

(5) 每个螺母锁紧结束后,应卸去高压胶管与接头,同时进油口应旋上尼龙油堵,并装上柔性护套。

4. 液压螺母的维护与检修

(1) 液压螺母早期阶段,至少每周检查一次,随着时间的推移,可适当延长或规定一个检查周期,检查锁紧状况,保持螺栓预紧力稳定在可靠的条件上。

(2) 液压螺母锁紧状态的检查,主要选择条件恶劣的螺母,通过手压泵,压力由小到大逐步加压,直到螺母原始锁紧压力,同时注意压力表读数,在密封状态下拧动紧圈。如果紧圈已变松时,根据压力表当时的读数,若降压率低于75%时(165 MPa),即应补压锁紧。

5. 液压螺母拆卸

(1) 对液压螺母加压,使油压稍许超过原锁紧时的油压,先旋松紧圈,背离螺母端面,卸下软管与接头,然后拆卸螺母,套上软性护套,以备再次使用。

(2) 当手压泵不能使用或不可能用液压卸载时,可借助紧圈上的凹坑或螺母体上的六角平面专用扳手进行拆卸。

6. 液压螺母安全注意事项

(1) 液压螺母加压系统中,若有压力时,不要试图解决泄漏问题,防止高压油外泄造成伤害。

(2) 只有当液压螺母稳定到额定压力后,才能接近螺母转动紧圈。

(3) 按照程序操作,防止活塞超越行程。

(4) 保证液压螺母和各部分加压系统的连接可靠。

（5）操作时应带防护手套与眼镜。

第二节　液压支架的安装

液压支架体积大，部件重，一个综采工作面使用的架数又较多，因此液压支架的下井准备、下井运输和工作面的安装等工作量十分繁重。其安装工期较长，对工程质量的要求也比较严格。

一、液压支架下井安装前的准备工作

（1）液压支架下井安装前，应设置专门的调度指挥机构，建立和培训安装队伍，并制定详细的安装计划，包括拆装搬运的方案、程序、人员分配、完成工期及技术措施等。

（2）液压支架下井要考虑副井提升能力、罐笼尺寸，考虑是否整体装车下井；如果需要解体装车下井，需考虑井下有无组装硐室或起吊点。

（3）检查液压支架的运送路线，即检查运送轨道的铺设质量、各井巷的断面尺寸、架线高度、巷道坡度、转弯方向、转弯半径等，以便设备运送时顺利通行。必要时应做模型车试行，以避免运送过程中的掉道、卡车、翻车等事故发生。

（4）新型支架下井前，必须在地面进行试组装，并和采煤机、刮板输送机联合运转。检查支架的零部件是否完整无缺，支架的立柱、各种用途的千斤顶、各种阀件是否动作灵活、可靠，有无渗漏现象等；并验证支架与刮板输送机、采煤机的配合是否得当，以便采取相应的措施。

（5）准备好绞车运输系统，准备好临时用乳化液泵站、运送车辆、设备、安装工具等。

（6）检查工作面的安装条件，宽度不够要劈帮，高度不够应挑顶或卧底，并清扫底板。

二、液压支架的装车和井下运送

（1）液压支架下井一般应整体运输，当顶梁较长时也可将前梁分开运输。首先将支架降到最低位置，拆下前梁千斤顶；然后，将支架主进液管和主回液管的两端插入本架平面截止阀的接口内，使架内管路系统成为封闭状态。凡需要拆开运送的零部件应将其装箱编号运送，以防丢失或混乱。

（2）液压支架装车时应轻吊轻放，然后捆紧系牢。不得使软管或其他零部件露出架体外，以防运送过程中损坏。

（3）液压支架运送过程中应设专人监视。在倾斜巷道和弯道搬运时，要注意安全，防止出现跑车、掉道、卡车等运送事故。

（4）运送过程中，不得以支架上各种液压缸的活塞杆、阀件及软管等作为牵引部位，以防碰坏这些部件。

三、液压支架的工作面安装

液压支架一般从上顺槽运入工作面。在上顺槽与工作面连接处，应根据支架结构及安装要求适当扩大其巷道断面或抹角，以利于支架转向。当采用分体运输需在连接处安装前梁时，还需适当挑顶，以便安装起重设备。液压支架送入工作面的方法有以下几种：

1. 利用工作面的刮板输送机运送液压支架

工作面先安装好刮板输送机，此时输送机先不安装挡煤板、铲煤板和机尾传动装置。在输送机溜槽上设置滑板，把液压支架用起重设备移放在滑板上，开动刮板输送机带动滑板至安装地点；再用小绞车将液压支架在滑板上转向，拉至安装处调整好位置，并与刮板输送机连接；然后，接上主进液管和主回液管，升起支架支撑顶板。第一架支架至此安装完毕。按此方法继续安装其他支架，待支架全部运送安装完毕后再逐步装好刮板输送机挡煤板、铲煤板、机尾传动装置等。这种运送方法简单，运送的支架高度较低，转向和运送速度较快。但由于刮板输送机运行时的振动使运送平稳性差,因此在倾斜工作面不能使用。

2. 利用绞车在底板上拖移液压支架

在工作面上、下出口处,各设置一台慢速绞车(或回柱绞车或双速绞车)。用起重设备将支架吊起后放到底板上,并转向(当底板较硬时,可直接用绞车拖拽;当底板较软时,可在底板上铺设轨道,轨道上设置导向滑板);用绞车将液压支架拖至安装地点;再用2台绞车进行转向,调整好位置;接通液压管路,将液压支架升起支撑顶板。这种运送方法简单,运送支架高度低、运送平稳,适用于各种工作面的运送。但运送设备较多、操作较复杂、运送速度慢。

3. 利用平板车和绞车运送液压支架

在上顺槽与工作面连接处设弯道或轨道转盘(转盘一般不常用),并在工作面铺设轨道;当装有液压支架的平板车被拉入工作面上口拐弯处,利用绞车下放到工作面安装地点;然后,通过2台绞车卸车并调好支架位置,接好液压管路,升起支架支撑顶板。这种运送方法适应性广,支架在上下顺槽与工作面连接处转向时不需起重,所用设备少,运送平稳。但运送高度较高,操作较难,并且要求工作面宽度大,以便平板车退出。

值得说明的是,像平朔煤业安家岭井工煤矿等大型现代化斜井提升矿井,综采设备等通过 DBT 运输车等可直接将液压支架等综采设备直接从地面装运至综采工作面开切眼处。将液压支架摆放好,连接好管路,支撑起来即可。

第三节　刮板输送机的安装

刮板输送机下井安装时,应结合井下条件和工作面特点,制定出切实可行的安装程序,按规定要求把好质量关。

一、安装前的准备和要求

（1）参加安装、试运转的工作人员应熟悉刮板输送机的结构、工作原理、安装程序和注意事项，并始终严格遵守安全操作规程，注意人身和设备的安全。

（2）按制造厂的发货说明书，对各零部件、附件、备件以及专用工具等进行核对检查，要完整无缺。

（3）安装时应对各部件进行检查，如有碰伤、变形，应及时予以修复或更换。

（4）准备好安装工具和润滑油脂。

（5）为了检验刮板输送机的机械性能，应在地面进行安装和试运转，确定无问题后方可下井安装。

（6）各零部件下井前，应清楚地标明运送地点（如上顺槽或下顺槽）。当矿井条件允许时，应将电动机、液力耦合器和减速器装成一体下井。

（7）清除障碍，确保工作面安装位置平直。

二、工作面的铺设安装

根据各矿井运输条件和工作面特点，从实际出发，决定工作面刮板输送机的铺设安装方法。一般先将机尾部和机尾传动装置运到上顺槽，将机头架、机头过渡溜槽、机头变线槽运到下顺槽进行组装，然后将中部槽及其挡煤板、铲煤板（目前刮板输送机中部槽大多为整体铸焊结构，铲煤板不再作为附件）等附件运到工作面逐节进行组装。刮板链铺设可先铺上链，通过预留钢丝绳牵引的方式翻入底槽（为底链），也可采取下述方式进行。刮板输送机组装程序是：

（1）安装机头，将机头和过渡溜槽、变线槽在指定的位置上安装好。

（2）安装溜槽和刮板链的步骤如下：

① 运进中间溜槽与刮板链到工作面，在预定地点。

② 将带有刮板的链子穿过机头。

③ 把链子穿进第一节中间溜槽下边的导料槽内。

④ 将链子拉直,使中间溜槽沿刮板链下滑,并与前节溜槽相连接。

⑤ 按上述方法继续接长底链,并穿过中间溜槽,逐节把中间溜槽接上,直至机尾。

(3) 铺上链,把机尾下部的刮板链绕过机尾导向滚筒放在溜槽的中板上,继续接下一节刮板链,再将接好刮板链的刮板歪斜,使链环都进入溜槽槽帮内,然后拉直。依此法把刮板链一直接到机头传动部。

(4) 机尾部分组装,依次组装机尾变线槽、过渡槽、机尾壳、驱动装置等。

(5) 紧链,根据需要调整好刮板链的长度,按下列方法紧链:

① 先把两条紧链钩的一端分别插入机头架左、右两侧的圆孔里,另一端分别插入刮板链的立环中。

② 把机头下边的刮板链翻上来,与机头链轮啮合。

③ 用扳手将棘爪扳到紧链位置。

④ 反向断续开动电动机,直至使链子张紧程度达到要求为止。

⑤ 拆下多余刮板链,再重新接好。

⑥ 用扳手将棘爪扳到运行位置。

⑦ 正向点动一下电动机,取下紧链器。

安装后的检查要点有以下几点:

(1) 检查所有的紧固件是否松动。

(2) 检查减速器、液力耦合器等润滑部位的油量是否充足。

(3) 检查控制系统和信号系统是否合乎要求。

(4) 进行空载试验。先检查刮板链是否有连接错误、扭绕不正的情况,然后断续启动,使刮板链运转半周后停车,再检查已翻到上槽的刮板链,当刮板链转过一个循环后再正式启动。同时检查刮板链的松紧程度,是否有跳动、刮底、跑偏、飘链等情况。各部位检查正常后做一次紧链工作,然后带负荷运转 10～15 min。必要时再紧一次刮板链,最后按规定验收合格后交付使用。

三、液力耦合器的安装与拆除

(1)拆装液力耦合器时,应注意泵轮、外壳和辅助室外壳的位置不要错动。更换螺栓、螺母时,应使其规格不变,以保持其动、静平衡性能。

(2)对于重新组装的液力耦合器,应进行整体静平衡和密封性试验。

(3)组装后,泵轮和涡轮应相对转动灵活。

(4)拆卸液力耦合器的注油塞、易熔塞、防爆片时,脸部应躲开喷油方向,戴手套拧松几扣,放气后停一段时间,再慢慢拧下。禁止使用不合格的易熔塞、防爆片或代用品。

第四节　桥式转载机的安装及试运行

一、桥式转载机的安装与调试程序

1. 桥式转载机在安装前的准备工作

桥式转载机在安装前,应先安装好可伸缩带式输送机机尾(包括转载机机头小车的行走轨道),将转载机各部件搬运到相应的安装位置,并需准备好起吊设备和支撑材料(如方木或轨道枕木等)。

2. 桥式转载机的安装程序

(1)从机头小车上卸下定位板,将机头小车的车架和横梁连接好,然后将小车安装在带式输送机尾部的轨道上,并安上定位板。

(2)吊起机头部,置于机头行走小车上,将机头架下部固定梁上的销轴孔对准小车横梁上的孔,并插上插销,拧上螺母,以开口销锁牢,分别吊起减速器、电动机,下设木垛随高保护,然后连接紧固件。

（3）搭起临时木垛,将中部槽的封底板摆好,铺上刮板链;将溜槽装上去,把链子拉入链道;再将侧挡板安上,并用螺栓与溜槽及封底板固定。依次逐节安装,相邻侧板间均以高强度紧固螺栓连接好,正确拧紧各紧固件,以保证桥拱结构的刚度。

（4）安装弯折处凸、凹溜槽及倾斜槽时,应调好位置和角度后再拧紧螺栓。安装倾斜段溜槽时,也应先搭临时木垛来支撑。

（5）水平装载段的安装方法与桥拱部相同,只是在巷道底板上安装时不再需要临时木垛。该段装载一侧安装低挡板,以便于安装。

（6）侧挡板由于允许有制造公差,连接挡板的端面有间隙,安装时根据情况可将平垫片插入挡板端面中,进行调整。

（7）水平装载段中部槽逐节装好后,即接上机尾,将溜槽、封底板、两侧挡板全部用螺栓紧固好。

（8）紧链时,将底链挂到机头链轮上,插好紧链钩（或打好紧链器）,把紧链器手把扳到"紧链"位置,开反车紧链。

（9）将导料槽装到带式输送机轨道上,置于转载机机头前面,上好导料槽与机头小车的连接销轴。

3. 桥式转载机安装质量控制

（1）桥式转载机和带式输送机要在同一条中线上,以保证运煤时畅通无阻。

（2）机头必须摆正,传动装置连接要严密,不留间隙。

（3）传动装置在人行道一侧,便于检查维修。

（4）两个锚链轮不得错位。刮板链的连接螺栓应朝向刮板链的运行方向,不允许有拧链现象。刮板在上槽时,连接环的突起部位应向上,立链环的焊接口向上,平链环焊接口向溜槽中线。

（5）刮板链松紧程度以运送物料时在机头链轮下面稍有下垂

为宜,松链不得大于两环。

（6）油脂和油量符合规定要求。

4. 桥式转载机试运转前的检查内容

（1）检查拉移装置的液压管路连接是否正确。

（2）检查减速器、机头链轮轴组、机尾轴组等注油是否正确,各润滑部位是否都润滑过。液力耦合器注液量是否正确。

5. 桥式转载机试运转时的注意事项

（1）运转中减速器、链轮轴组、耦合器应无渗漏,无异常噪音,无过热现象。

（2）刮板链正反向运转时应无刮链现象。刮板链过链轮时应平稳,不跳链,链轮不啃切圆环链。

（3）运转时,拉动安全装置的钢丝绳,转载机应停止运转。

（4）试运转后,针对运转中存在的问题应进行重新调试、安装,直至设备正常运转为止。

6. 桥式转载机空载试运转时的注意事项

（1）检查电气控制系统运行是否正确。

（2）检查安全保护装置是否可靠。

（3）检查减速器和液力耦合器有无渗漏现象,是否有异常声响,是否有过热现象。

（4）检查刮板链运行情况,有无刮卡现象,刮板链过链轮是否正常,刮板链松紧程度是否适当。

（5）试运转后,必须检查固定刮板的螺栓的松动情况,若有松动,必须拧紧。

（6）当配有破碎机时,必须检查电气控制系统的协调性。

7. 桥式转载机正常运转时的注意事项

（1）减速器、链轮轴组、液力耦合器和电动机等传动装置处必须保证清洁,以防止过热。否则,会引起轴承、齿轮和电动机等零部件的损坏。

（2）链条的松紧程度必须合适。

（3）机尾与工作面刮板输送机的搭接位置应保持正确。因转载机机尾卸载处与刮板输送机机头机械铰接在一起，拉移时必须保证输送机过渡段推移同步或超前转载机拉移，否则会造成事故。拉移转载机时，保证行走部在带式输送机的导轨上顺利移动，若歪斜则必须及时调整。

（4）每次锚固时锚固柱窝必须选择在顶底板坚固处，锚固必须牢固可靠。转载机严禁运送材料。

第五节　带式输送机的安装及调试

一、带式输送机的安装

带式输送机的安装一般按下列几个阶段进行。

1. 安装带式输送机的机架

机架的安装是从头架开始的，然后顺次安装各节中间架，最后装设尾架。在安装机架之前，首先要在输送机的全长上拉引中心线，因保持输送机的中心线在一直线上是输送带正常运行的重要条件，所以在安装各节机架时，必须对准中心线，同时也要把架子找平，机架对中心线的允许误差，每米机长为 ± 0.1 mm。但在输送机全长上对机架中心的误差不得超过 35 mm。

机架逐节安设并找准之后，逐节连接起来。

2. 安装驱动装置

安装驱动装置时，必须注意使带式输送机的传动轴与带式输送机的中心线垂直，使驱动滚筒的宽度的中央与输送机的中心线重合，减速器的轴线与传动轴线平行。同时，所有轴和滚筒都应找平。轴的水平误差，根据输送机的宽窄，允许误差在 $0\sim 2$ mm 的范围内。

在安装驱动装置的同时，可以安装尾轮等拉紧装置，拉紧装置的滚筒轴线,应与带式输送机的中心线垂直。

3. 安装托辊

在机架、传动装置和拉紧装置安装之后,可以安装上下托辊的托辊架,使输送带具有缓慢变向的弯弧,弯转段的托辊架间距为正常托辊架间距的 $1/3\sim1/2$。托辊安装后,应使其回转灵活轻快。

4. 带式输送机的最后找准

为保证输送带始终在托辊和滚筒的中心线上运行,安装托辊、机架和滚筒时,必须满足下列要求:

(1) 所有托辊必须排成行、互相平行,并保持横向水平。

(2) 所有的滚筒排成行,互相平行。

(3) 支承结构架必须呈直线,而且保持横向水平。

为此,在驱动滚筒及托辊架安装以后,应该对输送机的中心线和水平作最后找正。最后将机头架固定在基础上或通过地锚、链条或钢丝绳将机头架、机尾架固定住(后者多用于可伸缩带式输送机)。

5. 挂设输送带

挂设输送带时,先将输送带带条铺在空载段的托辊上,围抱驱动滚筒之后,再敷在重载段的托辊上。挂设带条可借助人工或绞车展放。

在拉紧带条进行连接时,应将拉紧装置的滚筒移到极限位置,对小车及螺旋式拉紧装置要向传动装置方向拉移;而垂直式拉紧装置要使滚筒移到最上方。在拉紧输送带以前,应安装好减速器和电动机,倾斜式输送机要装好制动装置。

带式输送机安装后,需要进行空转试机。在空转试机中要注意输送带运行中有无跑偏现象、驱动部分的运转温度、托辊运转中的活动情况、清扫装置和导料板与输送带表面的接触严密程度等,同时要进行必要的调整,各部件都正常后才可以进行带负载运转试机。如果采用螺旋式拉紧装置,在带负荷运转试机时,还要对其松紧度再进行一次调整。

二、带式输送机的调试

1. 空载试运转

带式输送机各部件安装完毕后,首先进行空载试运转,运转时间不得小于 2 h,并对各部件进行观察、检验及调整,为负载试运转做好准备。

(1)空载试运转的准备工作

① 检查基础及各部件中连接螺栓是否已紧固,焊缝有无漏焊等。

② 检查电动机、减速器、轴承座等润滑部位是否按规定加入了足够量的润滑油。

③ 检查电气信号、电气控制保护、绝缘等是否符合电气说明书的要求。

④ 启动电动机,确认电动机转动方向。对电动机前装有耦合器的驱动单元,可让耦合器暂不充油,不带耦合器的驱动单元可先拆开高速联轴器。

(2)空载试运中的观察内容及设备调整

试运过程中,要仔细观察设备各部分的运转情况,发现问题及时调整。

① 观察各运转部件有无相蹭现象,特别是与输送带相蹭的要及时处理,防止损伤输送带。

② 输送带有无跑偏,如果跑偏量超过带宽的5%应进行调整。

③ 检查设备各部分有无异常声音和异常振动。

④ 减速机、液力耦合器以及其他润滑部位有无漏油现象。

⑤ 检查润滑油、轴承等处温升情况是否正常。

⑥ 制动器、各种限位开关、保护装置等的动作是否灵敏可靠。

⑦ 刮板清扫器与输送带的接触情况。

⑧ 拉紧装置运行是否良好,有无卡死等现象。

⑨ 基础及各部件连接螺栓有无松动。

2. 负载试运转

设备通过空载试运转并进行必要的调整后进行负载试运转，目的在于检测有关技术参数是否达到设计要求，对设备存在的问题进行调整。

（1）加载方式

加载量应从小到大逐渐增加，先按 20％的额定负荷加载，通过后再按 50％、80％、100％额定负荷进行试运转，在各种负荷下试运转的连续运行时间不得少于 2 h。

另外，应根据系统工艺流程要求决定是否进行 110％～125％额定负荷下的满载启动和试动转试验。

（2）试运中间可能出现的故障及排除方法

① 检查驱动单元有无异常声音，电动机、减速器轴承及润滑油、液力耦合器等处的温升是否符合要求。

② 检查滚筒、托辊等旋转部件有无异常声音，滚筒轴承温升是否正确，如有不转动的托辊应及时调整或更换。

③ 观察物料是否位于输送带中心，如有落料不正和偏向一侧现象，可通过调整漏斗中可调挡板的位置来解决。

④ 启动时观察输送带与传动滚筒间是否打滑，如有打滑现象，可逐渐增大拉紧装置的拉紧力，直到不打滑为准。

⑤ 在负载试运转中，经常出现输送带跑偏现象，如果跑偏量超过带宽的 5％，则应进行调整。

⑥ 检查各种清扫器的清扫效果振动是否过大等。

⑦ 仔细观察输送带有无划痕，并找出原因，防止输送带意外损伤。

⑧ 对各种保护装置进行试验，保证其动作灵活可靠。

⑨ 测量带速、运量、启动、制动时间等技术参数是否符合设计要求。

⑩ 测量额定载荷下稳定运行时电动机工作电流值，对多电动机驱动时，可用工作电流值判断各电动机功率均衡情况，如相差较大可用调节液力耦合器充油量的方法进行调整和平衡。

⑪ 对各连接部位进行检查，如有螺栓松动应及时紧固。

复习思考题

1. 试述采煤机的井下安装顺序。

2. 采煤机的安装注意事项有哪些？

3. 如何进行采煤机整机试验？

4. 如何进行液压螺母的维护与检修？

5. 如何进行液压支架的工作面安装？

6. 试述刮板输送机的组装程序。

7. 如何进行紧链？

8. 如何进行液力耦合器的安装与拆除？

9. 试述桥式转载机的安装程序。

10. 桥式转载机试运转时的注意事项有哪些？

11. 如何进行带式输送机的空载运行？

参 考 文 献

[1] 王启广,李炳文,黄嘉兴. 采掘机械与支护设备[M]. 徐州:中国矿业大学出版社,2006.

[2] 张红俊. 综合机械化采掘设备[M]. 北京:化学工业出版社,2008.

[3] 薛仁龙,魏栋梁,张少秋,等. 液压支架侧护板新型锁紧装置设计[J]. 煤炭科学技术,2010(10):69-70.

[4] 罗凤利,周广林,李光煜. 矿山机械[M]. 徐州:中国矿业大学出版社,2009.

[5] 马新民. 矿山机械[M]. 徐州:中国矿业大学出版社,1999.

[6] 杨晋渊,席北明. 综采维修钳工[M]. 北京:煤炭工业出版社,2005.

[7] 庄严. 矿山运输与提升[M]. 徐州:中国矿业大学出版社,2009.

[8] 关桂良. 矿山测量[M]. 北京:煤炭工业出版社,1987.

[9] 周立吾,张国良,林家聪. 矿山测量学[M]. 徐州:中国矿业学院出版社,1987.

[10] 汪钊. 生产矿井测量[M]. 北京:煤炭工业出版社,1987.

[11] 郭玉社. 矿井测量与矿图[M]. 北京:化学工业出版社,2007.

[12] 陈步尚,陈国山. 矿山测量技术[M]. 北京:冶金工业出

版社,2009.

[13] 李庆奎,郑辉. 矿山测量工[M]. 徐州:中国矿业大学出版社,2007.

[14] 谢锡纯,李晓豁. 矿山机械与设备[M]. 徐州:中国矿业大学出版社,2000.

[15] 成大先. 机械设计手册[M]. 北京:化学工业出版社,2004.

[16] 濮良贵,纪名刚. 机械设计[M]. 北京:高等教育出版社,2001.

[17] 王寅仓,丁原廉. 采掘机械[M]. 北京:煤炭工业出版社,2004.

[18] 王晓鸣,赵建泽. 采煤概论[M]. 北京:煤炭工业出版社,2005.

[19] 王守彪. 综合机械化采煤机械[M]. 北京:中国劳动社会保障出版社,2006.

[20] 张梦欣. 综合机械化采煤工艺[M]. 北京:中国劳动社会保障出版社,2009.

[21] MT/T 1097-2008. 煤矿机电设备检修技术规范[S]. 北京:煤炭工业出版社,2010.

[22] 朱真才,韩振铎. 采掘机械与液压传动[M]. 徐州:中国矿业大学出版社,2005.

[23] 辽宁省工人技术培训教材编委会. 尺寸公差与形位公差[M]. 沈阳:辽宁科学技术出版社,1982.

[24] 傅成昌. 形位公差应用基础知识[M]. 北京:机械工业出版社,1988.

[25] 汪恺,唐保宁. 形位公差原理和应用[M]. 北京:机械工业出版社,1991.

[26] 中华人民共和国第一机械工业部. 金属材料及其加工

工艺[M]. 北京:科学普及出版社,1983.

[27] 王继贤,俞建华. 金属材料[M]. 北京:中国农业机械出版社,1983[.

[28] 韩国筠. 金属材料及金属零件加工[M]. 武汉:武汉地质学院出版社,1986.

[29] 国家机械工业委员会. 金属材料及热处理[M]. 北京:机械工业出版社,1988.

[30] 李松瑞,周善初. 金属热处理[M]. 长沙:中南大学出版社,2003.

[31] 程居山. 矿山机械液压传动[M]. 徐州:中国矿业大学出版社,2003.

[32] 丁树模. 液压传动[M]. 北京:机械工业出版社,2003.

[33] 隗金文,王慧. 液压传动[M]. 沈阳:东北大学出版社,2001.

[34] 贾铭新. 液压传动与控制[M]. 北京:国防工业出版社,2001.

[35] 汪信远. 机械设计基础[M]. 北京:高等教育出版社,2002.

[36] 李树军. 机械原理[M]. 沈阳:东北大学出版社,2000.

[37] 王三民,诸文俊. 机械原理与设计[M]. 北京:机械工业出版社,2001.

[38] 姜蕙. 机械制图装配体测绘[M]. 北京:机械工业出版社,1999.

[39] 张效春. 综采工作面过断层、过冲刷技术及有关参数的确定[J]. 山西煤炭,2005,25(4):33-35.

[40] 郭守泉,彭永伟. 综采工作面过断层技术综述[J]. 煤矿开采,2008,13(4):30-31.

[41] 王建波. 综采工作面过断层技术研究与探讨[J]. 科技

信息,2009(31):398.

　　[42] 人力资源和社会保障部. 综合机械化采煤工艺[M]. 北京:中国劳动社会保障出版社,2009.

　　[43] 汪理全,徐金海,屠世浩,等. 矿业工程概论[M]. 徐州:中国矿业大学出版社,2004.

　　[44] 李银生. 综采维修钳工[M]. 北京:煤炭工业出版社,2010.